中公文庫

潜 水 艦 隊

井浦祥二郎

中央公論新社

初版のまえがき

この一篇は、巣鴨拘置所在所中に、労役の余暇をみて、もともと私自身の記念のために、書きしたためたものでした。

戦争の話をすることは、昔のふる傷にさわるような心のいたみを感じて、一切これをさけてきた私も、ダレス特使の訪日によって、講和の曙光《しょこう》が見えはじめ、祖国よみがえるの感じに、心の傷もいえたかのように思われて、今はなき戦友の英霊を偲《しの》びつつ、わが潜水艦戦の思い出を書きつづってみたいと思いたち、昭和二十六年の初頭に稿を起こしたのでした。

私は、潜水艦隊司令長官であった元侯爵海軍中将小松輝久氏ほか十五名の人達とともに、潜水艦をもって、撃沈商船の乗員を殺傷したことは、戦争慣習に違反するものであるとの責めを問われて、獄窓につながれる身となりました。

この記録は、私の記憶を経とし、巣鴨在住の往時の潜水艦隊司令長官、同参謀長、潜水戦隊司令長官、潜水艦長であった人々の記憶を緯とし、巣鴨拘置所内で入手し得た第二次世界大戦に関連する書籍、または出版物を参考として、太平洋戦争勃発当初から終戦までの、わが日本潜水艦戦の顚末《てんまつ》を、私自身の体験にもとづいて、稿を進めていったものです。

私は昭和二十七年の二月に、仮出所を許されて、四年一カ月ぶりで、再び市井《しせい》の人（一般人）となりました。

今年になって、海軍兵学校時代の旧友大井篤兄（「海上護衛戦」の著者）から、日本出版協同社長福林正之氏と話しあったのだが、私のこの拙稿を送ってほしいとの便りがありました。

さて、この拙稿が世に公にされるとなれば、記録についても、正確でなければならないと思いましたので、元海軍総隊参謀であった渋谷龍穉海軍大佐の執筆蒐集された貴重な潜水艦戦に関する資料を拝借して、さらに推敲《すいこう》を加えることとしました。

しかしながら、ぼう大な資料のすべてを記載することになりますと、とうてい紙数も許しませんし、結局は、私の記録について、ふたしかなところを一部追加訂正したり、艦隊編制とか、潜水艦の配備図とかを挿入する程度に、とどめざるを得ない状況となりました。

この一篇は、世俗をはなれた巣鴨拘置所内で、雑念のない私の心に映じた特攻隊の勇士および潜水艦乗員の、猛《たけ》く雄々しく戦った悲壮な面影と、戦いに臨んでの偽らない当時の私の心境を、思い出のままに書きつづったものであり、一艦一艦の詳しい戦記をしるしたものでないことを、あらためて断っておきます。

最後に、この一篇が刊行されるにあたって、日本出版協同社長福林正之氏の寄せられた御好意と、渋谷龍穉氏、それから級友多井篤、原道男両兄の心からなる御援助に、深く感謝の意を表するものであります。

昭和二十八年八月十三日

井浦祥二郎

潜水艦隊　目次

第3部　軍令部の勤務

潜水艦隊

第1部　開戦

第1章　開戦頃の潜水艦の状況

1　潜水艦隊編制さる

平時の連合艦隊は、第一、第二艦隊の二個艦隊からなり、潜水艦は各艦隊にそれぞれ一個潜水戦隊を配属されていた。なお二個潜水戦隊程度のものが、潜水学校付属の練習潜水艦として在役艦に編入され、その他の潜水艦は、予備艦といって乗員を減じて所属の軍港に繋《けい》留《りゅう》したり、所管工廠で船体兵器機関の大修理にあたっていた。

潜水艦は平時の艦隊訓練では、水上艦部隊を補助するというような形で専ら艦隊戦闘訓練に従事し、どうやって、敵の戦艦や航空母艦、その他の艦艇を攻撃撃沈し、米英海軍のわれに対する五五三の優勢を破るかということに専念した。

従って、潜水艦の船体機構とか兵器機関は、もっぱら敵の艦艇攻撃を目標として計画し、建造され、また訓練技術の向上もこの点に集中されたのであった。ところが大戦に突入してみると、平時の訓練では予想しなかった幾多の用法が生まれてきて、いろいろの難問題が生じた。その経緯については、あとで述べたいと思う。日華事変につづく国際情勢の緊迫にともなって、日本はやむをえず、対米英戦争の準備をしなければならない状況になり、海軍も昭和十六年度から、具体的にその準備にとりかかった。

対米英戦争で、大きな役割を演じなければならない潜水艦も、従来の補助的なみじめな境遇を脱して、潜水艦だけを主力とした一つの艦隊に編成された。これが第六艦隊であって、作戦上には、またの名を先遣部隊と呼ばれ、もっぱら潜水艦本来の訓練に猛進することになった。(17ページ表参照)

この艦隊に配属されたのは、第一線の精鋭潜水艦で、新式海大型潜水艦(伊六八型)を主とする九隻からなる第三潜水戦隊、巡潜型潜水艦(伊一型)を主とする八隻からなる第二潜水戦隊、およびこの前年より逐次完成して、艦隊に編入された新巡潜型潜水艦(伊一五型)等からなる第一潜水戦隊——開戦当初十三隻となる——の三個潜水戦隊であった。

いよいよ待望の潜水艦隊ができたというので、潜水艦乗員の士気は大いにあがった。私は、当時第三潜水戦隊の先任参謀として、本艦隊の使命達成にまい進したのである。

これから潜水艦独自の訓練ができるということは、気分的にもまことに愉快なことであった。これまで潜水艦乗りは、ドン亀乗りと言われ、冗談まじりではあるが、下等生活とさげすまれたものだった。

数年にわたる日華事変では、中国沿岸では潜水艦の使い途がなかったので、われわれ潜水艦乗りは事変と縁遠いものであった。しかし太平洋戦争ともなれば、一番乗りはわれわれ潜水艦なのだ。なんらの援護兵力もなく、七つの海を縦横無尽に駆け回ることのできるのも潜水艦だ。航空機の発達した今後の戦争では、艦艇による海の守りは、潜水艦を第一位とするのだ。今までのうっ憤を晴らすときがきたと、潜水艦乗員は大いに張りきったものである。

2　潜水艦の兵力とその使用方針

しかしながら、開戦当時、第六艦隊に配属された精鋭潜水艦は、僅かに三十隻程度のものであって、艦隊戦闘にまたは遠く遠洋に作戦できる潜水艦は、恥ずかしいことながら、これだけの潜水艦しかなかったのである。他にこれに準ずる潜水艦として、旧式海大型潜水艦とか機雷敷設《ふせつ》潜水艦など十九隻があったが、航続距離が少ない上に、一般に艦齢も比較的古く、遠洋の作戦行動に適しないものであった。つぎに、老朽の第二線兵力ともいうべき潜水艦十五隻があり、わが海軍は開戦当初頃、合計六十三隻の潜水艦を保有していた。

こういう貧弱な潜水艦の陣容ではあったが、わが海軍としては、当時潜水艦の増勢には、大いに力こぶを入れていたわけで、その頃、建造中のものが二十九隻あって、新鋭の潜水艦が続々と第一線兵力に投入されることになっていた。

（注）代表的潜水艦の主要性能は、巻末の別表の通りである。

次に、潜水艦隊の訓練主目標は、どうして仮想敵国米渡洋艦隊を捕捉追尾して、これを攻撃漸減《ぜんげん》し、わが主力艦隊をして有利な決戦ができるようにしてやるかという点にあった。そのため、敵港湾の監視哨戒、敵艦隊の追尾触接、反覆攻撃に関する艦隊戦策がつくられた。艦隊の「戦策」というのは艦隊が採用しようとする戦術を規定したところの命令文のことである。

開戦当初における潜水艦関係艦隊編制

区分			艦船部隊
連合艦隊	第六艦隊		香取
連合艦隊	第六艦隊	第一潜水戦隊	第一潜水隊（イ15　イ16　イ17） 第二潜水隊（イ18　イ19　イ20） 第三潜水隊（イ21　イ22　イ23） 第四潜水隊（イ24　イ25　イ26） イ9 靖国丸
連合艦隊	第六艦隊	第二潜水戦隊	第七潜水隊（イ1　イ2　イ3） 第八潜水隊（イ4　イ5　イ6） イ7 イ10 さんとす丸
連合艦隊	第六艦隊	第三潜水戦隊	第十一潜水隊（イ74　イ75） 第十二潜水隊（イ68　イ69　イ70） 第二十潜水隊（イ71　イ72　イ73） イ8 大鯨
連合艦隊	第三艦隊	第六潜水戦隊	長鯨 第九潜水隊（イ123　イ124） 第十三潜水隊（イ121　イ122）
連合艦隊	第四艦隊	第七潜水戦隊	迅鯨 第二十六潜水隊（ロ60　ロ61　ロ62） 第二十七潜水隊（ロ65　ロ66　ロ67） 第三十三潜水隊（ロ63　ロ64　ロ68）
連合艦隊	第四潜水戦隊		鬼怒。名古屋丸 第十八潜水隊（イ53　イ54　イ55） 第十九潜水隊（イ56　イ57　イ58） 第二十一潜水隊（ロ33　ロ34）
連合艦隊	第五潜水戦隊		由良。りおでじゃねいろ丸 第二十八潜水隊（イ59　イ60） 第二十九潜水隊（イ62　イ64） 第三十潜水隊（イ65　イ66）
呉鎮守府部隊			第六潜水隊（ロ57　ロ58　ロ59） イ52
備考			昭和十五年五月以降イ53乃至イ75の各潜水艦はイ153乃至イ175と改名

今まで、図上演習とか、潜水艦隊をもってする小規模の演習とかによって、実際の訓練は行ったが、結局は仮定にもとづく結論しか得られなかったのである。

昭和十六年、初めて決戦兵力に使用できる全潜水艦兵力を使って訓練を開始し、艦隊戦策の具合の悪い点を訂正していった。

従来の潜水艦使用方針は、このように、仮想敵たる、米渡洋艦隊をその渡洋来攻の途中で漸減することであったし、また第六艦隊の使命も、従来の兵術思想にもとづいて、以上の範囲を出さなかったのである。

私は、第三潜水戦隊先任参謀に転職する前の一年間を同戦隊所属の伊号第七十四潜水艦長として勤務し、基礎訓練、戦技訓練から応用訓練、特に内南洋方面への長期作戦行動訓練、ついで演習などに参加して、つぶさに潜水艦の実際的使用方針に関する体験を得たが、多数の潜水艦をもってしても、敵艦隊の追尾触接ならびに攻撃がいかに困難なものであるかを痛感していたのである。しかしたとえそれがどんなに困難な作戦行為であるにしても、五・五・三の比率を破るには、この漸減作戦の方法によるほか、良策がないと私は考えていた。

日本海軍全般の兵術思想も、またそうであった。しかし、私は潜水艦長時代に体験した実際場面と、先任参謀として戦隊兵力の運用を計画し、これが指導補佐にあった体験から、潜水艦をもってする敵艦隊の追尾攻撃の戦果には、次第に疑問を抱くようになった。そして、日本海軍潜水艦の使用方針に関しては、いまだに確たる自信を得ないうちに大戦に突入していったのである。

第2章　開戦時の潜水艦の行動

1　開戦前の作戦打ち合わせ

大戦突入の昭和十六年十二月八日の前に、連合艦隊では、その主要職員が集まって、太平洋戦争についての図上演習、作戦打ち合わせ、および研究会を、前後二回にわたって行った。

場所は、東京目黒上大崎の海軍大学校であった。参集者は、軍令部首脳部、軍令部作戦課部員、各艦隊司令部主要参謀以上、各戦隊司令官および同先任参謀という、ごく限られた員数であった。計画の内容とか経過などについては、会議に参加した者以外には絶対に口外しないようにとの厳達があった。第一回目の会合は、近衛内閣当時の九月中旬頃に行われた。このときは、近衛内閣の態度がはっきりしていなかったので、ただちに大戦に突入するという感じは少なかった。

われわれは、連合艦隊司令長官山本五十六大将の青軍作戦命令に従って、図上演習を行った。赤軍である米英蘭国の指揮官としては、軍令部部員がその役割を演じた。

演習眼目は、ハワイに拠る米主力艦隊に対する奇襲作戦であり、ついで、マレー、フィリピン、グアム、ウェーク、ジャワ、香港方面の攻略であった。これを第一段作戦と名づけ、図上演習は、この線にそって行われた。その後の作戦は、第二段、第三段作戦と称し、戦況の推移によって定められることになっていた。

第一回の作戦打ち合わせがすんでしばらくして、近衛内閣は瓦解し、昭和十六年十月中旬に東條内閣が成立した。

間もなく第二回目の作戦打ち合わせが、前回と同一場所で同じ議題のもとに行われた。このたびは、いよいよ大戦突入の情勢必至との感じが深かった。この打ち合わせにおける開戦の予定日は、十二月八日であった。そして十二月八日をX日と定められた。

2　潜水艦作戦計画の骨子

ハワイ作戦

ハワイ奇襲の兵力は、南雲忠一中将の率いる航空艦隊と、清水光美中将の指揮する潜水艦隊との両精鋭であった。

航空艦隊は、千島列島中の択捉《エトロフ》島にある単冠《ヒトカップ》湾を出発して、北方航路をとり、隠密裡にハワイ諸島に近接し、九日に真珠湾を航空奇襲ができるようなところまで進発することに決められた。

清水艦隊つまり先遣部隊は、それぞれ、横須賀、呉、および佐伯湾を出撃し、潜水艦の特異な隠密性を発揮して、行動を秘匿《ひとく》しつつ、ハワイ諸島に近接し、真珠湾、ラハイナ泊地に対して、包囲態勢をとる。なお一部の潜水艦をもって、アリューシャン列島、サモア、フィジー、ツツイラ方面の事前偵察を行うというのであった。

先遣部隊のうちでも、特別攻撃隊（特殊潜航艇を搭載する潜水艦五隻）は、X日の前日までに、その搭載する特殊潜航艇を発進し得る距離まで真珠湾口に近接し、航空艦隊の航空攻撃後に、特殊潜航艇をもってする奇襲を敢行することに計画された。

もっとも、特殊潜航艇のことは、この作戦打ち合わせでは第一潜水戦隊中の一部の潜水艦をもって「特型格納筒」による在泊艦の奇襲を行うと知らされただけで、その他のことについては私らには一切を極秘にされた。特殊潜航艇という名前すら秘密にして「特型格納筒」と呼んだのだが、あとから聞くところによると、当時山本長官は、特殊潜航艇を、その攻撃任務を果たした後に救い上げることができないのではないかと心配し、もしその収容の見込みがなければ、その使用を許可しないとの態度をとったとのことである。

特殊潜航艇は、潜水艦を縮小し、簡略にしたようなもので、重量四六トンばかりのものであった。兵装は四五センチ魚雷発射管二門、乗員二名、全長二四メートル、直径二メートル弱、原動力は電池のみで、潜望鏡は特眼鏡といって、ごく短小なものであった。羅針盤としてのジャイロコンパスはごく小型のものであった。

もともと、この特殊潜航艇なるものは、母艦千代田や日進などに搭載し、戦艦群を主力とする艦隊に伴って戦場に進出し、彼我の主力艦隊が決戦場で展開したとき、戦機を捕らえてクモの子のように母艦から発進して、敵の主力艦隊を奇襲するという着想のもとに、建造されたものであった。

開戦直前は、母艦千代田もようやくこのための改造が完成したばかりであり、特殊潜航艇はなお訓練の途上にあった。従って艤装その他に不備の点が多く、まだまだ改善しなければならないところが多かった。

乗員は、当時大尉になったばかりの岩佐直治中佐――二段進級による――を最年長とする中・少尉の若年士官であった。だから普通の潜水艦長と大差のないような技量を必要とする特殊潜航艇の艇長としては、なお訓練の余地があったのである。

当時軍令部では、潜水艦戦術の専門家である有泉龍之助中佐が万事この方面の面倒をみていた。

この特殊潜航艇の壮挙の起こりについては一つのエピソードがあったらしい。つまり、日華事変後の国際情勢の極度の緊迫に伴い、これら血気の青年士官が彼我主力艦隊の決戦がいつ行われるかわからないのに、手をこまねいて待つことはできない。開戦劈頭《へきとう》になんでもよいから、生命を投げ出して、祖国に報ずる場所はないかと有泉中佐に詰め寄ったため、それならどうすればよいだろうかといろいろ話しあっているうちに、こんな方法が考え出されたのだという。私はそれを後日物語に聞かされたのであった。

あとで述べたいと思う回天兵器にせよ、およそ潜水艦関係に属する特攻は、青年士官自身の一死報国の純情から盛りあがったものだった。

話は特殊潜航艇のことに深入りしたが、さて、ハワイ攻撃計画では、各潜水艦は、包囲配備についたのち、真珠湾内にある敵艦隊の監視哨戒配備につき、航空部隊の攻撃に打ちもら

区分	兵力	出撃場所期日
旗艦	香取	
第一潜水部隊	第一潜水戦隊の一部（イ9 イ15 イ17 イ25）	横須賀、昭和十六年十一月二十日頃
第二潜水部隊	第二潜水戦隊（イ1 イ2 イ3 イ4 イ5 イ6 イ7）	
第三潜水部隊	第三潜水戦隊（イ8 イ74 イ75 イ68 イ69 イ70 イ71 イ72 イ73）	佐伯、昭和十六年十一月中旬
特別攻撃隊	第一潜水戦隊の一部（イ16 イ18 イ20 イ22 イ24）	呉、昭和十六年十一月二十日頃
要地偵察隊	（イ10 イ26）	横須賀十一月中旬
補給部隊	補給艦船四隻	

◎なお第六艦隊の潜水艦兵力には、ほかにイ19イ21イ23の三隻があったが、開戦当初航空艦隊に編入され、機動部隊指揮官の指揮下にあった。

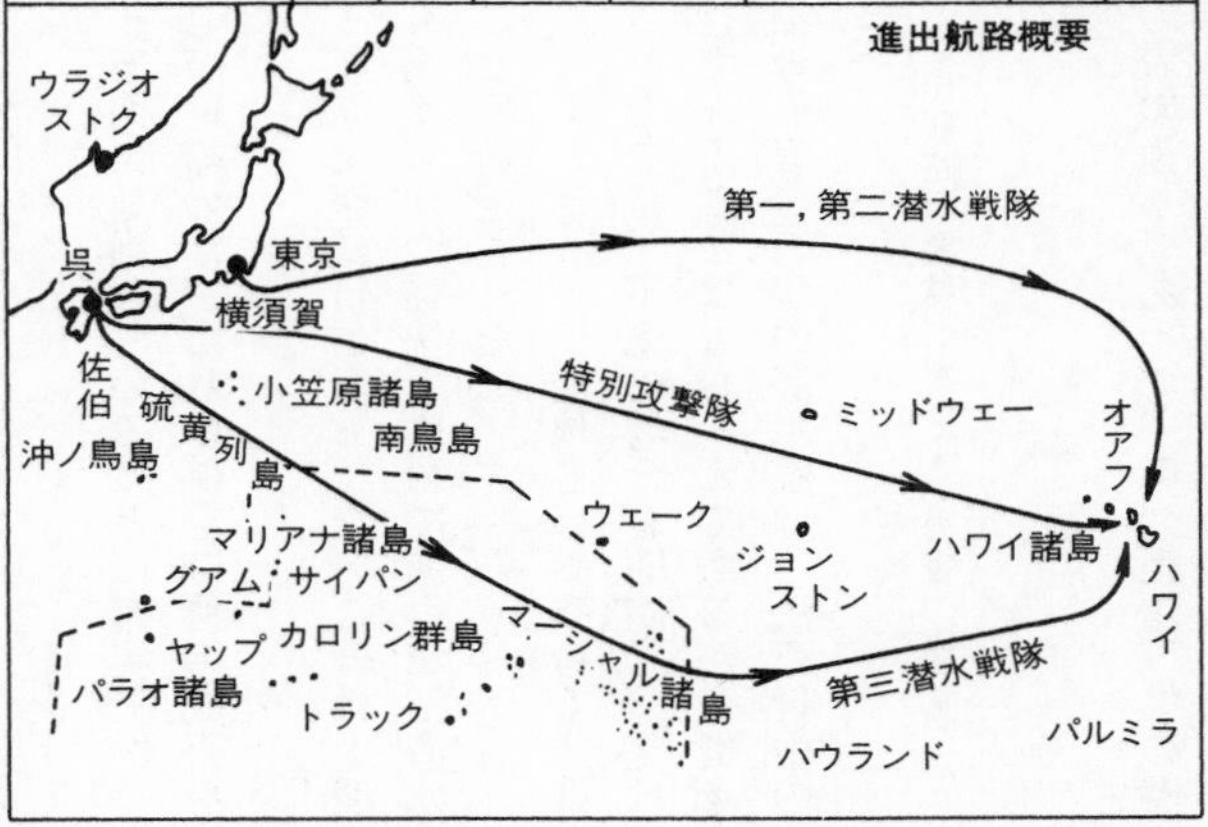

されて脱出する敵艦隊を殲滅する任務を課せられ、また不時着搭乗員の救助などの役割を命ぜられた。

なお当時の情報としては、米主力艦隊がハワイ方面に進出していることは確実であったが、真珠湾にいるのか、またはラハイナ泊地に在泊しているのか、これは航空奇襲の成否を左右する大きな問題であった。

攻撃の際に、いずれにあるかが確実でないと、航空奇襲に自信をもてないことは、明白なことである。そこで前年度から訓練され、練度も高く、かつ軽快な艦種である第三潜水戦隊所属の二艦が、ラハイナ泊地の偵察を敢行することに指定された。

すでに日米の国交は、極度の緊迫状態にあったので、ラハイナ泊地も、おそらく防備厳重であると予想するのが至当である。二隻を指定されたのは、不慮の場合を顧慮《こりょ》し一隻は予備のつもりであった。ハワイ奇襲の全兵力が決死行であることはもちろんであるが、挺身奇襲の特殊潜航艇と航空機部隊、ならびにラハイナ泊地偵察の二隻の潜水艦は、決死行中の決死隊と言うべきであろう。

(注) 先遣部隊の当時の兵力区分、出撃場所期日、進出航路概要は、前ページの表の通りであった。

南方作戦

開戦当初の潜水艦関係の艦隊編制は17ページの表の通りであって、第六艦隊以外の潜水艦は、第四潜水戦隊から第七潜水戦隊までに区分編成され、大要つぎのような任務をおびていた。

第七潜水戦隊は、第四艦隊司令長官の指揮下にあってマーシャル諸島のクェゼリンを根拠地として、その一部をもってウェーク島攻略の際に、同島の事前偵察、味方艦船の誘導にあたる任務をおび、また一部の兵力をもって、ハウランド島およびベーカー島の攻撃作戦に協力する予定であった。

第六潜水戦隊を基幹とする南方潜水部隊は、南方部隊指揮官の麾下《きか》にあって、比島方面に作戦し、マニラ湾、バラバック海峡に敵艦船の通過を阻害する目的をもって機雷敷設を行い、その後監視を厳にして、各所の上陸作戦に協力することになっていた。

また第四、第五潜水戦隊と第六潜水戦隊の一部の潜水艦は、南シナ海方面に進出して、同方面の敵情監視配備につき、マレーの上陸作戦に協力するほか、第六潜水戦隊所属の機雷敷設潜水艦をもって、シンガポール方面に機雷を敷設する任務をおびていた。

3　祖国よさらば

連合艦隊の作戦打ち合わせが終わって帰隊すると、潜水隊司令やら潜水艦長などから、「なんの用で隊をあけたのか？」「どんな用事があったのか？」などと質問をうけた。「いろいろと作戦の研究があったが、時がたてば、事情がわかると思うから、この際はなにも聞かないでほしい」と、答えるほか、応答の方法がなかったのである。

第二回目の作戦打ち合わせが終わって帰隊すると、国際情勢は極度にさし迫っているという理由のもとに、各艦の臨戦準備を急いだ。

臨戦準備ができあがると、わが第三潜水戦隊は、佐伯湾（大分県）に回航して、待機の姿勢をとることになった。

ラハイナ泊地の事前偵察任務をおびている私どもの戦隊、つまり第三潜水戦隊は、一番早く内地を出撃しなければならない状況にあった。従って私としては、連合艦隊作戦命令の伝達される日を、一日千秋の思いで待った。それは、本命令によって、自隊の作戦計画を立案しなければならなかったからである。

時は、十一月初頭の晩秋である。九州の山々は、まだ紅葉というほどでもなく、海上から眺めると、紫紺《しこん》の色彩をくっきりと、碧空《へきくう》に描いていた。

私の故郷は、この山を越えた筑後川のほとりの片田舎である。故国の山という感じを、このときほど身にしみて感じたことはなかった。これが見おさめになるかも知れないという潜在意識のためではなかったろうか？

佐伯湾において、幾日かを在泊のまま無為に過ごした。下士官に対しては、半舷上陸を許され、隊の幹部は、一夜を佐伯町の料亭池彦に会して痛飲した。歌や踊りはでたが、戦争の話は一切しなかった。

十一月の十日に、待望の連合艦隊作戦命令が伝達された。海陸軍協同作戦実施要領も添えてあった。

この命令は私自身これを受けとり、一応目を通すと、すぐ司令官の三輪茂義少将に見ていただいた。司令官がすむと、私は、それを機密文庫のなかにおさめた。他の幕僚、潜水艦司令、潜水艦長にさえ秘密にしたのである。そしてそれは最後まで開戦の機密保持を厳重にするためであった。

内地出撃期日を昭和十六年十一月十一日に、時刻を一一〇〇と決定された。つまりわが戦隊の故国出撃予定日時には不思議にも、一一、一一、一一と一の字が重なっていたのである。

当日は、日本晴れのいい天気であった。西方には、間近に九州の連山が、われわれの征途を祝う厳父の如く屹然としてそびえ、波静かな豊後水道を隔てて、四国の山々は、あたかも慈母の征途をいつくしむかのように、やわらかく横たわっていた。

祖国よさらば！　ひとえに母国のいや栄えを祈った。

出撃の当日、旗艦を母艦大鯨から旗艦設備のある伊号第八潜水艦に移し、司令官幕僚および少数の司令部付下士官兵がこれに移乗した。

「出港用意、錨を揚げ」の旗艦信号は、低い潜水艦の信号マストに掲げられた。

低いマスト！　小さな旗艦！　しかし、力強い感じのものだった。

母艦大鯨の巨体と潜水艦九隻は、一斉に抜錨した。いよいよ征途にのぼったのである。

征途！　おそらく戦隊乗員の全員が、予想したところであろう。もっとも、はっきりと知っていたのは、司令官と私との二人だけであったのではあるが。

やがて、四国の西南端足摺岬を左舷に見て、太平洋に打ってでると、針路を東南東に転じ、潜水艦は予定の計画にもとづいて、おのおの個艦に散開し、およそ二〇海里（約三七キロ）の間隔をもって、一路マーシャル諸島のクェゼリン泊地に向かった。

母艦大鯨は、潜水艦と分離別動して、目的地に向かい航行した。これは、われわれの企図を察知されないための用心からであった。幸い海上は平穏だった。冬服を合服に、そして夏服へと、旬日の間に着替えていった。各潜水艦は、航行の途上、各艦個々に、急速潜航訓練、戦闘訓練を怠らなかったことはもちろんである。

4　作戦命令の起案

出港すると間もなく私は、連合艦隊作戦命令にもとづいて、当戦隊の作戦命令を起草しはじめた。クェゼリン泊地投錨までに、これを完成しなければならないからである。

伊八潜は、当時としては、日本海軍潜水艦中最大級の艦の一隻であって、小型飛行機を搭載していた。そして他の潜水艦と異なったところは、司令官室、幕僚室、作戦室があるのと、通信設備が多い点であった。

三輪司令官は個室に、私と機関参謀の郡山少佐は二人部屋の私室に、通信参謀の立野大尉は作戦室の仮製寝台に入ることになり、戦隊機関長（機関大佐）は母艦にとどまることになった。

（注）戦隊幕僚の定員は四名で、平時は次席の兵科参謀がもう一人いたが、戦時中戦隊司令部は旗

艦潜水艦に搭乗するのを建前とされた関係上、この次席参謀は欠員となっていた。

私室と言えば名前はいいが、ベッドが上下二段になっていて、寝るときは横すべりをしなければ入れないという窮屈なもので、洗面台が一つ、机が一基、小型椅子が二つ、という具合、部屋の余積は、長さ六尺（約一・八メートル）、幅二尺（約六〇センチ）程度なのだから、汽車の寝台よりもまだ窮屈なものだった。

潜水艦の余積には、糧食が満載された。乗員百二十人の三カ月分となると、相当の容積である。私の部屋のこの僅かな余積にも、缶詰類がならべられた。

潜水艦だから、もちろん窓は一つもない。通風管から細い一本の管が導かれ、航海中はここから新鮮な空気を送ってくれる。これがただ一つの大気へのつながりである。

私はこの窮屈な部屋にたてこもって、作戦命令を起案した。今までの演習の作戦命令起案などは、もちろん苦心もし真剣ではあったが、やはり演習という気分がどこかにあったように思う。作戦命令を書くべくペンをとってみると、この作戦命令によって日本帝国の運命を左右する、乗るかそるかの戦争の一翼を担うのだ！　この命令によって、われわれの生命のやりとりをやるのだ！　という感じが、ひしひしと感ぜられて、ペンを握った手にぐっと力が入る。一句一句、全身全霊を打ち込んで書きつづっていった。狭い部屋であることも、窮屈なことも、洋上を航海していることも、すべてを忘れてしまった。

真珠湾の監視哨戒は、われわれが長い年月にわたって研究した要領であるから、艦隊命令にもとづいて、すらすらと書くことができた。

クェゼリン泊地からハワイ諸島近海に進出する行動は特に隠密を要することであるが、平時の演習では、こういう場面を現出することが困難のため、十分研究ができなかったので、随分苦心して書いた。もしわれわれの行動が、米国側に事前に察知されれば、奇襲作戦は全く水泡に帰するからである。

つぎに問題になるのは、旗艦潜水艦の待機位置および行動を、どうするかということであった。艦隊戦策には「旗艦潜水艦は、子隊潜水艦の戦列外に機宜行動して、指揮通信に任ずることを建前とす」と定められている。普段の演習では、別に気にもとめなかったが、それでよいのか？　こういう感じが、子隊潜水艦の決死行についてペンを運んでゆくうちに起こってきた。

私は、旗艦潜水艦の行動を次のように書きくだした。

「伊八潜は、子隊潜水艦哨戒線の外方おおむね五〇ないし一〇〇海里圏に在りて機宜行動、指揮通信に任ず。ただし、敵主力艦隊脱出の場合は、ただちに戦列に突入して、これが攻撃に任ず」

この点は、日頃から慎重すぎるほどに厳重な三輪司令官の性質を知っているだけに、はたして承認して下さるだろうかということを懸念しながら、思いきって、書きつづった。

最も困ったことは、ラハイナ泊地偵察の潜水艦を、どの潜水艦に指定するかということであった。これこそ真の決死行である。私は迷ってしまった。遂に潜水艦名は空欄にして、できあがった草案を、三輪司令官の手もとにだした。そして、

「ラハイナ泊地の偵察潜水艦は決死隊ですし、私一存では決しかねますので、空欄にしておきました」

と、付け加えた。しばらくたってから、

「先任参謀、ちょっときてくれ給え」

といわれ、司令官室に入った。私の部屋と違うところはベッドが一つであること、部屋の余積が一尺ほど広いくらいのものである。

三輪司令官の言葉は、

「この作戦命令について、ほかに言うことはないが、ただ旗艦潜水艦が敵艦隊に突入攻撃することは、通信指揮ができなくなってしまうので、困りはしないか」

と、質問的の異論であった。

予期していたところなので、論ばくの用意もできていた私は、

「もちろん旗艦潜水艦は、戦策に定められているように、通信指揮に任ずるのを建前としますが、敵の主力艦隊が、もしわが航空攻撃に打ちもらされて脱出した場合は、帝国海軍の今後の作戦遂行はきわめて困難になります。

脱出時の敵艦隊は、堂々の陣営ではなく、必ずや隙があると思います。このときこそ、最大の戦果を発揚すべき好機です。これがためには、使用し得る全兵力を投入すべきだと信じます。

旗艦潜水艦も他の潜水艦と同様の攻撃威力を持っていますし、この意味で伊八潜の突入計

画を立てたのです。敵の航空母艦または主力艦と刺しちがえれば、本望だと思います。伊八潜がなくなれば、第六艦隊司令部が子隊潜水艦の指揮をとってくれましょうし、なお子隊潜水艦は、ラハイナ泊地の決死的偵察、または緊迫した真珠湾の監視配備につくことになっていますので、旗艦潜水艦だけが戦列外にあって、安閑としていることは、指揮統率のうえからも面白くありません。士気振興の見地からも、ぜひこの文章はいかしていただきたいのです」

私は、自分の所見を強硬に主張した。

三輪司令官は、やや沈黙したのち、

「では、そうしよう」と、承諾した。

「ところで、ラハイナ泊地偵察の潜水艦はどれにするかな……。わしも実は迷っているのだ。君もよく考えてくれ給え」

三輪司令官自身も決しかねる様子であった。私は部屋に帰って考えた。

潜水艦司令、潜水艦長の顔が、次々に脳裡を去来する……。今まで一年間を通じて、猛訓練をともにしてきた戦友なのだ。いずれ劣らぬ猛者揃いであり、勇気の点からいっても、技量の点からみても、甲乙がないのである。

私は仏天に祈った。仏天の裁きによって、決定していただくよりほかはないのだ。そう思って、三人の司令の名前を書いてみる。

中岡信喜大佐、大竹寿雄大佐、水口兵衛中佐。八人の潜水艦長の名前を書く。

佐野孝夫中佐、戸上一郎、井上規矩、川崎陸郎、池沢政幸、村岡富一、市川旦、渡辺勝次の各少佐。

司令三人の名前をそれぞれ書いた紙つぶてを握って、仏天に祈り掌を開く――。大竹司令が出たのである。大竹司令搭乗、市川少佐指揮の一艦は決まった。

他の一艦は、指揮統率の見地から、大竹司令麾下《きか》の他の二艦中の一艦となるわけだ。戸上少佐、川崎少佐と書いた紙つぶてを握って、また天に祈ったのである。川崎少佐が選ばれた。

そこで、司令官室にいって、このことを報告した。

「天の指名によって選ばれたことに異存はない。両艦に栄光あることを祈る」

という意味の司令官の承認が下された。

作戦命令の空欄には、大竹司令搭乗の伊七三潜と、川崎少佐指揮の伊七一潜とが書かれた。

5　潜水艦内の喫煙問題

これで作戦命令はできあがった。ほっとして、煙草を吸うべく艦橋に上がっていった。クェゼリン泊地も、もう近い位置にきている。熱帯の光線は焼けつくようであるが、大海原を渡ってくる風は、まことに涼しい。

艦内にいて、作戦計画と組み打ちをしながら、穴居生活のような状態を続けてきた私は、大気のあまさをしみじみと味わった。空気はおいしいものだ。これは潜水艦乗りだけが知る味覚であるかも知れない。

海は紺碧だ。大気は澄んで、水平線をくっきり描いている。白い翼をひろげた海鳥が、艦のそばをすっとかすめてゆく。島がもう近い証拠である。

艦尾の方をふり返って見ると、漠々たる白雲の裾から水平線にかけて、一大瀑布の如く、真っ白な布をかけたように見えるものがある。南洋独特のスコールなのだ。

南洋方面への航海は、これで六回目である。多くの島々に寄港したときの思い出が、次々によみがえってくる。

一番景色のいいのは、パラオ環礁から南洋庁のあるコロール島入港までの水路ではあるまいか。点々と散在する、種々さまざまな姿をした盆石のような島々。格好のいい、緑したたる椰子樹と熱帯樹の配列。うっ蒼たる密林におおわれたパラオ本島の背景。澄みきっていて、二、三〇メートルの海底までも見える水道。とうてい松島などの比ではない。

町は、サイパンのガラパン町がいいなあ――。現地人はサイパン、トラック、パラオやヤルートあたりの、アッパッパ式の簡単服を着ているところより、かえってヤップやエニウェトクのように、裸一貫腰みの一つの方が純現地人式でいいのかも知れない。

今度入港するクェゼリンは初めての入港だが、さてどんなところだろう?……など、平和そのものである海の景色に見とれて、他愛もない空想に耽っていった。

ふと、艦橋後部で、煙草をうまそうに吸っている機関兵が目にとまった。「喫煙許可証」と銘うった、二寸（約六センチ）と三寸（約九センチ）角ぐらいの札を首からかけている。

喫煙札！　これを見て、今までの空想はどこかへ消し飛んでしまった。やらねばならないことが残っていることに気がついた。

潜水艦の揺らん時代、佐久間艦長の頃から、潜水艦では艦内の喫煙を絶対に禁ぜられ、規則にも定められて今までこれを守ってきた。これは、当時ガソリン・エンジンを主機械とした潜水艦では、艦内における火気の使用は爆発の危険があったからである。なお一つには、窓一つない僅かな艦内容積のなかで喫煙したら、空気がひどく汚れるという理由によるものであった。

しかし、現代の潜水艦は、ディーゼル・エンジンとなり、僅かな火気では、なんらの危険もなくなり、通風装置も完備しているので、潜航中は別として、航海中の艦内喫煙は、場所を適当に選定すれば、なんら支障はない状態であった。とはいえ、艦内で喫煙しないことは、潜水艦乗りのいい習慣であるとして、そのままとされた。

この習慣に対して、私は潜水艦長時代の体験で疑問を持っていた。私が伊号第七十四潜水艦長になって、諸演習に参加したときも、この喫煙札なるものが、発令所に四枚ばかりかけてあって、非番の機関兵や艦内勤務者がその札を首にかけ、かわるがわる艦橋に上がって、いい空気を吸いがてら、喫煙にきたものである。

窓一つない蒸し暑い潜水艦内の生活では、ほとんど全部の乗員が上甲板に上がりたいのは、人情なのだ。いわんや愛煙家においてをやである。

しかし、一度に多人数の者が艦橋に上がられたのでは潜水艦の生命である急速潜航に、大きな支障をきたすことになる。艦橋当直者以外の人数を極度に制限する必要がここに生じ、喫煙札なるものができるようになった。

ところが、敵航空機に対する急速避退潜航、とっさ時の潜航には、この三、四名ばかりの僅かな人数も、邪魔になって仕方がなかった。潜水艦では、対敵警戒航行中は艦橋から艦内に入るには、人一人入れるだけのハッチが一つあるだけである。したがって、一人の員数が増すだけ潜入秒時が長くなることになる。寸刻の潜入秒時の長短は、攻撃行動に、また被発見および被害防止に、大きな関係を持つものだ。

戦争になれば、こんな悠長な真似はしておられないと思った。そこで、私は内南洋方面の長期作戦行動訓練において、思いきって独断的に、艦内での喫煙を許可することにした。場所は、発令所と機械室との間に設けた。ここならば、空気の流通はよし、居住区にはなんらの影響もなく、極めて安全であり、また衛生的である。

いつでも喫煙できることになったので、乗員はたいへん喜んだ。当時潜水艦長であった私も、哨戒長も、艦橋に出ている人員が少なくなったので、対敵行動上大きな安心感を得た。

この演習行動が終わって、研究会が行われたとき、私は実戦を想定して、独断で艦内喫煙を許したこと、およびこれについての所見を述べた。ところが、海軍省からこの会議に派遣されてきていたわれわれのいわゆる中央部員から猛烈な反対と叱責を受けた。

理由は簡単である。「海軍の規則を破るものだ。潜水艦のよい伝統を破るものだ」というにあった。だが、私は自分の信念をまげなかった。実戦となれば、私の意見通りになるに決まっている。そう信じて疑わなかった。

今度はいよいよ戦争なのだ。われわれは、すでに征途にのぼっている。どうしても、この際、司令官から艦内喫煙の許可を得ておかなければならぬ。こう決心して、司令官のもとにいった。

「艦内喫煙」――私がそういっただけで、三輪司令官は、

「帝国潜水艦の伝統的良習慣を、実戦だからといって、破るわけにはゆかない。このことだけは反対だ。私の目玉の黒いうちは、許可することはできぬ」

と、強硬な態度であった。

長い間の潜水艦関係生活をしてきた人としては、無理からぬことであった。

一応は引き下がったが、このことはクェゼリン出撃までには、どうしても解決しておかねばならないと決心して、再度司令官室の扉をたたいた。

今度はねばりの手でいった。

「私は伊七十四潜水艦長時代に、艦内喫煙を実験的にやってみて、叱責を受けましたが、実質的には、なんら支障ないことです。実戦において喫煙札のような悠長な方法をとっていたら、発見されて攻撃の時機をなくしたり、潜航がおくれて撃沈されたりする艦がでるでしょう。そうかといって、艦橋に上がることを絶対に許さぬことになれば、煙草のみは御存知の通り、とても耐えられなくて、仕事の能率が下がるでしょう」

と根気よく述べたてた。

すると、三輪司令官も、とうとう腰を折って、

「じゃあ、君のいいように処置し給え」ということになった。

クェゼリンに入港してから、各潜水艦長に航海中は潜水艦内で喫煙してもよいことになったことを話した。私の実験ずみの方法も説明した。皆それは誠にいいことだと喜んでくれた。伊八潜の士官公室は、発令所と機械室との中間にあるので、それからは、食事後煙草盆を前にして、ゆうゆう食後の一服を楽しめることになった。司令官もにこにこした顔をしながら、煙草をふかしていた。

戦争中各潜水艦における水上航走中の艦内喫煙は、常識となってしまった。私の戦隊の話を聞いて始めた艦もあるし、実戦の苛烈な体験にもとづいて、おくればせながら始めたものもあったろう。

6　作戦命令の公開

さて、約十日ばかりの航海ののち、目的地クェゼリン泊地に投錨した。このクェゼリンは環礁につつまれた一大良泊地であった。

既に母艦大鯨は入港してわれわれを待っていた。泊地から東方二〇〇〇メートルばかりを隔てて細長い珊瑚礁が一つ。これに続いて南方約一〇〇〇メートルのところに、やや幅のある珊瑚礁が横たわっていて、これがずっと西に延び、椰子の樹が無雑作にこれをおおってい

る。

入港してきた西水道から北方にかけて、環礁が水平線の彼方まで続き、太平洋のゆるやかな大きな波を受けて白い飛沫《ひまつ》をあげている。硝雨蛮煙《しょううばんえん》（毒気を含む雨と煙）の地というが、文字そのままの景色であろう。

伊八潜が投錨すると間もなく、母艦大鯨の内火艇が迎えにきた。母艦にのり移ると、さっそく用意された浴槽に入って、久しぶりに、潜水艦生活の油垢《あか》を落とし、さっぱりした気分になった。まだ地方平時で午前の九時頃だったと思う。

三輪司令官の内意を伺い、×セサヨ×（「先任参謀より」の海軍信号略語）として、「本日一三〇〇（?）各潜水艦科長以上母艦に参集されたし」の信号を書き、これを母艦の当直将校に渡して、私室のベッドに入って、ぐっすり眠る。

予定時刻までに、各潜水艦の科長級（水雷長、機関長、航海長等）以上は、母艦に集まった。それより以前に、私は大竹司令の私室を訪ねた。ラハイナ泊地偵察の重大使命を告げるべく――。

ノックの応答を待って部屋に入る。挨拶をかわしたのち、私は居ずまいをただした。

「大竹司令、いよいよ米英との戦争です。うちの艦隊は、航空艦隊と一緒になって、ハワイにいるアメリカ艦隊をやっつけることになりました。ついては、わが戦隊は、真珠湾の監視をやることになっていますが、うちの潜水艦の二隻で、ラハイナの事前偵察をやるように命ぜられました。この二隻の潜水艦を、司令の隊に指定されました。あとの一艦は、川崎艦長の伊七一潜です。このことを、前もってお知らせに参りました」

「やあ！　そうですか。予想はしていましたが、いよいよアメリカとの戦争をぶっ始めるわけですな。ラハイナ泊地の強行偵察を、わしの隊に指名されたのは光栄です。……武士の本懐この上もない……」

いがぐり頭の幅広い司令の顔に、にっこりと笑みが浮かぶ。

「すぐ川崎君を呼びましょう」

と、大竹司令は呼鈴を鳴らした。

使いの従兵と入れちがいに、川崎艦長が入ってきた。

「艦長！　いよいよアメさんと戦争だ！　うちの戦隊はハワイへ進撃することになった。それから、わしの乗っとる伊七三潜と君のところが、ラハイナの強行偵察をやることになった。……武士の本懐この上もないことだ。しっかりやろう！」

大竹司令の声は低いが、力強いものであった。

川崎艦長の顔は、初めは緊張していたが、聞き終わると、その渋味のある顔に、微笑を浮かべて、

「必勝を期してしっかりやります。御安心下さい」

と、力強く答えた。

二人の当時の顔！　今は亡き大竹司令のあのニッコリと笑って、

「武士の本懐この上もない」

と、言い放った姿は、十年後の今もなおありありと、眼底によみがえるのである。

午後一時(?)に、潜水艦九隻の科長以上の士官が、母艦の士官室に参集した。司令官はやおら立ち上がって、次のような趣旨の訓示を行った。

「今まで機密保持の見地から極秘にしていたのであるが、わが帝国は対米英戦争開始に一決した。そしてX日、すなわち特令がなければ、十二月八日を期して、第一航空艦隊と当第六艦隊との両精鋭をもって、ハワイ方面に進出中の米主力艦隊を奇襲撃滅することになった。

本作戦の成否は、わが帝国の運命を左右する岐路とも言うべく、爾後《じご》の戦争指導に至大の影響があり、皇国の運命は、まさにこの一戦にかかるのである。

各自は、今まで訓練に訓練を重ねた神技を極度に発揮し、必勝の信念をもって勇往まい進、作戦目的の達成に万遺憾《ばんいかん》なからんことを期せられたい。

作戦計画に関しては、先任参謀をして説明せしめる」

私は、あらかじめ用意してかけておいた世界地図と、太平洋およびハワイ諸島付近の海図とを張りつけた壁を背に、作戦命令書を手にして立った。

開戦！　参集者約五十名の人々はおそらく予期はしていたであろうが、司令官の宣言によって、初めてこの厳粛な事実を知ったのである。

ひとわたり、参集者の人達の顔を見まわした。緊張と厳粛そのもののような姿である。各人の眼は、光をおび、しかも澄みきっている。戦って戦い抜くぞという、つら構えである。そこには、微塵も私利私欲の影はない。尽忠報国、一死奉公を誓った姿であった。

私は、連合艦隊作戦命令から、順を追って説明していった。熱帯の昼下がり、しかも艦内の蒸し暑いなかで、汗一つぬぐう人もない緊張裡に、私の説明は終わった。

盃が各自の前にならべられ、冷酒がつがれた。司令官は、まず盃をあげて「必勝と各位の武運長久を祈る」の挨拶を述べ、続いて一同乾杯した。

翌日は、司令官、幕僚、潜水艦司令、潜水艦長うち揃って、昨日の訪問に答うべく、クェゼリンの根拠地隊司令官、八代祐吉少将を、その庁舎に訪ねた。同少将も潜水艦出身だった。

根拠地隊司令部は、われわれの錨地の南方にある珊瑚礁の、やや幅のある場所に設けられ、急造の形ばかりの小さなバラックが数棟建っているだけで、まだ建設の途中であった。

一応の挨拶がすんで、皆は島の散策にでかけた。島という字をあてはめるには、ふさわしくないかも知れない。一番広いところで、幅四〇〇メートルぐらいのものであろう椰子の樹が密生している下には、低い雑木がおおい繁っていて、新しく開いた道が、そのなかを通じている。

誰かが、

「ここは、だんごガ島だなあ」と、言った。

「だんごガ島って？　だんごなんて、そんなうまいものは、この島にはなにもないじゃないか」隣の人の声である。

「食いしん坊だなあ……食べもののことを言っているんじゃない。この島には女性と名のつくものが、一つも存在せんから、そう言うんだ」

「だんごって？　おい！　食べものじゃないか」

「違う！　違う！　男のいない島を女護ガ島というなら女気のないこの島は、男護ガ島じゃないか」

「やあ、そうか、参った！」

一同は、この会話に爆笑してしまった。

これらの潜水隊司令三人、潜水艦長九名、司令官と私とを合わせて十四名のうち、生き残ったものは、司令官、水口、川崎、池沢の諸氏と私を含めて、僅かに五名である。残りの九名の人達は、戦争の苛烈さを加うるに従い、次々に護国の華と散っていったのである。

この爆笑のなかにも、私の心のうちには、人やさき、我やさき、いずれ果つべき身であるという潜在意識があった。真珠湾の奇襲決行を前にして、誰かこの感なきものがなかったと言い得ようか。

クェゼリン泊地に在泊中の数日間、われわれは、潜水艦各部の整備に全力を傾注した。潜水艦では、ピン一本の故障も、致命傷となるからである。

第2部　ハワイ作戦とその後

第1章　真珠湾奇襲行

1　出陣

昭和十六年十一月末、われわれはいよいよハワイ方面に進出中の米主力艦隊を奇襲すべく、クェゼリン泊地を抜錨した。母艦大鯨は、航空母艦に改装するため、間もなく内地帰還の内命を受けていたが、潜水艦の出撃まで在泊していた。大鯨乗員は、登舷礼式をもって、われわれの出陣を見送り、潜水艦もまた登舷礼式をもってこれに応えた。おたがいに帽子をふる手は、真剣であった。そして、母艦乗員のわれわれを見送る姿は、いつまでも上甲板から消え去らなかった。

陸軍部隊の出征は、駅頭における歓呼の声、各駅々の万歳やら国防婦人の接待など、賑やかなものであるが、これに比べて、海軍部隊の出征は、まことに寂寥《じゃくりょう》なものだ。

旗艦伊八潜を先頭に、単縦陣をもって西水道を通過して、太平洋に打って出ると、やがて針路を東に向けた。

伊八潜のマストに掲げられた「陣列を解き、各隊、艦は予定の如く行動すべし」の旗旒《きりゅう》信号の降下と同時に、各潜水艦はゆるやかな転舵をもって、各艦所定の配備につくため、列を解いていった。

「各艦の必勝と成功を期し、武運長久を祈る」の旗旒信号が、伊八潜に掲揚されると、各潜水艦からは、

「誓って成功を期す」という意味の旗旒信号を思い思いに掲げて、これに応答してきた。

伊八号潜水艦では間もなく、艦内警急ベルが、けたたましく鳴り響く。総員配置につけの合図である。続いて艦長江見哲四郎中佐の「合戦準備」の号令が、伝声管を通じて艦内各区に伝わった。艦内各区から、それぞれ整備が報告されると「警戒航行、艦内哨戒第三配備、第一直哨戒員配置に就け」の号令がくだった。こうして伊八潜は、いつ敵にぶっつかってもいい姿勢を整えたのである。熱帯の夕陽は、射るような暑さを浴びせていたが、やがて南洋の澄みきった大気を通して、くっきりと、黄金の円形を描き水平線の彼方に落ちていった。列を解いた子隊潜水艦は、次第に遠ざかるにつれて、その姿を小さくしてゆき、一番遠方の潜水艦は、司令塔のみが見えた。

南洋の薄暮は、内地に比べてずっと短い。間もなく夜のとばりがあたりをおおって、潜水艦の姿を隠してしまった。見送る愛児をわれわれから奪うかのように……。

伊八潜の艦橋に立って、子隊潜水艦を見詰めていた私は、黙禱《もくとう》して各艦の武運長久を祈った。

空には、星が三つ四つまたたいている。舷側に砕けるにぶい波の音――、調子の整ったディーゼル・エンジンの響きが聞こえるのみである。

翌朝目をさまして、艦橋に上がった。ただ洋々たる大海原があるのみ。子隊潜水艦はもち

ろん、海鳥の影さえ見えない。海上は昨日に引き続き平穏で、太平洋の字句をそのまま表現したかのように、平和な姿であった。

いつか想いは、家郷に走ってゆく。逗子に残している老母と妻は、今頃どうしているだろうか？　なにも知らせていない彼らは、例年のように、十一月になったら帰るであろうと、待ちあぐんでいるのではあるまいか？　故郷の人々、親しい友のことなど、次々に懐かしく思いだされ、平和そのもののような海の姿に、私はしばし望郷の念につつまれたのである。

各潜水艦は、一路ハワイ諸島に向け、進撃を続けた。東微北の針路であったが、暑さは日一日と薄らいでいった。と同時に、海上は次第に荒れてきた。日本近海のような小波濤ではなく、大きなうねりが、艦全体を呑むかのように襲ってきた。

クエゼリンを出撃してから数日ののち、すなわち十二月二日に、連合艦隊司令長官から、「X日を予定の通り十二月八日とす」という意味の無線電信があった。

わが帝国政府は、最後の決意をしたことを知った。われわれはすでに予定の行動をとっているので、この電報によって、改めて処置すべきことや、命令すべきことはなかった。

ジョンストン島とパルミラ島の六〇〇海里（約一一〇〇キロ）圏内に入ると、各潜水艦は予定の計画にもとづいて、昼間は潜航し、夜間浮上航行を行いながら、徐々に進出していった。米国哨戒飛行機から発見されるのを顧慮したためである。

各潜水艦の無線電信の発信は、絶対にこれを禁止し、敵の電波探知装置によって、われわれの行動を察知されることを防いだ。艦内からの廃棄物は、ふだんは、そのまま海上に投げ棄てしまうのであるが、これらの浮流物によって、われわれの行動が発見される端緒となることが恐れられた。そこで夜間浮上したときに、錘をつけて投げすてることにした。被発見、被探知防止には、あらゆる手段と方法とを講じて、ぬき足さし足という格好で、静かに静かに、ハワイ諸島に近づいていったのである。

2　潜水艦の配備

ハワイ作戦当初の第六艦隊潜水艦は次のように配備することになっていた。すなわち、第三潜水戦隊の各潜水艦をもって、真珠湾の南西方に濃密な監視配備をとる。第二潜水戦隊の潜水艦を、カウアイ島とオアフ島間およびオアフ島とモロカイ島間に配備して、真珠湾ラハイナ泊地方面より米西岸およびアリューシャン方面に通ずる航路を扼《やく》する。第一潜水戦隊の潜水艦は、特別攻撃隊の潜水艦五隻を、第三潜水戦隊潜水艦配備の内側、すなわち特殊潜航艇を発進できる地点に進出させる。別に第一潜水戦隊の潜水艦三隻をもって、航空艦隊の前路掃航索敵を実施し、これらの潜水艦はついでハワイ北東方に配するという計画であった。なお、このほかに第一潜水戦隊所属の潜水艦各一隻をもって、アリューシャン方面およびサモア、フィジー諸島、ツツイラを事前に偵察する。この潜水艦は、偵察がすんだのち、ハワイと北米西岸の中間付近に進出する。大体このように定められた。

（注）　次ページの図は真珠湾攻撃当時の潜水艦の配備を示す。

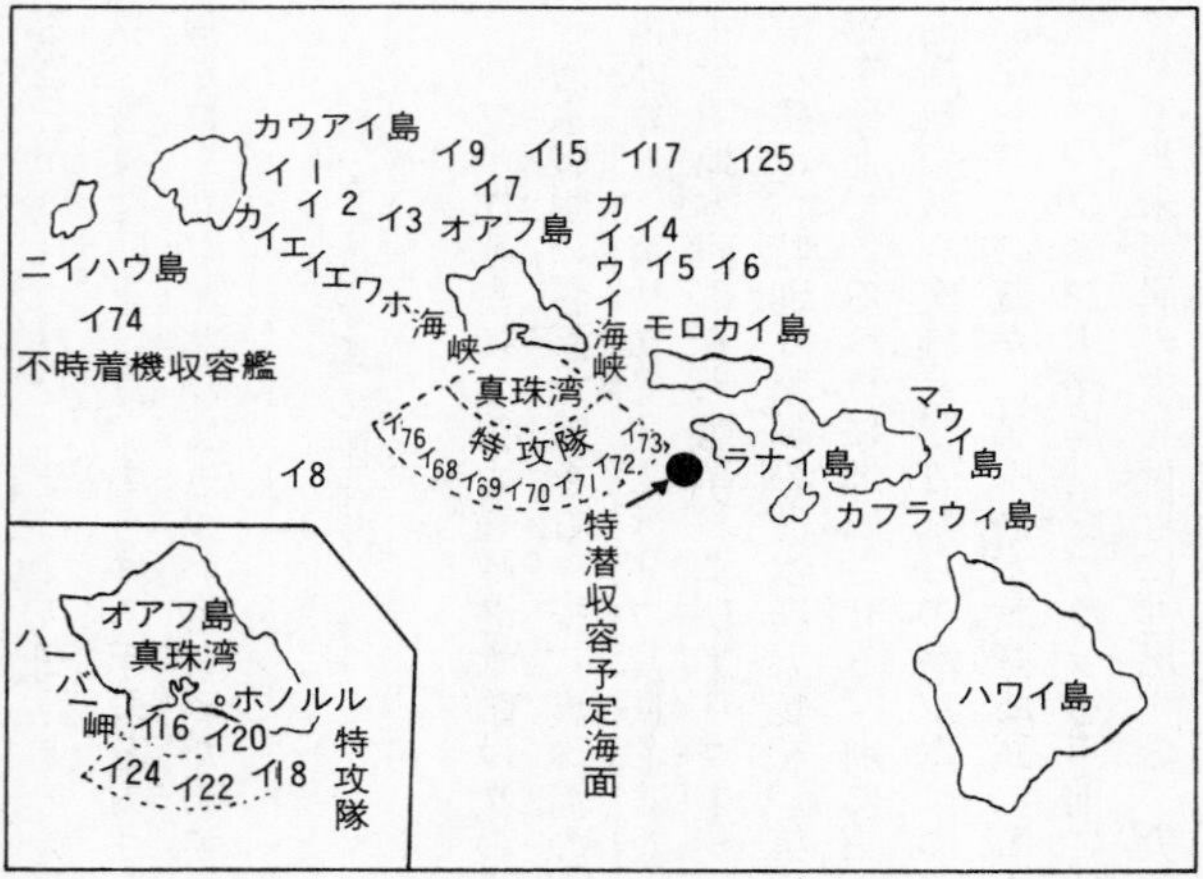

当第三潜水戦隊の各潜水艦は、八日の前日、すなわち十二月七日、所定の配備点についた。ラハイナ泊地偵察の二艦は、十二月七日未明までに、湾内に決死的侵入を行い、昼間潜望鏡をもって、泊地の偵察を実施し、当日の夜間にその偵察状況を、あらかじめ定められている極めて簡単な略語符号によって電報することになっていた。

伊八潜は、十二月七日の未明に、所定の位置である真珠湾の南西方およそ八〇海里（約一五〇キロ）の地点に達して潜航に移った。一時荒れていた海上も、この頃はようやく静まったが、なお相当の風波があり、うねりはまだ残っていた。伊八潜は米国哨戒飛行機から発見されないために、潜航深度を五〇メートルにした。うねりのために、二、三〇メートルまでは、まだ艦に動揺があったが、五〇メートルになると、艦はピタリと静止して、海上の風波とかうねりは、どこへいったのかという感じであった。

艦が潜航すると、私は狭いベッドにすべり込んで眼を閉じた。潜航中に用事のない者は、つとめて寝るのが、潜水艦の習慣なのだ。それは、余計な活動をすることによって、不必要な炭酸ガスを排出することは、限りある艦内空気を汚すからである。眼を閉じたが、明日の大事を前にして、いろいろの考えが次々に脳裡を去来した。明日は、驚天動地の大壮挙が決行されるのだ！　日本国民の大多数の者は、今頃なにも知らずにいることであろう。そして、明日は米英に対する宣戦布告、日本帝国海軍のハワイ奇襲のことなどが、ラジオにより、新聞を通じ、また号外として、日本帝国の津々浦々にいたるまで、報道されるであろう。これを知った心ある国民の大多数は、事の重大なことに感ずるとともに、本奇襲作戦の噂で持ちきることであろう。

私は、水深五〇メートルの海底で、心から本奇襲作戦の成功を祈った。

各潜水艦は敵に偵知発見されることなく、無事定められた配備点についただろうか？　絶対の無線封止を実施している関係上、一度も子隊潜水艦との無線連絡を行っていないのだが……。一番気にかかるのは、ラハイナ泊地偵察の二艦である。東京での会議のとき、私はラハイナ泊地の防備状況を知るために、随分努力してみたが、なんらの情報も入手することができなかった。大竹司令にも、作戦命令説明の際に、そのことを話した。大竹司令は、自隊のラハイナ泊地侵入計画を立てたのち、私のところへきて、

「なるべく、機雷敷設ができないと思われる場所を通ることにしたが、そうばかりもゆかん

ところがあるので、あとは眼をつぶって、強行突破ということに覚悟を決めましたよ」と、緊張した顔つきで、侵入航路の入った海図を示したのであるが……。大竹司令、川崎、市川両艦長は、頭髪を切って、これを母艦に残る者に托したことも、あとで人伝てに聞いた。果たして両艦は、無事泊地に侵入できたのだろうか？

昨夜、ハワイ方面の通信状況を諜知することに努めたが、特別の変化もなかった。おそらく両艦とも泊地侵入に成功しているであろう。だが、潜水艦の貧弱な通信施設では、ほんの一部の電波しか捕捉できないのだから安心するわけにはいかない。あれこれと考えていると、不安になって仕方がない。起きて作戦室にいった。そしてラハイナ泊地の海図を取り出して、じっとこれに見入る。

日没の時刻までが、待ち遠しかった。早く浮き上がる時機がきて、泊地偵察の状況を受信したかったのである。

3　ラハイナ泊地の偵察

海底五〇メートルにある潜水艦内では、にぶい電灯の光が昼夜を通じて光っているだけで、外界の明暗は、ただ時計の指針によって判断するよりほかはない。時計の指針が日没時刻後の四十分を示すと、江見艦長は、

「メインタンク・ブロー、浮き上がれ」の号令をかけた。

空気手は、高圧空気管のバルブを開いた。圧搾空気は小気味よい音をたてて、各メインタンクに伝わる。艦は急速に浮上して、水上状態になると、艦長、哨戒直員のみが艦橋に上がった。対敵上の顧慮から、もう司令官や私などが、ノコノコと艦橋に上がることを許されなかった。

　艦が余り動揺しないところからみると、海上は比較的平穏らしい。電信室のすべての受信機には、技量優秀な上級の下士官のみがついて、レシーバーに耳をあてて、微細な電波をも聞きもらすまいと努力した。通信参謀と通信長は、電信室に陣取って、これらの人々の監督にあたった。刻一刻、時は流れてゆくが、受信機にはなんらの感度もないらしい。私はレシーバーの一つに耳をあててダイヤルを回してみたが、ホノルルからのラジオが聞こえるばかり。それも、ジャズや音楽などで、賑やかにはやしたてている。敵は、まだなにも知らないらしい。「明日の奇襲は大丈夫だ」そうは思いながらも両潜水艦のことが気になって仕方がなかった。

　狭い電信室の入り口で頑張っていた私は、一応あとを通信参謀に托して、私室に入った。それから随分長く感ぜられたが、一時間ほどたってからであろうか、通信参謀が私の部屋の入り口で、

「先任参謀！　大竹司令の艦から電報です。敵艦隊在泊せずの略語です」と、急いだ口調ではあるが、明るい力強い声で叫んだ。

「おお、そうか、そうか」こう言いながら、私は身体を無意識のうちに、部屋のそとに乗り

だしていた。通信参謀は、司令官室の扉をたたいて、同様の報告をした。

これで、敵艦隊の真珠湾在泊は、確実となった。明日の奇襲作戦成功の基礎は、確立したわけだ。そして、大竹司令の艦は、無事である。私はほっとした。残るは、川崎艦長の指揮する伊七一潜の安危なのだ。

五分！　十分！　時計の針は、遠慮なく時刻をきざんでゆくが、受信機には、なんの感度もないらしい。

大竹司令の艦が大丈夫だったのだから、川崎君のところも無事であろう。安全地帯に出るまで、発信するのを控えているのかも知れない。こうも考えてみた。しかしそれにしてもおそい。私は不安になって、電信室を覗いて見た。通信参謀は、受信機のダイヤルに手を当てて、電波をさぐっている電信員を、ジッと見守っていた。一人の電信員が、ダイヤルを持つ左の手をピタリととめて、右手に鉛筆を持ち、受信の用意を始めた。なにか電報がきたな！と思っていると、その電信員は後をふり返って、

「通信参謀、伊七一潜から敵艦隊在泊せずの略語です」と、張りのある声であった。

通信参謀は、すぐ司令官のもとへ報告にいった。

よくぞ両潜水艦は、ラハイナ泊地の偵察を完遂したものである。クェゼリン入港後の報告で知ったのであるが泊地侵入の際に、米国哨戒艦艇を暗夜に発見して、すばやく潜航し、たくみにこれを脱過している。明敏な指揮官の技量によることはもちろんであるが、また帝国海軍平時の猛訓練の賜《たまもの》とも言えよう。

4　水中無線で知る快報

あくれば、十二月八日だ。待ちに待った十二月八日は遂にきたのである。私は、日の出のおよそ一時間前に無意識のうちに目を覚まして、士官室に入った。三輪司令官も既に起きていた。

「いよいよ、今日だね……」

「そうです。ラハイナ泊地の偵察も成功ですし、航空部隊の成功疑いなしと信じますが……」

二人の会話は、これで一時途切れた。成功を信じつつも、一抹の不安があったからである。司令官の胸中も、おそらくそうであったろう。

もし、この奇襲作戦において、米主力艦隊を打ちもらしたならば？　米主力艦隊が今後活発な行動をとるとしたならば？　わが海軍の苦戦はもちろんのこと、わが日本帝国の運命が思いやられるのである。どうしても、勝たなければならぬ一戦なのだ。やがて、伊八潜は潜航に移った。水中に入った潜水艦は、目も見えず、耳もきこえない。しっかり頼むぞ！　頑張ってくれ！　水深五〇メートルの海底から、心の中でこう絶叫する。

真珠湾攻撃の時機と思われる時刻がやってきた。伊八潜は徐々に深度を浅くして、昇降式短波檣（潜望鏡のように昇降できる棒の先に、無線を受信する装置をつけていた）で受信できる水深まで浮上した。敵信を傍受する受信機には、通信参謀がついた。私は固唾《かたず》を呑んでじっとこれを見守る。

しばらくすると、受信機のダイヤルを回している手がとまった。なにか入ったな！　と思っていると、

「先任参謀、敵は平文を打ち出しました。真珠湾は混乱してるようです。……うん……救助たのむ……」

通信参謀は、なおも受信につとめながら、こうつぶやく。

奇襲に成功せり！　私は、こう直感した。なにか熱いものが、腹から胸にかけて込みあげてきた。電信室の斜め向かいにある司令官室までの数歩が、もどかしく感ぜられた。ドアのカーテンを開いて、

「司令官、真珠湾の敵は、平文を打ち出しました。救助たのむというような電報を打っています。奇襲成功確実だと思います」

上長に対する作法も忘れて、こう報告した。司令官は、

「そうか、よかった、よかった」

と、顔いっぱいを喜びの表情そのままにして、ドアのところまで乗り出してきた。

艦は、ふたたび深々度に潜入していった。その後、艦隊命令で定められている時刻になると、伊八潜は浅深度に浮き上がって、昇降式短波檣による電報の受信に努めた。

地方平時の昼頃であったと思う。第六艦隊司令長官よりの作戦緊急信を受信した。電信室

の隣にある作戦室で、通信参謀は暗号部員と一緒になって、暗号文の翻訳にとりかかる。司令官も私のそばで見ていた。

第一句が翻訳される。――「わが航空部隊は、奇襲に成功せり」――予期の通りだ！　皆の顔が、いきいきと輝いて見える。

私はすぐ側にある伝声管に口を当てて、

真珠湾攻撃の成果はすべて航空機によるもので、残念ながら特殊潜航艇による攻撃は失敗に終わってしまった。

「艦長！　第六艦隊から、航空部隊奇襲成功の電報です」

こう、司令塔に呼びかける。

「やあ！　お目出度う」元気に満ちた声が聞こえてきた。

間もなく、司令塔から艦内各区に、

「わが航空部隊は、真珠湾の敵艦隊奇襲に成功したぁ」

と、伝声管を通して、口達が伝わる。静かな艦内に、なんとはなしに、どよめきの響きが聞こえてきた。

暗号は、次々に翻訳されてゆく。

「第三潜水戦隊は、真珠湾口を基点として、おおむね三〇海里（約五六キロ）圏に定められた濃密な監視配備に、第二潜水戦隊は、現配備をさらに緊縮した哨区につき、敵残存脱出艦隊の捕捉撃滅に任ずべし」

こういう意味の電令であった。

「伊八潜は、水上進撃……」電報の翻訳が終わると、私はこうつぶやいた。それとほとんど同時に、

「先任参謀！　伊八潜は水上進撃させよう」

そばにいた三輪司令官の声に、私は伝声管を通じて、司令塔へ、

「艦長！　真珠湾口に向け水上進撃して下さい」と、命令を伝えた。

私の言葉が終わるか終わらないうちに、警急ベルが艦内に鳴り響いた。続いて、

「メインタンク・ブロー」「浮き上がれ」「両舷機械用意、機械用意急げ」の号令が矢つぎばやに艦内に伝わる。

艦橋ハッチが開かれると、テレグラフが急回転した。

(注)テレグラフとは艦橋から機械室に艦の速力を命令するもので、前進と後進の両者について、全速力、強速力、微速力などの目盛りがある。

ドド、ドッ！　とすさまじい音をたてて、主機械は発動して艦は既に水上航走を始めた。蒸されるような混濁した艦内空気が、艦橋ハッチから機械室に吸い込まれる新鮮な大気と、一瞬にしてかわる。

私は、海上の模様を見ておきたいと思って、艦橋に上がっていった。

操舵員が舵輪についているほかは、潜水艦長をはじめ艦橋哨戒直員の皆が双眼鏡に眼をあて、受け持ち配置について、一つの塵さえも見逃すまいと、食いいるような格好で、四周を

見張っていた。

海上は、まだうねりは残っていたが、シケというほどではなかった。潜水艦乗りに言わせると、絶好の襲撃日和とは言えないが、まずまずというところであろう。うねりがなくて、艦の操縦がたやすく、しかし適当にさざ波があって、この小波にまぎらされて、潜望鏡をだしても敵に発見されないのが一番よいのだ。これに反しうねりが大きいと、潜望鏡の尖端を出しておけるような深度を保つことがむずかしく、強いて潜望鏡が波に呑まれないようにしようとすると、ときどき艦全体が海面にたたきだされ、敵に発見されるような状態になるのである。

海上には、亜熱帯の日の光がさんさんと照りかえしていた。数日ぶりに見る日の光である。海の色も、空の碧さも、南洋ほど澄みきってはいないが、やわらかみのある美しさであった。海を渡ってくる涼風は、半ズボンの裾を心地よく払ってゆく。

敵地近くにおける潜水艦の水上進撃は、冒険である。しかし、今はそんなことを言ってはおられない。今までの伊八潜の配備位置が遠すぎたので、敵艦隊の脱出にそなえ、その襲撃に向かうには、水上航行で迅速に進撃せねばならぬのだ。そこで伊八潜は敵艦および敵機の片影に対しても、急速潜航の姿勢をとりながら、猛然と水上を進撃していった。真珠湾の南西方約五〇海里（約九三キロ）付近に達したとき、伊八潜は潜航に移って、なおも進出を試みた。

5　爆雷の脅威

潜航してしばらくすると、聴音員から、「海鳴りのようなものが聞こえます」と、報告しているのが聞こえた。

子隊潜水艦の頭上に、猛烈な爆雷攻撃を浴びせているのかも知れないと思うと、実戦になって初めて体験する緊張感を覚えるのと同時に、子隊潜水艦の安否が気になった。

この日伊八潜は、遂に敵影を見ることなくして、日没時刻となった。日没後艦が浮上すると、電信室はまた忙しくなった。私は受信機から導かれたレシーバーの一つに耳をあて、東京放送にダイヤルを回してもらった。国民の皆が聞いたであろう、あの宣戦布告の宣言や、真珠湾奇襲成功の発表が聞こえてくる。日本国民は、びっくりすると同時に、狂喜していることであろう。そして、ラジオや艦隊司令部からの電報によって、敵戦艦部隊の大部分は潰滅したが、航空母艦群は、奇襲当時湾内に在泊せず、なお健在であることを知った。

伊八潜は、浮上したのち、航走課電をやりながら、付近海面の哨戒を始めた。潜航中は二次電池を使って航行するので、浮き上がったらその二次電池に充電しなければならない。その課電は、普通、ディーゼル・エンジンを使って水上航行をしながら行うのである。

浮上してから、二時間ほどもたった頃と思う。突如！　警急ベルが、けたたましく響いた。続いて「潜航急げ」の号令がかかる。ディーゼル機械は急停止した。なに事だろう？　と思って、発令所を覗いて見ると、艦橋にいた哨戒直員が、毬《まり》のようになって、司令塔から発令所に飛び降りてくる。艦橋ハッチが閉まるか閉まらないうちに「ベント開け」の号令がかかった。深度計を見ると、艦は急速に沈下してゆく。傾斜計は、俯角一五度を示している。間もなく、司令塔から「深さ五〇」と潜航深度を五〇メートルにすべき指示があった。操舵員は「一五」「二〇」「二五」と、ぐんぐん沈下してゆく深度計の示す深さを報告していった。二五の報告を聞くと、先任将校は「ネガチブ・ブロー」と発令した。発令所のほぼ直下にあるネガチブ・タンクは、すさまじい音をたてて排水を始めた。ネガチブ・タンクは潜水艦が浮上中に満水してあって、艦にネガチブの浮力、つまり沈む力、をつけるタンクである。そのため少しでも潜入速度が早められる。潜航したら、このタンクに圧搾空気を入れて排水すると、潜入速度を緩めることができる。排水が終わると、先任将校は「ブロー止め」を発令した。艦の沈下はゆるやかになって、深度計は五〇メートルを示した。

潜入するときの俯角は、日頃の訓練では、最大七、八度にとどめていたが、一五度は全くの型破りなのだ。潜入秒時も、普段の場合より十秒程度は短縮されていたであろう。火急の場合は、普段は持てないような物でも平気で運んで、後から驚くのだが、実戦に際会しての真剣味は恐ろしいものだ。艦が安定すると、司令塔から「敵の哨戒艦が見えたあ！」と、伝声管を通じて、艦内各区に伝えられた。

いよいよきた！　そう思って、あたりを見まわすとみな緊張した顔つきで、各々の配置に就いている。誰一人冗談口をきく者もない。間もなく「両舷機前進微速」「艦内循環通風止

め」の号令がかかったとき、聴音員から、

「左舷……度方向、かすかにスクリュー音が聞こえます」

と、報告してくるのが聞こえた。

伊八潜は、すでに被探知防止として、なし得るすべての処置をとり終わったのである。

「スクリュー音、次第に近づきます」

聴音員の声がまた聞こえてくる。

敵は、伊八潜を発見したのかも知れない？　そう思っていると、

「だんだん近づきます」

寂とした発令所――それだけに、その声だけがはっきり聞きとれた。

いよいよ爆雷攻撃かな、私はひそかに覚悟した。平時の実験訓練で、爆雷の音は聞いていたが、それは電灯が明滅し、船体が振動する程度の安全距離で行われるのだから、爆音だけは大きいが、別に恐ろしいものではなかった。

今度は本ものの爆雷だ！　船体がけし飛んでしまうかも知れない……。下腹にぐっと力を入れて、覚悟を決めた。潜舵手と横舵手の二人が舵輪を動かしているほかはみな眼を一点にそそいで、石像のように黙々としている。皆も私と同じような覚悟を決めているに違いない。

こうなると、潜水艦は全くの無抵抗主義である。

やがて、スクリュー音がキュッ、キュッ、キュッと、頭上をかすめてゆくのが、船体を通してナマで聞きとれた。

普段の演習のときには、主力艦や高速巡洋艦の艦底をすれすれ二、三メートルでかわして、ゴウ！　ガラガラッ！　というすごい音に、ヒヤリとしたことは幾度もあるが、今度の場合は、それと違った気味の悪い音だった。

爆雷音！　こう覚悟していると、すぐスクリュー音は聞こえなくなった。

「スクリュー音、右舷艦尾方向、次第に遠ざかります」

聴音員の報告が聞こえてくる。ほっとした。虎口を逃れた思いである。

しばらくすると、また、

「スクリュー音、右舷正横、近づきます」という声。

今度こそ、いよいよ爆雷攻撃だ！　と固唾《かたず》を呑んだ。ややしばし。

「スクリュー音、艦首方向にかわります」

「スクリュー音、左舷……度方向、遠ざかります」

この声を聞いて、皆の顔に明るい色が見えた。敵の哨戒艦は、伊八潜を確認しなかったものらしい。

それから一時間ばかりして、艦長は浮上を命じた。このとき、魚雷戦の準備をはじめ、対敵警戒の十分な用意をしたことはもちろんである。ところが浮上して、哨戒直員が艦橋に上がり終わったと思う頃、突然また、

「急速潜航急げ」の号令がかかってきた。

伊八潜は、前と同様に、急速度で深々度に潜入していった。

「艦長、どうしたんです？」

一応おちついてから、私は伝声管を通じて、こう司令塔に話しかけた。

「先の奴らしい――まだ頑張っていましたよ」と、落ちついた艦長の声。

奴さん、怪しいとにらんで、まだこの辺をうろついているらしい。

だがこのたびは、伊八潜を発見しなかったらしく、スクリュー音も近づかず、攻撃動作もとってこなかった。

6　伊六九潜の苦闘

伊八潜は、それから二時間ほど避退行動をとったのち水面上に浮かび上がり、重要電報の受信に努めた。そして、日の出前再び潜航に移るまでに、一つの快報を受信した。

それは、真珠湾口に近く配備されている中岡司令搭乗の伊六九潜から発したものであった。

「真珠湾方向に、天に冲《ちゅう》する一大火焰の奔騰するを認む。特型格納筒の奇襲に成功せるものと推定す」との電報がそれであった。かくして、記念すべき十二月八日は過ぎていった。

第二日目の昼間潜航中は、格別の事もなくして夜に入った。正午頃に子隊潜水艦に対して、点呼通信を行ったが、中岡司令搭乗の伊六九潜と、佐野中佐の指揮する伊七〇潜からは、どうしたことか、何の応答もなかった。

両艦の安否が気づかわれた。点呼通信は極めて短時間の電波輻射だから、あるいは聞きもらしたのではあるまいかと思ったりして、自らをなぐさめた。が、真珠湾口に近く配備されていた伊七〇潜は、その後の点呼通信にも応答がなく、遂にクェゼリン泊地にも帰還しなかった。わが帝国潜水艦最初の犠牲であった。佐野中佐は、温厚寡黙、立派な武人であったが、惜しみても余りあることである。

（注）戦後の発表によれば、伊七〇潜は、昭和十六年十二月十日、米航空母艦エンタープライズ艦載機の攻撃を受けて沈没となっている。

さて、当夜も伊八潜は、敵の哨戒艇を発見して避退潜航したが、敵の方では発見しなかったものか、昨夜のような執拗な追跡は受けなかった。

あくる第三日目は事なく過ぎ、第四日目、すなわち十二月十一日の夜になって、明るい情報が入った。それは、点呼通信で応答のなかった伊六九潜から、大要つぎのような電報を接受したことである。

「われ真珠湾口に近く行動中、敵の防潜網にかかり、進退の自由を失いたるも、八〇余メートルの海底に沈下し、ようやく危地を脱するを得たり、哨区方面敵哨戒艇の警戒極めて厳重にして、数次にわたる爆雷攻撃を受けたるも、われに被害なし」

クェゼリン入港後に、中岡司令の報告によって知ったのであるが、伊六九潜は緊密な配備を命ぜられると、敵を求めて、ぐんぐん真珠湾口に接近していった。敵は哨戒艦艇の全力を出動せしめたらしく、あたりかまわず爆雷を投下し始めた。遠近に聞こえる爆雷の音はすさまじいものであった。頭上に近く、あるいは、真直上と思われるところで炸裂したことが二回ばかりもあったが、敵は軽爆雷を用いているものの如く、八〇メートル付近に潜航している潜水艦に対しては、致命傷を与えることができなかった。もちろん、電灯が全部消えて、応急照明をやったり、船体の振動で、物がころがり落ちたりする場面はあった。

　勇敢な渡辺艦長、全身が胆そのもののような中岡司令は、そのなかをゆうゆうと真珠湾口めがけて進んでいった。その日は、敵艦艇の脱出するものもなく、事なくすぎ、夜に入ると、真珠湾方向に一大火柱の高く天に冲するのを認めた。

　第二日目は、湾口に近くなったので、潜望鏡であたりを観測するため、浅深度に浮き上がると、伊六九潜はなに物にかぶっつかって、前進がピタリと止まってしまった。もしや間違えて、陸岸に近い岩にでも乗り上げたのかなと思って、艦長が潜望鏡をあげて観測すると、オアフ島の山々は近くに迫って見えた。しかし、推測位置は別に間違っておらず、大体予定の地点と思われるところに来ていた。

　岩に乗りあげたのではないとすれば、さては、防潜網に引っかかったのではないかなと思いながら、潜望鏡を左にぐっと回転してゆくと、左舷正横約一〇〇〇メートル付近に、敵の哨戒艦が、じっとこちらを見守っているかのように漂泊しているではないか！　ただちに潜望鏡をおろした。浮上すれば、敵の餌食《えじき》だ。さりとて、前進！　潜入！　ともに不可能である。艦にいくらか負浮力をつけて、後進離脱をはかってみたが、艦はなに物にかしばられたものの如く、停止したまま微動だにしない。絶体絶命の窮地に追い込まれてしまったのである。艦は傾斜がかかったまま、ずるずると沈下していった。艦首八〇メートル、艦尾一〇〇メートル近くの深度に達したとき、艦の沈下がとまっておちついた。着底したのである。安全潜航深度付近とは、なんたる幸運なことであったであろう。

スクリューに前進！　後進！　をかけて離脱を数度やってみたが、無駄であった。電力が消耗するばかりであるし、近くの哨戒艦に探知される危険があるので、これを断念するほかなかった。

防潜網にかかったのは夕刻だったが、いつの間にか一日がたってしまった。この間に、さらに離脱をはかってみたが、これも成功しなかった。

中岡司令は、いよいよ観念の臍《ほぞ》を決めた。そして貯蔵してある糧食のうちから、一番うまいものを選んで、調理するように命じた。地獄のなかの饗宴である。いざという場合に備えて、艦内爆破の用意もした。

艦内の空気は、次第に汚くなっていった。ここかしこに、チビチビと水がもりだしてきた。艦内の気圧がだんだん上がって、呼吸が苦しくなってくる。温度も上がり、そして、しめっぽさを増し、いやが上にも蒸し暑くなった。それに、敵の哨戒艦がそばにいるので、糞尿を艦外に排出することもできないし、臭気がムッと鼻をついてくる。

とうとう四十八時間を経過して、その日の夕刻が迫ってきた。呼吸はいよいよ苦しくなってくる。座して海底の鬼となるか、断の一字を用いて、死中に活路を求めるか、二つに一つを選ぶべきときがきた。

(注)当時の潜水艦では、最長の潜航時間は、約二昼夜つまり四十八時間とされていた。それも空

気清浄装置を使って炭酸ガスを薄めたり、圧搾酸素ビンから酸素を放出して、酸素量を補うことができる場合のことである。

ところが、酸素を放出すると艦内の気圧が上がる。それを普段は圧搾機械を運転して、調節するのであるが、敵艦がすぐそばにいるところでは、圧搾機械は運転するわけにはいかない。もし運転すると、騒音を発し、敵に聴音探知されるからである。また空気清浄装置は通風管に苛性ソーダ缶を取り付けて炭酸ガスを吸収させるのであるから、これを使うと送風電動機が騒音を出す。艦内温度も高くなる。これも敵前では思うように使うわけにはいかない。

中岡司令は渡辺艦長と相談して、一か八か最後の処置を決行することにした。まず、「魚雷戦用意」「砲戦用意」を命ずる。乗員はみな白鉢巻で、おのおのの配置についた。

「後部メインタンク・ブロー」「後進微速」「後進減速」続いて「後進一杯」と、渡辺艦長の適切な号令が、次々とかけられていった。深度計の指針が僅かに動いたかと思うと、艦は徐々に浮上しはじめた。艦内に歓喜の声があがる。仏天は、伊六九潜を見捨てなかったのである。

前進をかけると、艦は航行をはじめた。しめたっ！　と思って、深度計を見ると、指針はぐんぐんと浅くなってゆく。

メインタンクをブローしてできた浮上惰力を、艦内タンクの浮力によって調整しようと試みたがそれはなかなかむずかしく、艦は潜望鏡の露頂深度以上に浮き上がってしまった。艦長が、すばやく潜望鏡で周りを観測して見ると、敵の哨戒艦が一隻、それが二、三〇〇〇メートルのところにいるのが見えた。しまった！　艦長はただちに潜入の号令をかけたが、艦はなかなか思うように動かない。それどころか、艦内に浸水があって、それがガブリガブリと前後に動くので、艦はそのつど頭を上げたり下げたりする。傾斜のひどいときには、五〇度以上にもなり、立っていることができないので、乗員は手すりなどにぶらさがるという始末だった。

　艦の傾斜がひどいので便器が倒れ、糞尿が汚水と一緒になって、艦内を移動するのだから、たまったものではない。懸命に艦内汚水の排除にかかったが、それが終わるまでは、水面に、艦首をだしたり艦尾を露出したりする。いつ敵に見つかるかわからない。司令以下乗員は、ひやひやして生きた心地もなかったに違いない。

　こうした苦闘の最中に、渡辺艦長は、潜望鏡に、敵の哨戒艦が近づいてくるのを見た。

　乗るかそるか！　死地にあっての一撃だ！　艦長はここに前部発射管六門の魚雷発射を命じた。

　ドスン！　ドスン！　と、魚雷は命令通りに、気持ちよく艦体を離れていったが、命中音がない。

　敵艦は、魚雷の航跡をたどって、真っしぐらに直進してくるのが見える。しかし、艦はどうしても潜入することができない。万事休す！

　さりながら、仏天はまた伊六九潜を助け給うたのである。このとき、一陣のスコールが、あたり一面の海上をおおった。敵は遂に伊六九潜を見失ったものか、攻撃動作をとらなかった。

夜のとばりはおろされて、あたりはとっぷりと暗くなった。艦内電力もほとんど消耗しつくしたので、浮上して課電する必要があった。思いきって浮上する。もちろん、敵哨戒艦との水上砲戦を予期しながら……。と、先の哨戒艦が、伊六九潜目がけて、真っしぐらに突進してくるのが見えた。

急速潜入！　しかし、こちらがまだ十分な深度に達しないうちに、敵は爆雷の初弾を投下した。やや遠い！　次弾、三弾と近づいてくる。

艦の深度は九〇メートルになった。爆雷の大爆音は轟然と頭上に鳴り響いた。艦内電灯は消滅してしまって、艦内は真っ暗となった。蛍火《ほたるび》のような応急照明灯がすぐともされ、緊張した人々の顔を、かすかに照らしている。この次は！　そう覚悟していると、やや遠くなった。こうして、敵の爆雷攻撃を危機一髪のところで免れた。

敵は、これ以上爆雷攻撃を続けなかった。こちらも電力を使い果たしてしまって速やかに充電しなければならない。

そこで思いきって浮上、航走課電に移る。同時に、これまたほとんど使い果たしていた圧搾空気も補った。圧搾空気は補充したが、まだ充電は完全に終わらないうちにまたもや敵の哨戒艦があらわれた。急速避退潜航したが、敵はこちらを見つけなかったのか、攻撃行動をとってこなかった。

かくして、伊六九潜はやっと危地を脱した。私の筆は拙いが、司令、潜水艦長の苦心談はホーマーのイリアッドの冒険物語にもまさる、筆舌以上のものだった。

　中岡司令は、小柄な体軀ではあったが、胆力そのものという感じの人であった。昭和十一年、彼は第一潜水戦隊の先任参謀であったが、私は当時少佐で彼の次席参謀として一緒に勤務したことがある。よく部下の面倒をみる、真実味のある武人であった。太平洋戦争が次第に深刻を加えてのちに、彼は重巡愛宕の艦長として、ラバウル沖の空戦に重傷し、遂に護国の華と散った。重傷を受けた際に、軍医長がかけつけてきて、治療しようとしたところ「俺の傷は深手なんだから、助かりっこはない。それよりか、部下の負傷しているものから先に治療してくれ給え」と言って、どうしても治療を受けなかったという。そして死に臨みながらも、酒に酔うといつもでる義太夫？を、笑みを含みつつ謡いながら、従容として死についたと人伝てに聞いて、この人かなと、深く哀悼の意を表したのである。

　渡辺勝次少佐は、わが戦隊最年少の潜水艦長で、勇敢思慮緻密《ちみつ》な人であった。のちに、新建造の伊四〇潜艦長として、太平洋方面に活躍中、昭和十八年十一月、ギルバートの戦いで、艦と運命を共にしたが、惜しみても余りあることである。

　先任将校の板倉光馬大尉は、私が練習艦隊の候補生主任指導官当時の指導官付として、勤務をともにした間柄だったが、恩賜組の優秀な、しかも勇敢な人であった。

　伊六九潜のこの奇蹟的な離脱の陰には、乗員一同の敢闘と、熟練さがあったことはもちろんであるが、この三人の名コンビがなかったら、このような危難を克服し得たであろうか。

　(注)　当時防潜網と推定していたものは、戦後米国海軍士官から聞いたところによると、防潜用の

ワイヤであったことがわかった。

7　特殊潜航艇奇襲の顚末

伊六九潜の無事を知ったこの十二月十一日は、悲しい日でもあった。この夜、第六艦隊司令長官から、特別攻撃隊は、特殊潜航艇の収容を打ちきり、クェゼリン泊地に帰投すべしとの命令があった。収容打ちきりは、つまり特殊潜航艇五隻の未帰還を意味するものである。中岡司令の電報に気をよくしていた矢先ではあったが、この命令を傍受して、私は暗然たる気持ちにならざるを得なかった。

戦争に犠牲はつきものである。まして、決死行においては尚更だ。とは思いながらも、あたら春秋に富む勇士を！　と、真珠湾に向かって、しばし黙禱を捧げたのである。

特別攻撃隊の攻撃計画については、その概要はすでに述べた通りだが、もう少し詳しく説明しよう。特別攻撃隊の各潜水艦は、十二月六日の日没後、真珠湾の一〇〇海里付近に達して特殊潜航艇の最後の準備を完了し、それから隠密裡に、一〇海里付近まで近よって、港口を確認したうえ、特殊潜航艇を発進することになっていた。各艇の攻撃時機は、航空部隊の第一次攻撃と第二次攻撃の間になるように予定され、状況によっては、空襲当日の日没後に選定してもよいように定められていた。そして、攻撃を終わった特殊潜航艇は、それぞれ真珠湾内フォード島を左に見て一周し、港外に出て、収容予定地点であるラナイ島の西方約七

真珠湾で引き上げられた特殊潜航艇

海里の海上に、向かうことになっていた。
特別攻撃隊の潜水艦名、艦長、艦の搭乗員らは次の通りであった。

潜水艦名　潜水艦長　搭乗員
伊二二潜　揚田清猪中佐　岩佐直治大尉、
　佐々木直吉一等兵曹
伊一六潜　山田　薫中佐　横山正治中尉、
　上田定二等兵曹
伊一八潜　大谷清教中佐　古野繁実中尉、
　横山薫範一等兵曹
伊二〇潜　山田　隆中佐　広尾彰少尉、片
　山義雄二等兵曹
伊二四潜　花房博志中佐　酒巻和男少尉、
　稲垣清二等兵曹
指揮官　佐々木半九大佐　伊二二潜に搭乗

特別攻撃隊の戦果としては、伊六九潜からの電報によって、アリゾナ型戦艦一隻を撃沈したものと推定せられ、また、ある艇から発信した

「われ成功せり」の略語電報、および敵の平文警戒電報によって、ある程度の戦果をあげたものと信ぜられていた。

しかしながら、戦後判明したところによると、無念にも、なんらの実撃を与えていなかったのである。

（注）その概要は次の通りである。（モリソン博士著書参照）。特殊潜航艇五隻のうち一隻は、午前八時半頃フォード島北方において、水上機母艦カーチスを襲撃したが命中せず、続いて駆逐艦モナガンに魚雷を発射したがこれもはずれてしまった。この特殊潜航艇は、遂にモナガンのために撃沈された。また他の一隻は、十時頃水道の内側で巡洋艦セントルイスを襲撃したが、魚雷は暗礁に当たって爆発してしまった。

また他の一隻は、午前三時四十二分工作船アントレスのあとをつけて、真珠湾口の関門をくぐり抜けようとしているとき、日施掃海中であった特設掃海艇に発見され、午前六時四十五分駆逐艦ウォードによって撃沈された。特筆すべきことは、この撃沈時刻が、わが航空部隊雷撃機の第一撃（午前七時五十六分）の約一時間前の出来事であったことである。

他の一隻は、湾口水道の東側岩礁に座礁しているのを、哨戒駆逐艦ヘルムが午前八時十七分発見砲撃し、間もなく離礁して行方をくらましたが、その後しばらくして、オアフ島ペロスフィールドの浜辺に乗り上げ、搭乗員の一人は捕虜となった。この捕虜は、捕虜第一号の酒巻和男少尉のことである。

8　敵空母の索敵攻撃

米西岸

特別攻撃隊のことで、話は一時とぎれたが、中岡司令の発信した電報を見て、私は、真珠湾内にはもはや脱出するような重要敵艦船がいないことを知った。そしてその状況において、緊密な監視配備を続行することは、苦労が多いばかりで、かえってこちらの方の被害が増加することを心配した。そこで当隊は監視配備を湾口から少し遠ざけ、主として敵の航空母艦部隊に備えるのを適当と考え、第六艦隊司令部に意見具申をしようと思っていると、間もなく、艦隊司令部の方からも、監視配備を真珠湾口から五〇海里ないし八〇海里圏上に遠ざけるように電令があった。

この配備で数日間を頑張った。この間に、水口大佐搭乗、池沢中佐指揮の伊七四潜は、オアフ島の北西海面で、敵の大型航空母艦を発見し、これに艦首発射管六門の斉射を行ったが、惜しいかな、魚雷の斜進改調を誤ったため、魚雷は命中せず、長蛇を逸してしまった。潜水艦の発射管は艦につくりつけだから、それだけ敵に向かって旋回するわけにはいかない。潜水艦そのものを敵にふり向ければ問題はないのだが、それはなかなか難しい。そこで、魚雷が発射管を出たら自分で舵をとって敵に向かって進むように、魚雷の縦舵機にあらかじめ角度を調定しておくことを、斜進改調というのである。このときの状況について、モリソン博士の著書を見ると「航空母艦エンタープライズは、潜水艦の攻撃を受け、艦尾二〇ヤードですれすれに魚雷をかわし、駆逐艦をもって爆雷攻撃を実施した」と、記してあるが、まことに残念なことであった。

話は少しさかのぼるが、十二月十日のことであった。カウアイ水道に張り番をしていた伊六潜から、レキシントン型空母および重巡二隻が北東に向かうのを発見報告してきたので、第六艦隊司令長官は、オアフ島の北方にあった第一潜水戦隊をもって、これを追尾攻撃するように命じた。

ところがこれらの潜水艦九隻は、遂に目指す敵航空母艦を発見することなく、遠くサンフランシスコ、ロサンゼルス、サンジエゴ地帯の米西岸にいってしまった。そこで艦隊司令により、米本土西岸海域の交通破壊戦を実施して、商船、油槽船合わせて十隻を撃沈した。これら九隻が、米西岸からクェゼリンへ引き揚げる途中、田上明次艦長の指揮する伊二五潜は、ジョンストン島の西方海面で、敵のラングレー型水上機母艦と認められた艦を発見し、魚雷四本を発射して、全魚雷の命中音を聞いた。そしてあとから潜望鏡観測を行ったところ、付近海面に何物も見つからなかったので、撃沈確実という報告を行った。

（注） 宇垣中将の「戦藻録」を見ると、二月二十七日の記事に「昨日発見せる空母は敵信傍受によれば、沈没せるはずのラングレーなるやの疑あり」と記されており、モリソン博士の著書では、ラングレーはジャワ方面の戦闘で沈没したとなっている。ラングレーが二月二十七日、ジャワ南方でわが空襲により沈没したことは海軍の正式発表にもあり、確実である。

真珠湾の飛行偵察

開戦当初の潜水艦作戦で特記すべきことは、ほかにも、いろいろあったが、なかでも第二潜水戦隊の旗艦である伊七潜が搭載飛行機をもって、十二月十七日真珠湾の黎明《れいめい》飛行偵察を実施したことは見のがし難いことであった。

伊74潜の雷撃を危うくかわした米空母エンタープライズ

大本営および連合艦隊司令部としては、その後の作戦を指導するための資料として、真珠湾攻撃の戦果を確認することが必須の要件であった。ところが航空艦隊の各飛行機隊から出された報告は、乱戦中のもので、正確を期しがたいところもあるので、伊七潜搭載機のもたらした偵察報告は、戦果判定上極めて有効な資料であったわけである。

伊七潜は命令のあった当日は、海上の模様その他の事情によって、やむなく偵察を断念したが、十七日の未明に島かげを利用して、飛行機を発進した。敵地において、水上に浮き上がり、格納筒から飛行機を取り出し、これを組み立てて発進させる苦心は、なみ大抵のことではなかったであろう。また機速わずか八〇ノット（約一五〇キロ／時）か九〇ノットの低速小型二人乗りの豆偵察機をもって、警戒の厳重なことを予想される真珠湾上空に行って、偵察目的を達成した行動は、まことに称讃に値するというべきである。

なお飛行機は収容するのが困難だったので、こわしてしまったが、搭乗員は無事収容できた。私は当時の情況を電文によって注視していたのだが、この偉大な成功を心から祝福せずにはおれなかった。

巨艦サラトガの損傷

さて、わが第三潜水戦隊は、十二月中旬に哨区を引き揚げることになった。そしてそのあとは、第二潜水戦隊が単独で真珠湾口の監視哨戒を行うことになった。

十二月下旬、第二潜水戦隊は、その一部の潜水艦をもって、ハワイ島、マウイ島およびカウアイ島の要地に対して、艦砲射撃を行った。さぞやハワイ住民の心胆を寒からしめたに違いない。そのうえ、この哨戒中、伊一潜、伊三潜および伊七潜は、おのおの敵船舶一隻を撃沈した。

翌十七年の一月に入って、いったんクェゼリンに帰投して整備をおえた特別攻撃隊の潜水艦五隻は、第二潜水戦隊と哨区を交代するためハワイ方面に進出した。その進出の途上、伊一八潜はジョンストン島の北東海面でレキシントン型航空母艦（サラトガ）を発見した。この報告をうけた第二潜水戦隊はハワイ方面の監視を打ち切り、伊一八潜に策応してこの敵空母の索敵攻撃に向かった。

昭和十七年一月十一日は、われわれ潜水艦乗りにとって、祝福の日であった。伊六潜が、レキシントン型航空母艦を襲撃し、撃沈おおむね確実という戦果をあげたからである。

稲葉通宗艦長の指揮する伊六潜は、十一日の午後二時四十一分ジョンストン島の六〇度二七〇海里（約五〇〇キロ）の地点で、レキシントン型航空母艦が重巡一隻、駆逐艦二隻を伴って、南東方に向かい、約一四ノットで航行するのを発見した。そこで稲葉艦長は空母に対し襲撃を決行、魚雷二本の命中音を確実に聞きとどけた。ついで七分後に二回にわたる大爆音を聞いた。

伊六潜は、敵警戒艦の熾烈な爆雷攻撃を受けたので、深々度に潜入して、約三時間後に浮上してみたが、付近海面には、なに物も発見することができなかった。こういう状況であったので、伊六潜はレキシントン型航空母艦を撃沈おおむね確実と推定する旨の報告電報を発信した。

後日物語になるが、私が大本営である軍令部に転勤してから、この戦果が問題になった。撃沈したことが確実であるか、あるいはそうでないかということは、その後の作戦指導に大きな影響があることであるし、また連合艦隊司令部としては、撃沈確実であれば、感状を授与したいとの意向であった。

私は軍令部の情報部である第三部と連絡をとって、情報の入手に努めたが、残念ながら、サラトガは損傷をこうむりつつも、真珠湾に入港していたことがわかった。

（注）モリソン博士の著書によれば、サラトガはオアフ島の南西方五〇〇海里（約九三〇キロ）の地点で、日本潜水艦から発射された魚雷の一本が命中し、辛くも自力航行で真珠湾に帰港したと

ある。しかし、その損傷はかなり大きく、修理に数カ月も要している。

9　縁の下の力持ち

当第三潜水戦隊潜水艦の行動持続日数の限度は、約一カ月半で、第一、第二潜水戦隊の潜水艦に比べて、少なかった。そこで、真珠湾口の哨戒任務を第二潜水戦隊に譲って、十二月下旬それぞれ戦場を去り、クェゼリン泊地への帰途についたことは既に述べた通りである。この間にあげた戦果といえば、井上、戸上両艦長の指揮する潜水艦が、おのおの一隻の中型貨物船を撃沈したこと、井上艦長の指揮する伊七五潜が勇敢にもヒロ港に近接して、港内在泊の商船を砲撃し、大損傷をあたえたことなどであった。

第二潜水戦隊では中川肇中佐の指揮する伊四潜およびハワイ諸島の北東方洋上に配備されていた第一潜水戦隊所属の横田稔中佐指揮の伊二六潜が、その配備点付近で、おのおの一隻の商船を撃沈した。この伊二六潜の攻撃は、開戦前から追跡していた商船に対して、わが航空攻撃開始と同時に砲撃を加えたもので、わが海軍艦艇をもってする商船撃沈最初のものであった。

わが戦隊は、十二月末までに、クェゼリン泊地に帰投するように、艦隊命令を受けていたが、この途上、伊七四潜、伊七五潜は、パルミラの偵察および砲撃を行い、伊七四潜はこの行動で海図が不備なため、一時暗礁に乗り上げるというでき事などもあった。

クェゼリンに入港すると、第六艦隊の旗艦である香取《かとり》がさきに入港していた。また母艦大鯨と交代して、靖国丸がわれわれを待っていた。

両艦は、登舷礼式をもって、われわれの帰投を歓迎してくれたが、そのときの嬉しさもさることながら、窮屈な伊八潜から靖国丸に移乗したときは、さすがにその豪華さにもったいないような気がしてならなかった。ひと風呂あびて、十数日ぶりの戦塵を洗い落とし、ほっとした気分で新鮮な食事についたときのうまさは、今も忘れることができない。

子隊の潜水艦は、次々に入港してきた。ただ佐野中佐の艦だけが、遂にその姿を見せなかったのは、寂しい限りであった。

司令、潜水艦長が母艦に集まると、戦争談でにぎわった。実戦での潜水艦作戦は、日本帝国海軍としては最初のことであり、われわれにとっては生まれて初めての試練であったので、話に脂ののるのも無理はなかった。そして多くの人々の意見は、米海軍とるに足らず、勝算われわれにありというにあった。それは、大竹司令の艦ばかりでなく、中岡司令の艦も、開戦前夜に、敵の哨戒艦艇を事前に発見して、巧みに潜航脱過している。爆雷攻撃の如きも無茶苦茶で、その精度が極めて乏しい。敵海軍は練度未熟であるというにあった。

しかしながら、このハワイ作戦は、スタートにおいては大いに張りきったものの、戦闘そのものが華々しくないので、われわれ潜水艦乗員にとっては、なんとなくもの足りない、縁の下の力もちという感じのするものであった。

10 沈座事件

潜水艦乗員は、二、三日休養すると、次期作戦に備えて、長期の作戦行動でいたんだ船体兵器機関の整備にとりかかった。

整備にとりかかって間もなくの頃であった。哨戒飛行機から「敵航空母艦部隊西進中」との通報があった。針路はクェゼリン泊地からみて北がかっているので、私はウェーク島方面に向かうものと判断した。ところが司令官の三輪少将は、敵は必ず当泊地を空襲するに違いないから、当戦隊は今からただちに出撃して、これの攻撃に向かおうという意見である。

私は諸種の状況からみて、目下のところ敵は当泊地を目的としていないと判断すること、潜水艦は目下整備中で、重油タンクのもれるものもあり、また主機械の分解検査をはじめた艦もあるので、こういう潜水艦をもって、敵の機動部隊にぶつかっていっても、成功の算が少ないうえに、被害ばかり多く出るに違いないから、この際は艦の整備に専念するのが得策であるという意見であった。そこでこの旨を司令官に申しのべ、出撃の意志をかえてもらおうとしたが、どうしても聞き入れられない。

三輪司令官は、今から出撃するように、艦隊司令部に言ってくるから、君もついてき給えとのことで、二人で旗艦香取にいった。ところが第六艦隊の参謀長の三戸寿少将は、次のような意見であった。

「それは結構なことですが、私は井浦君と同意見で、敵の機動部隊は目下のところ、当地にはやってこないと判断しています。どうか、第三潜水戦隊は整備の方をしっかりやって下さい。いざという場合には、またしっかりお願いします」

これを聞いて、私はホッとした。今の状態で出撃などしたら潜水艦乗員はどんなに苦労するだろうかと案ぜられていたからである。

三戸参謀長は、私が若年将校時代に潜水艦長として仕えたことがあるが、温厚沈着なそして包容力の大きい名指揮官だった。私は本当に嬉しかったが、三輪司令官のご機嫌は極めて悪い。

夕食のとき、

「明日頃は、きっと敵はここを空襲するに違いない。先任参謀、潜水艦は明日一日中沈座させるから、そう処置してくれ給え」

司令官の語気は、いつになく荒い。

「私は、今度はこないと思っています。もしくるにしても、一回沈座試験をやっておけば、敵が近くにやってきてから沈座しても、十分間にあいます。明日一日中沈座したんでは、今までの整備が無駄になったうえ、大事な一日を空費することになりますから、どうでしょう。一回だけ沈座試験をやることにしましたら……」

私は、やわらかく意見を述べた。

「いや、明日はきっとくるに違いない。一日中沈座だ」

話はこれでとぎれた。

食事が終わって、幕僚事務室に入ると、食卓をともにしていた大竹司令が、私のあとを追ってきて、

「先任参謀、僕の隊はご承知のように、ほかの隊より艦齢が古いし、それに重油タンクがもったり、あちこちいたんでいるので……、明日一日沈座させられたんでは、どうも困る。君の意見のように、沈座試験程度にするように、司令官にもう一度話してみてくれないか」

と、いかにも困った様子で、頼み込まれた。

「承知しました」

快諾すると、私は覚悟をきめて席をたった。三輪司令官にもう一度、前と同じ意見を述べたが、司令官は頑としてその意志をひるがえさない。

私も必死だ。平時演習でやることなら、処置の適否は、講評でほめられるか、けなされるかで済むのだが、実戦になるとそうはゆかない。勝つか負けるか、生命をとるか、とられるかに関係してくる。私は、自分の意見を通そうと必死に頑張った。司令官も意地ずくだ。とうとう喧嘩のような格好になってしまった。

「貴様が当戦隊を指揮しているのではない！　俺が司令官だ！　俺が指揮官なんだ！」

という最後の怒声に、万事休すと観念して、大竹司令の私室を訪ねた。

「司令、随分頑張ってみたんですが、とうとう喧嘩のようになってしまって、駄目でした。お許し下さい。司令の方で、もう一度司令官にお話しになってみたらいかがでしょうか」

と、詫びた。

「有り難う。君がそれだけ言って聞かれないのだったら、俺がいっても駄目でしょう」

大竹司令は、寂しく答えた。今もその顔が、ありありと眼に浮かぶ。

翌日潜水艦は、遂に一日中沈座を余儀なくさせられた。しかし敵航空母艦部隊は、やってこなかった。夕刻潜水艦が浮上すると、三輪司令官は、

「明日が怪しい。明日も潜水艦は、一日中沈座だ」

と、厳命をくだした。

私は、その処置の余りにも非常識なのにあきれたが、今度こそ思いとどまって貰いたいと考えて、勇を鼓し、

「敵機は、明日もきっとこないと思います。今日沈座したんですから、明日もし空襲があっても、すぐもぐれます。潜水艦の状態は整備が一番大切なときです。明日の沈座はとりやめにして下さい」

と、強く意見を述べたが、「黙れ」の一喝がその答えであった。

私は、自分の部屋に引きこもってしまった。自分が一参謀にすぎないことが、無念に思われてならなかった。

その翌日も一日中、潜水艦は空しく沈座を続けたが、敵はその片影さえも、姿をあらわさなかった。その後、潜水艦乗員は、この沈座事件で逆もどりした整備を取りもどすために、懸命の努力を続けた。

昭和十七年一月下旬、大竹司令の率いる第二十潜水隊はハワイ方面の監視に、中岡司令の指揮する第十二潜水隊(伊七〇潜はなく、伊六八潜は整備のため内地に帰還したので、当時は伊六九潜のみであった)はミッドウェー島の偵察に、それぞれクェゼリン泊地から出撃していったが、大竹司令搭乗の伊七三潜のみは、その後ようとして消息をたった。司令の心配していた整備の不完全が、あるいはその原因ではなかったろうか? そう思うと、私はたえられないような気持ちに胸をふさがれた。

真珠湾奇襲行の最初に行方をたった佐野中佐の艦も、クェゼリン在泊中に、出撃の前日まで、母艦大鯨に横づけして、舵機の故障やら重油タンクの漏洩修理に、専念していたのだったが——。潜水艦では船体兵器機関の整備が、いかに重要であるかを痛感したのである。

第2章　米本土西海岸行

1　敵商船攻撃の企図

ハワイ作戦から帰投して、クェゼリン在泊中に、私は当戦隊の次期作戦について、構想を練った。

敵主力艦部隊がほとんど潰滅した現状では、敵補給路の遮断作戦、特に敵商船の撃沈が最も有効であると考えた。真珠湾攻撃では敵空母の一隻も撃破することができなかったのであるが、当時日本海軍一般の考えでは敵戦艦部隊にあれだけの打撃を与えたことをもって、敵艦隊主力をほとんど潰滅させたのだという感じだった。私もそう考えた。そこで交通破壊作戦を、どこでやれば一番有効かということが問題になった。太平洋の海図をひろげ、商船交通路の参考資料を取り出して調べてみる。そして航続距離の比較的少ない当戦隊としては、戦場をオーストラリア東海岸海域に選ぶのが、一番適当だという結論に達した。

私は、司令官の内意をたしかめた上、さっそく艦隊司令部にでかけてゆき、艦隊先任参謀の松村翠大佐に自分の所見を述べて、ぜひこの作戦をわが戦隊にやらせてもらいたいと頼みこんだ。松村大佐は「それはいいことだ」と、すぐ賛成してくれた。それから艦隊参謀長のところにいった。参謀長三戸少将も同意してくれた。艦隊長官の内諾も受けた。

艦隊司令官の承認を得て、旗艦香取の舷梯からボートに乗り移った私は、この計画を司令や潜水艦長らに知らせたならば、さぞ喜んで貰えるであろうと、かれらの顔を思い浮かべては、胸がおどるような嬉しさにいっぱいだった。これこそは、潜水艦独自の作戦であり、しかも胸のすくような大戦果をあげ得る自信があったからである。

母艦の靖国丸に帰って、一応司令官に報告したのち、司令、潜水艦長に作戦室に集まってもらった。私が当戦隊の次期作戦は、オーストラリア東岸海域の交通破壊戦を実施することになるだろうと話したところ、司令、潜水艦長は、申し合わせたように、

「そうか、それは素敵だ。大いにやるぞ！」

と大喜びに張り切った。

私は、さらに計画のあらましを説明し、各潜水艦長には行動海面の調査を十分やってもらうように希望した。そして、さっそく作戦命令の起案にとりかかった。

ところがそれから数日して、艦隊司令部から「先任参謀来艦せよ」の信号があった。今頃なんの急用だろう？　と思って、いってみると、艦隊先任参謀の松村大佐が、

「実は、連合艦隊から、うちの潜水艦で北太平洋の偵察をやれと言ってきたもんだから、君に来てもらったんです。ほかの潜水艦は長期行動から帰ったばかりだし、君んとこの戦隊にいってもらうことに話が決まったわけで……オーストラリア行は残念ながら取りやめと承知して下さい」

と、言いにくそうな話しぶりだった。

今頃なんのための偵察であろうか？　もし連合艦隊司令部が近くにあるのだったら、今すぐにでもでかけていって、その理由を聞き、是が非でも、オーストラリア行を実現させるように頑張るのだ、しかし連合艦隊司令部はクェゼリンから何千海里も隔たった瀬戸内海西部にいるので、そのすべもない。それかといって、命令に対して電報で問いあわせる筋合いのものでもない。松村参謀に理をつくして言われて見れば、致しかたのないことであった。

結局、第二十潜水隊はハワイ方面へ、第十二潜水隊はミッドウェー、第十一潜水隊はアリューシャン海域へ、航続距離の長い伊八潜は米本土西岸から北太平洋方面へと、昭和十七年一月下旬クェゼリン泊地を抜錨して、重い足をひきずって、索敵行の途についた。

ここで、アリューシャン方面の偵察行動に、第十一潜水隊の伊七四潜、伊七五潜が選ばれたのは、冬期、風波の大きい方面の作戦行動には、建造後間もない両艦が、他の潜水艦より信頼度が大きいとの理由にもとづくものであった。

われわれ第三潜水戦隊司令部のものは司令官以下全員、伊八潜に乗って出撃した。

伊八潜は、ハワイ諸島の南方海域を通過し、サンフランシスコ沖にいった。

今回の行動は、特に隠密を要するわけのものでもないので、おおむね水面航走をもって進出していった。しかし、ハワイ諸島近海で、二、三回敵の哨戒飛行機を発見し、急速避退潜航を行ったほか、航行途上一隻の敵艦船にも遭遇しなかった。

サンフランシスコ灯台の見えるところにつくと、ここで三、四日間頑張った。

私は二十年に近い海軍生活で、残念ながらまだ一度もアメリカ本土を見たことがないので、夜間浮上の際、時を見計らって、艦橋に上がっていった。初めて見るアメリカの山々に好奇心を抱きながら。晩冬の候であるが、暖流の影響のためであろう、爽やかな肌ざわりのよい微風が海面をなでて吹いてくる。サンフランシスコの灯台が、海の靄の彼方に、うす赤く光って見える。海上は極めて平穏で、空には無数の星がまたたいている。大自然の悠久と、人類の闘争——緊張している心のなかに、なにか割りきれないものが、ふっと過ぎていった。

この哨戒中、ハワイ方面に向かう商船一隻を発見して、伊八潜はこれに魚雷二本を発射したが、残念ながら命中しなかった。

（注）開戦当初頃は、戦艦、航空母艦などに対しては、全射線を発射するが、商船の如きものには、一本ないし二本の魚雷を発射するので沢山だというのが日本潜水艦乗員の考え方であった。しかしその後攻撃を重視するようになってからは、状況によっては、商船に対しても、全射線を発射するというふうに考え方が変わっていった。

2　米本土砲撃問題

偵察行動の関係から、伊八潜はサンフランシスコ沖の哨戒を打ちきり、米西岸ぞいに北上していった。

私はぶりょうのまま士官室で海図に見入っていると、伊八潜の先任将校鈴木大尉、飛行長渡辺大尉、それから砲術長などの若い士官連中が、

「なんの戦果もないのは残念だなあ……敵の大部隊にでもぶつかればいいんだが……」

など、そばで話しているのが耳に入った。

「一つ陸上砲撃をやってみるか」

そう言って私が海図から眼を離すと、

「先任参謀、ぜひお願いします。ぜひやらして下さい」

と、若い士官たちは、全く真剣だった。そこへ、江見艦長が入ってきた。

「艦長、いま陸上砲撃の話が出ているんだが、どうですかね？」

と、相談をもちかけると、

「そりゃいいですな」

江見艦長は、すぐ賛成した。

話がまとまるやいなや、みんなが水路誌やら特別にくわしい海図やらを取り出して、砲撃地点の研究に取りかかった。

場所は、潜水艦の行動を束縛せず、海深が適当で、しかもある程度の軍事施設があるところでなければならぬ。それらの条件を満足する場所として、サンフランシスコとシアトルの中間にある、エウレカの町を砲撃することに意見が一致した。

三輪司令官に陸上砲撃のことを話すと、一応海図に眼を通してから「よかろう」と、承認を得た。乗員一同は大いに喜び勇んだ。アメリカ本土に砲弾をぶち込むのだ！　というので、乗員みんなが張りきって、一四センチ二連装の大砲や、運弾機の手入れを入念に行った。

砲撃時刻は、日の出前の薄明時機が選ばれた。砲撃予定の当日、私はもうそろそろエウレカの町に近づきつつあるだろうと予想しながら、艦橋に上がっていった。夜の海上はどんよりとして、薄いミストがかかっている。どうも、陸岸に近い感じがしない。変だなと思ってジャイロコンパスを見ると、針路は北を指している。

艦橋の最先端に艦長が立っている。

「艦長どうしたんです？　針路が違うじゃあないですか？」

不満な気持ちが、つい声にあらわれてしまった。

「司令官がさっき上がってきて〝砲撃は中止だ〟と言われるもんだから、やむを得ませんや」

と、やや捨て鉢的な艦長の答えであった。

私は啞然とした。なぜだろう？　しかし、クェゼリンでの沈座事件のこともあるし、司令官のところへいって理由を聞く気にはなれなかった。

もっとも、この砲撃は、伊八潜乗員の士気鼓舞のためと、米本土に一弾を打ち込みたいとの気持ちを満足させる以外に何ものもない。戦争目的達成の見地からすれば、別に大した意味のあるものではないし、また伊八潜だけの問題で、子隊多数潜水艦の運命に関係するようなものでもないので、強く意見を述べる気にもならなかったのである。

ところが、若い血気の士官は、そうはゆかない。

「先任参謀！　なんで砲撃を中止したんですか？」

と、詰め寄ってきた。

「私には司令官からは直接なんの話もないが、艦長に命令があったそうで……司令官にはなにか理由があるんだろう」

こう答えるほかはなかった。

「そうですか。残念ですな――年をとると、生命が惜しくなるとみえますね」

そう言って、若い士官は髀肉《ひにく》の歎をもらしていた。

やがて伊八潜は、針路を左に転じ、アラスカ半島の南方海面を、西へ西へと航進した。北太平洋の海は、次第に風波を増していった。ミッドウェー島の北方八〇〇海里付近に達した頃、海上は大暴風雨となった。波濤は小山のようだ。多くの海を航海したが、北太平洋の冬の航海は初めての経験である。聞きしにまさる荒海であった。

波濤と波濤との間にはさまった伊八潜からは、谷底から眺める小山のような波のかしらが、白い飛沫を上げているのが見えるのみである。艦の進行につれて、波濤が一瞬にして艦体を呑むかのように、襲いかかってくる。波濤を乗りきると、艦橋当直員は、頭からザンブとばかり、海水の洗礼だ。

難航海を続けているうちに、生命の綱と頼む主機械が、ピタリと停止してしまった。原因は主機械掃除ポンプの故障である。機関長の報告によって、荒天のため排気管から海水が逆流して、掃除ポンプのモーターが水びたしとなり、絶縁がなくなったためであることがわかった。モーターの絶縁がなおるまで、主機械の使用は不可能である。やむなく補助発電機を起動して、電気推進による微速力で、艦首を波にたて、波間に漂うよりほかに施すべがなかった。こんな大シケのときは、潜水艦のオハコである五、六〇メートルの深さまで潜航するのが一番いいのだが、これも主機械がとまってしまった状況では、うかつにやれない。主機械が使えないのでは潜航に使った電力の充電をやる目途がないので、潜航は極力避けねばならない。

荒れ狂う怒濤に、木の葉の如く動揺する艦内で、機関員は復旧作業に懸命の努力を続けた。だが、主機械を分解した結果、海水の浸透がはなはだしく、いつ復旧するか見当がつかないとの機関長の報告だが、むろん私には手の出る仕事ではない。

ミッドウェーの大型機の哨戒圏外にあるのが、なによりの幸運であった。艦は持久態勢をとることになった。しかしこの持久態勢も楽ではない。二割減食、真水は烹炊《ほうすい》以外いっさい使用禁止を厳達された。顔も洗わず、歯も磨くことができない。私などさしあたり用のないものは、ベッドにもぐり込んで、運を天に托すよりほかはない。しかし、怒濤は艦をほんろうし、ともすれば、狭いベッドからほうりだされそうになる。二日たち、三日たっても、モーターの絶縁は、依然として零である。乗員の顔に、不安の色が濃くなった。ところが五日目の朝だった。絶縁が僅かばかりあがったという知らせがあった。

しめたッ！　もう大丈夫だ！　私はベッドからはね起きて士官室にゆくと、機関長の山田少佐が油にまみれた作業服に、にこにこした顔をしながら、腕の垢《あか》をよっては、これをチェリーの空き缶に丹念に入れている。

「やあ、お目出とう」

と、声をかけると、

「お陰さまで……もう大丈夫ですよ。一時は立ち往生かと思って心配したのですが……」

いかにも安心した姿であった。

「ところで、その空き缶はどうするんだ?」

覗いて見ると、黒い垢がもう缶の半分ぐらいになっている。

「戦争の記念に、家に持って帰って、家宝にしようと思っているんです」

「家宝? 大した家宝だねハハ……」

「ハハ……」

二人は笑ってしまった。久しぶりの笑いだった。

その日の夕刻、主機械は運転を開始し、伊八潜は航進を起こした。西へ進むに従って、海上は次第に静かになっていった。

予定の行動期間はすぎて、伊八潜は内地に帰投すべく、針路を紀伊水道方向に向ける。

3　祖国の山

今日は紀伊水道に入るという朝、私は艦橋に上がっていった。双眼鏡を目にあてて前方を見詰めたが、限りなく広い海原のほかは、なにも網膜に映ってくるものがない。

と、右舷の一五センチ水防双眼望遠鏡についていた見張り員が「右……度陸影」と、報告するのが聞こえた。私は、ジッと双眼鏡をその方向に向ける。

見える！　模糊《もこ》とした水平線上に、空の色よりやや碧《あお》みをおびたものがかすかに見える。

艦が進むにつれて、そのうすい碧い影は次第に山の姿に変わった。そして、次第に濃く大きく水平線上にクッキリと浮かび上がってきた。

祖国の山だ！　目がしらが、ジーンと熱くなる。

懐かしの祖国に、われわれは遂にたどり着いたのである。

若い頃、遠洋航海やら、あるいは外地から帰ったときの母国の山々は、懐かしいものだった。しかし、今度のように、涙の出るような感激はなかった。なぜだろう？

われわれを生み、われわれをはぐくんでくれた祖国は、今や世界の大強国米英を相手として、戦争状態に入ったのである。世界の情勢は、好むと好まざるとにかかわらず、われわれをしてこの祖国を護るために、矛をとって立たしめたのだ。人おのおの異見もあるであろうし、また議論も出るであろう。しかしながら、この戦争は、窮極するところ、神が定め給うた運命と言わねばならない。軍籍に報ずるわれわれは、身を賭して、この懐かしの祖国を、是が非でも護り通さねばならぬ。

世界人類の幸福、世界の平和、これはわれわれ人類の最も希望するところであり、この理想に向かって努力しなければならないことはもちろんであるが、現在の文明、道徳、各国の風俗習慣は、この高い理想の域に達するには、まだまだほど遠いものがあると感ぜざるを得ない。いわんや、各国あるいは人種民族ごとに、その垣根を高くし、自己の利権擁護に汲々たる現状においては、理想は理想として、われわれを愛育してくれた日本国土を、わが同胞を、あくまで護り通すことが、現実の吾人の任務であらねばならぬ。国運を賭する大戦争を引き受けて立ったわが日本帝国、祖国の山々が、いま眼前にその姿を現したのである。

約半年にわたる血のにじむような苦闘も、祖国のために、またわが同胞のために、と念願したからこそ戦い、そして耐えてきたのではなかったか。この祖国の姿を望んで、誰か感激なきを得ようか。そしてまた、生還を期さなかったものが、再び故山に帰り得たという安心感も手伝ったのである。

伊八潜は、友ケ島水道を通過して大阪湾に入ると、「合戦準備やめ」の号令によって、メインタンクの金氏弁（キングストン弁＝艦底弁）を閉め、上甲板の各ハッチを開いて、通常航海状態に入った。クェゼリン出撃以来、戦闘航海を続けること数十日、この間一度も日の光を見なかった機関員、主計員などは、先を競うように、上甲板に上がってきた。

合掌して太陽に向かって黙禱を捧げる者――長い日時を穴居生活同様の苦しみに耐え、しかも死線を越えてきた人々のみが味わう感激であろう――いかにも嬉しそうに手を振って歩く者、三々五々、その姿はほんとうに安心したという感じのものであった。

やがて明石海峡を抜けて、瀬戸内海に入る。波静かな内海の航海は、太平洋の怒濤にもまれてきたわれわれには、あたかも池のなかをゆくような感じのものだった。右舷には、中国地方の連山が重畳として連なり、眼を左に転ずれば、四国の山々がゆるやかに起伏している。

鏡のような海は、艦が進行するにつれて、あるいは広く、あるいは狭く繰りひろげられ、無数の島々が次から次へと、あるいは丸く、あるいは突こつとして、走馬灯の如く過ぎ去ってゆく。瀬戸内は、いつ航海してもいい眺めである。

多度津沖にさしかかると、乗員一同の賽銭《さいせん》を集め、これを「奉納琴平神社」と札をつけた空き樽に納めて海上に浮かべ、上甲板にいる者は、琴平神社の方向に向かって、伊八潜の平安を祈った。

付近に居あわせた二、三隻の漁船が漁をやめ、先を競って、これを拾いに集まってきた。この賽銭を拾って、神社に奉納した者は、幸運に見舞われると、漁師仲間には信じられているそうである。そして、今までお賽銭が途中で失敬されたことを聞かないのである。

やがて、来島海峡の難所も過ぎて、クダコ水道を抜けると、行く手に宮島の蒼々とした姿が見えてきた。初春のそよ風が、颯々と衣の裾を払ってゆく。宮島を遠く、大黒神島を近く左舷に見て、早瀬の瀬戸を通過すると、伊八潜の母港である呉軍港に入った。時は、昭和十七年三月の初めであった。

内地出撃以来の戦闘航海に耐え、船体の塗料がはげて、ところどころ赤く錆《さ》びた伊八潜の姿は、いたましく雄々しく感ぜられた。

4　呉帰投、休養のひと時

呉軍港は、艦隊が出征しているので在泊艦船が少なく、ひっそり閑としていた。無通告にひとしい入港だったので、なんらの歓迎も受けず、また儀礼の交換もなかった。

通信参謀は司令官のお供をして上陸したので、私は機関参謀と二人で、潜水艦の小さな内火艇に送られて、約半年ぶりに懐かしい内地の土を踏んだ。靴の踵《かかと》に感ずる大地の感覚は、なんとも言えない心地よいものだった。さっそく、二人は写真館にいって、記念の撮影をした。それは、二人で競争のようにして貯えてきた美髭？　を記念するためであった。

最初のクェゼリン出撃の際に、私は手入れが面倒だと思ったので、頭髪は刈って丸坊主にした。髭《ひげ》は伸びるがままに放任しておいたが、機関参謀が「同室のよしみで、僕も伸ばしましょう」と言いだしたのが、そもそも貯髭の起こりであった。

この髭は、長い間の窮屈な潜水艦生活のぶりょうをなぐさめる笑い草の一つとして、大いに役立ったものである。機関参謀の髭の方が、だんだん私を追い越していった。

「先任参謀、星の数は僕の方が少ないが、髭はちょっと上ですな」

と、笑いながら言われたものだった。すでに二寸余りに伸びた漆黒の髭は、魁偉《かいい》な容貌と、堂々たる体軀に釣り合って、「三国志」の関羽もかくやと思われるほどであった。

写真館を出ると、その足で料亭兼旅館徳田に向かった。

（注）潜水艦乗員は、作戦行動中の疲労が大きいというので、その後、温泉休養施設などができるようになったが、開戦当初頃はなにも特別の休養施設はなかった。

玄関に立って案内を乞うと、見知らぬ女中が出てきて、不審な顔をしている。おそらく髭ぼうぼうの二人の軍服姿を見てのことであろう。

かねて知り合いの女中にくるように命ずると、これまた不審な顔をしながら、私らの前に座って、

「どなた様でしょうか？」

と、不安な様子である。

「井浦だよ。そう健忘症じゃ困るね」

「まあー、どうなさったんですか……その格好は……」

ちょっと驚きの眼をみはったすぐあとに、吹き出しそうになった口もとを、女中は急いで左手でかくした。

「アメリカ帰りの洋行紳士を知らんのか。案内々々」

言い終わらないうちに、私達は靴を脱いで、廊下を奥の方へ歩いていった。料亭の女中は、ものの察しが早い。

「ほんとーに、御苦労様でした」

と、言いながら、小走りで私達の前を通り抜け、一番上等の部屋に案内してくれた。

どてらに着替え、久しぶりで青畳のうえに、ドッカと座ったときの気持ちは、なんとも言

えなかった。

しばらくすると、風呂の用意ができたというので、二人は湯殿にいった。さて、浴槽から上がって身体をこすると、垢が紙よりのようになって落ちる。もう一度浴槽に浸ってから洗ってみても、前と同じ状態なのである。

「垢落としは、また明日にでもするかな……」

と、独語しながら、髭を剃りはじめると、そばでへちまたわしを使いながら、垢を落としていた機関参謀が、

「その髭、剃るんですか？　惜しいですなァ……。さては、美人にでも、もてる魂胆ですな。ワハ……」

無意識に顎髭をなでながら笑っている。

「ハハ……。そんな大それた野心は持たんよ。敗戦の将、今後再び髭を語らずさ。……ところで、君の髭は家宝もんなんだから、ミセスに見せるまでは、断じて切っちゃいかん」

そう言いながら、鏡に映る自分の顔が、次第に淋しくなってゆくのを、われながら残り惜しいような気になって、口髭だけは残すことにした。

風呂から上がると、もう膳の用意ができていた。酒は呉の名産である。肴《さかな》またよし。疲れきっているせいであろう。四、五盃の酒に、二人とも陶然となってしまった。そこに、女中の機転であろう、二人の芸妓が入ってきた。

平時の艦隊勤務のときは、久しぶりに上陸すると、女性にはある魅力を感じたものだった

が、今日はなんの感興も湧いてこない。

「機関参謀、どうしたもんだろう。ナイス（美人の海軍通用語）がきてくれたんだが、さっぱり異性という感じが起きんのだが……。中性にでもなったのかなァ……」

と、私は率直に実感を述べた。

「全くですなァー。僕も同感ですよ。大方、疲れ過ぎてるからでしょう」

機関参謀も、私と同じ心理状態らしい。

約半年にわたる緊張しきった心づかいと、長い間の潜水艦内の作戦行動で、身も心も消耗しつくしたためであろう。

二人とも酒量にかけては、人後に落ちない自信の持ち主だったが、僅か徳利を五、六本あける頃には、すっかり眠くなってしまった。女中に床を二つ並べさせ、

「機関参謀、狭いベッドの上と下で随分長い間一緒に寝たが、今日もまた坊主頭を並べて寝るか……。袖ふり合うも他生の縁というから、君とは前世からの宿縁浅からずというところだろうね……」

こんなことを言いながら、翌朝までぐっすり眠ってしまった。

生死を共にし、よく気の合っていたこの郡山少佐は、その後横須賀鎮守府参謀に転じ、そこで奇禍に遭って、寂しくこの世を去っていった。当時を想うと哀惜の情、切なるものがある。

それにしても、われわれ第三潜水戦隊の最後の北太平洋行動には何としても腑におちない

ところがあった。潜水艦をもってする北太平洋方面の偵察――連合艦隊司令部はある程度の期待をかけていたのかも知れないが、伊八潜、伊七四潜および伊七五潜は、結局なんらの情報も得られなかった。またなんの戦果もあげることができなかった。そして空しく内地に帰投したのである。

後日、連合艦隊参謀に会った際に、どういう理由であんな作戦をわれわれ潜水艦にやらせたのかと、問い詰めたところ、その答えは、北の方へは、当時なにも手当てがしてなかったので、不安であったからというのであった。

そこで私は、通信設備の極めて貧弱な、視界の狭い、しかも速力のおそい潜水艦を三隻ぐらいあの果てしなく広い北太平洋にばらまいてみたところで、敵情偵察にはなんの役にも立たず、ほんの気安め程度のものに過ぎないのだということ、それよりか、無線諜報機関を活用したり、航空機の索敵を実施するなりすべきだということ、そして潜水艦はもっと有効な方面に使用するようにしてもらいたいこと等々、強く建策を述べたのだった。

第3部　軍令部の勤務

第1章　軍令部の生活

1　軍令部部員となる

徳田旅館で帰国の第一夜を明かした翌朝、伊八潜に帰ると、当直将校が二通の電報を私に手渡した。

一つは「軍令部部員、大本営海軍参謀に補す」の転勤命令であり、もう一つは、前任者有泉龍之助中佐よりの「小官転出の都合あり、至急赴任されたし」という意味の赴任催促の電報であった。

当時第三潜水戦隊は作戦休止の状態であり、事務引き継ぎのため後任者を待つほどのこともないので、私はすぐ東京へ赴任することに決意した。荷物はカバン一つの身軽さであるし、留守中の司令官には書状を書きおいて、その日の東京行急行列車に乗り、赴任の途についた。機関参謀と司令部付きの下士官兵とが、私のことわるのも聞かず、呉駅まで見送ってくれた。

伊六五潜の発見触接に端緒を得、わが海軍航空部隊の猛攻のもとに、プリンス・オブ・ウエールズ、レパルスの二巨艦を轟沈したマレー沖海戦の快勝、これに引き続くわが陸軍部隊のマレー半島進撃、シンガポールの陥落、スマトラ、ジャワ方面への進撃、香港の陥落、比島作戦の進展、スラバヤ沖海戦におけるわが海軍部隊の快勝など、胸の湧きたつような快報を、私は海軍の暗号電報により、またはラジオを通じて知っていた。

列車内から眺める内地の風物は、以前となんら変わったところも見えなかったが、乗客の人々の眼には、なにか希望に燃えるような輝かしいものが見受けられた。二等車の乗客は、一般に黙り込んでいる人が多いようであるが、今度はあちこちで、戦争談に花を咲かせ、にぎやかな笑い声が聞こえてきた。

列車が新橋駅に着くと、ここで下車し、私は徒歩でガード下をくぐり、海軍省の方向に足を向けた。ガード下を抜けて、十歩も歩いた頃、キャデラック型の立派な自動車が、ピタリと私のそばに止まった。

なんだろう？　と私がふり向いた途端に、自動車のドアが開いて、なかから見知らぬ五十年輩の福々しい紳士が、

「どうか、これにお乗り下さい。御苦労様でした」

と、腕を取らんばかりの親切さで、私をさし招いた。

「海軍省までです。近いですから歩きます」

こう断ると、

「そう言わんと、お乗り下さい。海軍省までお送りしましょう」

その親切をむげに断りかねて、私は柔らかいクッションに腰をおろした。

海軍将校の軍服を身にまとい、大本営海軍参謀の飾章をつけた当時の私と――それから六年ののち、戦争犯罪人として、二人の警官に護送されて、東京駅頭に立ったみすぼらしい私

服姿の私と――想えば、げに流転の人生ではある。

軍令部に出頭してみると、私は作戦部である第一部で、潜水艦作戦関係事項および潜水艦、水雷関係の教育訓練事項を担当するのが本務だと申し渡された。そして兼務としては第二部において、潜水艦および水雷関係兵器に関する事項を所掌する配置であることを知った。軍令部第二部というところは戦備関係を担当するところであった。

2　耐乏の日常生活

ひとわたり着任の挨拶をすまして、その日は久かたぶりに、逗子のわが家に帰った。なにも知らせていなかったので、老母と妻との喜びはたとえようのないもののようだった。前年の秋以来何の便りもないので、どうしているのだろうと、毎日神仏に私の武運長久を祈っていたこと、戦勝のラジオ放送を聞くたびに、どうかお国のために立派な手柄を立ててくれるようにと、祈っていたことなどを、老母と妻とは一つ一つエピソードまじりに語ってくれた。私はそれで真珠湾奇襲行やら、米西岸行動の話題などを機密にわたらない程度に、これもいろいろとエピソードをまじえて語ったが、むろん話そのものよりは、お互いにまたこうして語りあえるようになったことが無性にうれしかった。家庭はなんといっても、人生のオアシスである。

妻は昨年から、裏隣の辻さんが満洲の方へ出征して、奥さん一人で、私の家の前にある二反ばかりの畑を耕しているので、その手伝いをしていると言った。そして荒れた手を見せたのであるが、健康そのもののような血色をしていた。

終戦後、巣鴨拘置所に投獄されるまえの約二カ年間を、畑を耕したり、鶏を飼ったりして、混濁した世のなかから隔絶したような生活をしてきたが、妻のこの経験が大いに役立った。

軍令部に着任して以後は、一カ月のうちに一度か二度逗子の家に帰った。それも新橋駅を夕の七時とか九時頃たつので、家にたどりつくのはかなりおそくなった。朝は大てい六時に家を出て停車場にかけつけた。

土曜、日曜といっても、ゆっくり休養する機会はなかなかなかった。その日その日の生活が、仕事に忙殺され、ほとんど時間の余裕を見いだし得なかったことによるのはもちろんであるが、前線で、生命を的に奮戦している人たちのことを思い、軍令部の職員はみんなが緊張しきっていた。

軍令部の生活で一番にが手だったのは、食事がまずいうえに、カロリーが足りないことであった。盛りきりの玄米飯に、一汁一菜のお粗末なもので、それが戦争の進行につれて、ますます質を低下していった。毎日家庭から通勤する人は、これでも耐えられたであろうが、私どものように役所に詰めきりの者は、腹が減って仕方がなかった。

当時、軍令部には宿泊設備がなかったので、品川駅近く、高輪にあった山本権兵衛伯の旧邸を宿泊所にしてあった。私どもは、晩おそく軍令部からこの高輪台に帰って寝床にもぐり込むのであるが、ここの朝食は幸いにして、盛りきりではなかった。ここで一日分の腹ごしらえをするのが何よりの救いであった。

軍令部は、霞ケ関にあった。海軍省の赤煉瓦の三階の西側一帯がそれで、ここが大本営海軍部かと思われるほど、狭い場所だった。部長以上は将官であったから個室をあてがわれていたが、課長以下は各課ごとに多勢一緒に狭いところに机をならべていた。ただ第一部第一課の奥に仮に木造で継ぎ足した作戦室という部屋があった。当直の夜は、われわれ部員がこの作戦室に仮装寝台を持ってきて寝たのである。この当直には、第一課（作戦課）の部員が順番にあたり、私もむろん当直をさせられた。この当直部員は、翌朝の定例時刻に、前日に起こった作戦状況の経過を、総長に説明することになっていた。これを戦況説明と言っていた。

戦況説明の参集者は、最初のうちは、軍令部の部長級以上と、第一部の部員、それから海軍大臣、次官程度に制限されていたが、昭和十八年度に入ってからは、聴取者の制限も大分緩和された。この戦況説明のあと、総長や、次長、部長から、いろいろと指示や意見の開陳があった。

作戦地域が、東は米西岸から、西はアフリカ沿岸、南はオーストラリア方面までひろがっているうえに、ソロモン諸島、ニューギニア方面の地上作戦まで、細部にわたる戦闘状況が次々に入電するので、当直の日は、こまかい地誌を調べたり、説明の順序を作っていると、午前の三時、四時頃になることは、珍しくなかった。忙しいときは、徹夜したこともあった。重要な作戦または大きな海戦があった場合には、総長が陛下に奏上する案文を起案したりしなければならないので、なかなか骨の折れる仕事だった。

私等の部屋は、以上のように窮屈なうえに、種々の用件で多くの人が部屋を出入りするので、落ちついて考えをまとめたりするには、不向きにできていた。作戦計画を担当する第一部の部員ぐらいには、ゆっくり考えられる部屋が欲しいと言い合ったものだが、かなわぬ望みであった。

艦船勤務ばかりやっていて、陸上勤務というのは、学生生活のほか今度が初めての私には、軍令部勤務の日常が不便に感ぜられて仕方がなかった。

夏は扇風機一つない部屋で沢山の部員がゴジャゴジャやっているのだから蒸し暑くてやりきれない。冬はスチーム、ヒーター、ストーブもないので、外套を着込み、手袋をつけてちぢかみながら執務する始末だった。

当時、世間では「星に錨に闇に顔」という言葉が流行していたが、軍令部の生活の「錨」の威光といえば、東京水交社から、切符制で僅かばかり、衣服その他身の回り品などの配給を受けることができる程度のものだった。

妻がときどき近所の人に「海軍さんは、いろんな物が貰えて結構でしょう」と言われるので「うちでは、なに一つそんなものはありません」と、言い訳をするのに困るだけのことで、実情は世間で噂されているようなものとは縁遠いものだった。

このような噂は、おそらく艦船部隊の人は生命を的に働くのだから、給与も十分にしてあったので、たまに横須賀軍港に入港したときなど、その乗員の一部の者が、おすそ分けを、そっと家に持ち帰ったりしたことから起こったものであろう。

なにはともあれ、軍令部の勤務は、きびしい耐乏の生活であった。

第2章　懸案の諸問題

1　潜水艦本部問題

私が着任当時の昭和十七年初頭頃の軍令部は、第一部から第四部までの四つの部と特務班から成っていた。

第一部は作戦、第二部は戦備、第三部は情報、第四部は通信、特務班は通信諜報、という任務をそれぞれ担当し、各部は数個の課に分かれていた。

第一部は、当時第一課と第二課および直属部員から編成され、第一課は作戦関係事項を、第二課はこれに関連する制度編成、および教育訓練に関することを担当していた。そのほかに第一部長、直属部員というのがあって戦争指導に関すること、および独伊などに対する渉外事項の処理にあたっていた。

軍令部は、また、大本営海軍部でもあったので、海軍省の表玄関に堂々たる看板は掲げてあったが、そのなか身は、平時の編成とほとんど変わっていなかった。

ところが、戦争が苛烈になってくるに従って、交通保護および国内防衛問題がやかましくなり、私が着任して間もなく、これらの事項を主務とする第十二課が第一部内に新たにできることになった。そして、演習、教育訓練を主任務とする第二課は、太平洋戦争勃発までは軍令部の花形であったが、次第にその影が薄くなり、課長も他に転出して欠員となり、有名無実のような格好になってしまった。

　話は大分さきの方まで進んでいったが、さて、私はだいたい一週間ばかりで前任者との事務引き継ぎを終わり、いよいよ仕事に取りかかってみると、中央部機構が複雑で、なかなか思うように事務がさばけてゆかないのに驚いた。

　着任して半年もたたなければ、一人前の仕事ができないというのが、軍令部、海軍省勤務者の通り言葉であったが、戦争遂行中にそんな呑気《のんき》なことも言っておられない。初めは、随分苦労もし、また懸命の努力をしたものだった。しかも三つの課を兼務させられたので人一倍の苦労だった。

　軍令部、海軍省は、部、課、局の対立がはなはだしく、しかも各課部員の職務分担が厳格に守られていた。そして艦隊司令部の幕僚事務のように、幕僚同士が互いに融通をきかせて助け合うというようなことが少ないので、最初は相当不便に感ぜられた。

　こういうなかで、野武士といおうか、海の上をかけ回ってばかりいた私は、今度は敵弾や暴風雨の心配はしなくてもいいが、軍令部、海軍省、艦政本部、航空本部という役所をとび歩いて、議論やかけひきの戦いに、狂奔しなければならぬ身となった。

　航空関係の担任者は、軍令部だけでも第一課に一人、第三課に一人それぞれ配置があるうえに、航空本部というぼう大な組織を持っていたが、潜水艦の方は中央陣容が貧弱だった。艦政本部に第七部といって、潜水艦の建造整備に関係していろいろ事務連絡を担当するところがあったが、それはなにも実行力のない機関であった。そのほかに潜水艦のことを専門に世話してやる中央の担任者といえば、軍令部にいる私がたった一人という貧弱ぶりであった。従来の海軍の思想は、潜水艦は艦艇の一種であるから、特に水上艦艇と分離して、特別の取り扱いをする必要はないという傾向が強かった。潜水艦乗員は、この思想に対して、水上に浮かんで戦闘するものと、水中にあって戦術行動をとるものとは、艦艇という名称は同一であるとしても、その本質を異にするから、一般水上艦艇とは分離し、独立した組織のもとに、その全能力を発揮できるようにしてもらいたいという声が強かった。

当時わが海軍は、航空機の大増勢をはかると同時に、艦艇、特に航空母艦、潜水艦を優先的に建造することを企画していたので、私は海軍中央部に、しっかりした潜水艦関係機構をうち立てることは、潜水艦の戦力を向上させるため、ぜひ必要だと思った。

そこで私は航空本部とならんで「潜水艦本部」というものを設立すること、そして軍令部の担任者も航空機関係と同様二人にするように提唱した。潜水艦本部を設立するという問題は、ずっと以前からの懸案であったのだが、それまで実行できずにいたものであった。

ちょうどこの頃、ハワイ作戦当時第二潜水戦隊司令官であった山崎重暉少将が、その司令官の任を解かれて、次の転任までのつなぎとして、軍令部出仕となり、第一部長の承命服務の名義で軍令部に転勤しておられた。同少将には、私が中尉時代に潜水艦長として仕えたことがあった。また私が海軍大学校学生のときの教官でもあった。こんどの潜水艦本部設立問題では、私はこの立派な先輩に応援を仰いだが、それは、この上もない気強いことだった。

この問題などについて、山崎少将に私の意見書を見てもらったりしている頃のことであった。中岡司令がミッドウェー方面の作戦海域から内地に帰ってきて、軍令部に出頭してきた。久しぶりの再会だったので、したしい兄弟に会ったときのように、私どもは手をとり合って喜んだ。

中岡司令の出頭を上司に報告すると、「永野総長から真珠湾攻撃の話をせよ」とのことで、総長室でこの歴戦の潜水隊司令の報告が行われた。永野総長は、報告を聞き終わってから、

「まことに御苦労であった。キビキビした話で、今日は実に愉快だった」

と、いかにも満足な様子であった。

死線を越えてきた指揮官の報告を私は幾度か総長室で傍聴したが、総長の最後の挨拶は大抵「御苦労だった」という簡単なものだった。中岡司令のときのような讃辞を受けた人は、極めて少なかった。

この、総長室には、海軍の枢要位置にある人達が多数集まっていたが、中岡司令の話のあとで、山崎少将が席を立って、潜水艦の戦力を向上させる見地から、潜水艦関係の中央機構を強化することは、目下の急務であることを力説した。そして、軍令部にも潜水艦出身者二人の配員を必要とする。現在井浦君が一人であちこち駆け回っているが、あれではちょっと無理だ、とつけ加えた。

私はこの問題を論文にまとめ、これを軍令部はもちろん、海軍省の関係各部局に配布した。そして機会あるたびに、関係の方面に、直接会ってはこの主張を力説してまわった。だが、

所帯が大きいうえに、機構が複雑な中央部の仕事は、艦隊などのように、簡単に事が運ばない。

軍令部の配員を二人にする案は、私が着任してから、およそ三、四カ月たって、ようやく「その主旨には賛成だ」という中途半端な成果を得たにすぎなかった。というのは、目下配員しようにも適当な人がいないので、来年海軍大学校の学生が卒業するまで待ってくれ、との人事局の言い分にもよるものであった。

結局、昭和十八年の六月に、藤森康男少佐が海軍大学校を卒業して、第一課に着任するまで、私は一人で東奔西走しなければならなかった。

さて、潜水艦本部案は問題が大きいだけに、なかなか簡単に事が運ばなかった。海軍で機構を作ったり、制度を変えたりするところは海軍省の軍務局であったが、当時その担任局員は樋端《といばな》久利雄中佐だった。同中佐は海軍兵学校、海軍大学校ともに私と同期で、両校とも首席で通した秀才であった。人物もなかなかよくできた立派な海軍士官だったが、その後、連合艦隊の航空主務参謀となり、山本長官と行をともにして、惜しいかな、南溟の空に散ったのだった。

彼は「貴様の潜水艦本部案の主旨には賛成する」と言って、関係各方面に折衝してくれた。しかし、なかなかうまくゆかないと見えて、その後、

「本問題は、結局官制の変革なんだから、海軍省内ばかりじゃなく、法制局の了解も必要とする。これがなかなかの難問題でね。随分あたってみたが、とても俺の手にはおえなくなっ

た。ぐずぐずしていたんでは戦争に間に合わんし……海軍省内だけでかたづけることになれば、航空本部のような実行力のある役所はできないまでも、なんとか間尺に合う役所にはなると思うんだが……」

と、相談を持ちかけてきた。

彼の誠実と識見を信頼していた私は、

「貴様の腕でできないものなら、誰がやってみたって駄目だろう。一つそういうところでもいいから、なんとか頼む」

と、全案を依頼したのだった。

この案は「潜水艦部」という「本」の字のぬけた、われわれ潜水艦乗りには物足りない案であったが、これでも、海軍省各局、軍令部などの意見がまとまって、成案となるまでには相当の日時がかかったし、潜水艦部が店開きをしたのは、昭和十七年も暮れて、昭和十八年になってからのことであった。

潜水艦部は予算の配布がないので、実行力はなかったが、作戦に関することを除いた、潜水艦のあらゆる場面の御用承り所というような役所であった。潜水艦乗りが熱望した潜水艦本部には、ほど遠いものがあったが、それでも艦政本部第七部で、ただ潜水艦の造修実験だけを取り扱っていたときに比べると、格段の相違があり、私の軍令部での仕事も、お陰で随分助かったし、潜水艦乗員の便宜を得ることも少なくなかった。

2　潜水艦の編制

大本営海軍部である軍令部は、作戦指導と海軍部隊の編制および戦備などに関係することを所掌するところであった。そして作戦指導については、その大綱を軍令部総長から連合艦隊司令長官に指示することになっていて、連合艦隊の一部である潜水艦部隊に対しては軍令部から直接命令をくだすことはなかった。従って潜水艦隊司令長官は、連合艦隊司令長官からの作戦命令にもとづいて、自分の作戦計画を立てることになっていた。

しかし、潜水艦作戦に必要で速報を要する情報は、軍令部の情報部である第三部と連絡をとり、私が起案して、第一部長の名をもって、その都度《つど》、所要の部隊に通報していた。

私が軍令部に着任した頃、新たに戦列に加わった新巡潜型潜水艦を合わせて、第八潜水戦隊が編制され、第六艦隊に編入されたが、当時わが海軍は都合八個の潜水戦隊をもっていたわけである。

その後しばらくたって、新造潜水艦を訓練するために第十一潜水戦隊が編制された。それは新造艦をただちに作戦にあてることは、整備が十分でなく、また乗員がなれていないので、故障が続出し、十分戦果をあげ得ないばかりでなく、被害が大きいという戦訓にもとづいたものであった。この第十一潜水戦隊は瀬戸内海西部を訓練基地とし、訓練の標準期間を三カ月ということに定められた。

開戦の初め頃の潜水艦隊の編制は標準としては、母艦一隻、旗艦潜水艦一隻とその子隊たる潜水隊からなっていた。そして各潜水隊は潜水艦三隻をもって編制されていた。この編制は、艦隊戦闘を主目標としたもので、戦略および戦術的使用方針の変化に従って、当然改変すべきものであった。

日本海軍は戦争が始まってから三、四カ月の間に、相当多数の潜水艦を失ったが、各潜水隊とも符牒を合わせたように、司令潜水艦の被害が多かった。潜水艦関係者、特に潜水艦長たちから、潜水隊司令無用論がでてきたのも無理からぬことであった。

というのは、せまい潜水艦のなかに、指揮官が二人いるような格好になって、とっさの場合に命令が二途にでるような現象がでてきて、適切な処置がおくれること、また司令は年輩もふるく、用心深くなりすぎて、よき指導者というよりも、まさかの場合には、かえってブレーキになりがちであることなどが、当時論議の的であった。

そもそも、潜水隊を三隻にしたのは、会敵時の散開および各潜水艦が散開潜航したのちの水中指揮をたやすくするのを主眼としたものであるが、私の体験からみて、水中指揮といっても、実際にはなかなか実施できないものであるし、なお作戦の様式が変わってきた現状では、潜水艦三隻に一人の司令をおく必要はないと考えた。

潜水艦九隻程度のものならば、司令官の直接指揮で十分であることを、平時の訓練と実戦の体験で知っていた私は、潜水隊司令は、戦隊に一人または二人おいて、特に必要なときだけ潜水艦に乗艦し、その他は旗艦または基地にいて、潜水艦の整備とか教育訓練、人事取り扱いなどをやるのが、戦力を向上させる見地から一番いい方法だと判断した。

次に、戦隊司令部が旗艦潜水艦に乗艦する問題であるが、旗艦潜水艦で出動している間は、通信施設の貧弱なことも手伝って、作戦指揮に必要な情報を集めることがむずかしいし、潜水航中は全くの盲目であるし、また基地に帰って整備している子隊潜水艦の面倒も見られないという不便があるうえに、洋上で自由に電波の輻射ができないので、旗艦潜水艦からの作戦指揮はほとんどできない状況であった。こういう観点から、私は戦隊司令部、特に一方面に独立して作戦する司令部は、通信施設の十分ある艦船または陸上基地にいて通信指揮を行い、旗艦潜水艦には、特に必要とするときだけ乗艦するのが有利であると認めた。

そこで、私は以上の趣旨にもとづき、編制改変の仰裁《ぎょうさい》案を書いて上司に提出したところ、課長のところまでは通り、それ以上のところでとまってしまった。陣頭指揮を伝統とする、わが海軍の良風習に反するというのが、その主な理由であった。私の提案はほとんど却下された。その代わりこの際は、潜水隊の編制を、六隻をもって一隊とするという裁可を得たに過ぎなかった。

ラバウルを基地とする第七潜水戦隊は、昭和十七年暮れ頃から十八年の初めにかけて、六〇〇トン級の小型潜水艦を主力とするようになったが、同艦種は司令の乗艦する余積がなかった。また旗艦迅鯨も作戦上の必要から他に転用されたので、同司令部は陸上基地に移らなければならないことになった。私はこれを好機として、前の仰裁案に一部を修正して、もう一度これを上司に提出したが、今度は全面的に裁可を得た。

その編制の変更については、後述したいと思う。

3　潜水艦の建造計画

開戦当初頃、すなわち私が軍令部に着任した頃の潜水艦建造計画は、大要次のようなものであった。

従来の方針

（一）水上攻撃機二機を搭載する潜水空母（俗に海底空母といわれた）十八隻の建造
この艦種はすでに設計を終わって、起工にとりかかるばかりになっていた。

（二）新巡潜型潜水艦の建造
この艦種は昭和十六年度から逐次《ちくじ》完成して、戦列に加入しつつあったが、これをもって遠洋作戦用潜水艦の主力とし、船台の許す限り多量に建造する。

（三）新海大型潜水艦は、目下船台で工事中のものを最後として、建造を中止する。

（四）中型潜水艦の建造
この艦種をもって、わが帝国近海作戦用の主力とし、多量に建造する。すでに起工に着手し、第一艦の完成も間近であった。

（五）小型潜水艦の建造
この艦種は、日本近海の防衛を主任務とし、十八隻を建造する予定で、その第一艦は既に完成して、公試運転その他の能力試験を施行中であった。

さて、潜水空母は主として米本土、特にその西海岸方面の重要地区およびパナマ運河、ハワイなどの敵重要拠点を、航空奇襲する目的をもって計画されたものであり、他の艦種は、主として、敵主力部隊の追尾攻撃および漸減作戦を主任務とし、わが主力部隊の劣勢を補うのを目的としていた。

しかしながら、私は開戦前における艦隊訓練の実績と、短期間ではあったが、今次の実戦の体験からみて、潜水艦をもってする敵主力部隊、特に機動部隊に対する追尾反覆攻撃は、敵飛行機の制圧を予期しなければならない現状においては、とうてい成功はおぼつかないことを知った。

彼我の主力部隊決戦の場合は、潜水艦は当然戦列に加入して、敢闘すべきことはもちろんであるが、従来考えられていた追尾触接、反覆攻撃の思想は、これを一変しなければならないと考えた。いわんや、敵戦艦の大部が真珠湾において潰滅した現状では、作戦指導の様相が開戦前と一変したのである。

米国はその偉大な工業力をもって、建艦ならびに修復を急ぐのであろうが、反攻を企図する場合の海上基幹部隊は、おそらく覆滅を免れた航空母艦部隊を主力とするものであろう。この状況下における潜水艦の作戦指導方針としては、敵補給路の遮断作戦、特に商船の攻撃撃沈を第一目的とし、敵の機動部隊に対しては、追尾触接、反覆攻撃の方法をやめ、味方部隊の目となり、好機を捕捉してこれを攻撃するのを、最良の方策であると思考した。

修正案

以上の見地から考察して、当時の潜水艦建造方針は、これを全面的に変更すべきであることを痛感した。すなわち、

(一) 潜水空母の建造を中止する。

(二) 従来の艦型は、現在船台で建造中のものを除いて、全部打ちきりとし、交通破壊戦を主目的とする艦型一本立てとする。

(三) 現在建造中の潜水艦は、現在および将来の戦略および、戦術方針にマッチするように改修を加える。

私は、以上の三件を提案することに決意した。その理由の大要を述べると、

(一) 潜水空母の建造中止の理由

この艦種は、開戦後間もなく、実戦に使用できるよう竣工するものであれば格別だが、当時はまだ設計を終わったばかりで、完成するまでには二カ年程度を要するであろうし、搭載飛行機も目下試作に取りかかったばかりであるから、実戦に使用できる時機は、相当おくれるものと予想しなければならぬ。本当に完成して実戦に使えるようになる頃には、米国側はそのぼう大な工業力にものをいわせて、十分な防衛態勢を整えているであろう。また少数機をもってする敵要衝の攻撃は、米国民衆および米海軍に対する脅威、あるいは神経戦的な効果を狙う意味には役立つかも知れないが、実質的の戦果は多くを

期待し得ないとみるのが至当である。このような艦種に日本の限られた資材と労働力を用いるのは、わが国情に適しないと判断した。

（二）交通破壊戦を主任務とする艦型一本立てとしたこと

従来の潜水艦は追尾攻撃を主眼として計画建造された関係上、高速力の発揮と凌波《りょうは》性の優秀であることを要求され、そのうえ米西岸までの行動を考え、航続距離二万海里、持続日数二カ月という条件を満足させることになっていた。その結果、いきおい艦型も大型となり、結局二〇〇〇トン以上の新巡潜型潜水艦（伊一五潜以降伊五二潜等）の出現となったわけであるが、高速力発揮の主機械を装備した大型潜水艦を建造することは、工数を増し、多くの資材を要し、多量建造に適しないばかりでなく、潜水艦の主兵器である魚雷の搭載数をある程度犠牲としなければならぬ。

新巡潜型の最大水上速力は二四ノット（約四四キロ／時）であったが、今後の潜水艦の使用方針、すなわち、艦隊戦闘にも交通破壊戦にも充当する潜水艦とすれば、速力は最大一八ノット程度で我慢できると判断されたので、トップ・スピード五、六ノットの低減によって生ずる余裕でもって、艦型の縮小をはかり魚雷の搭載数を増し、かつ多量建造に適するものとするのを得策であると思考した。

（三）建造中の潜水艦の改修事項

(イ) 新巡潜型潜水艦の飛行機搭載設備を撤廃することの理由。

その半数に飛行機搭載設備を設けることになっていたが、従来考えられていた飛行機の洋上使用はほとんど不可能であり、今後も必要であると思われる要地の飛行偵察は、既製の潜水艦をあてれば十分である。しかも、やたらに視認度を大にし、爆雷を受けたときの危険性を増すようなものは撤廃するのが有利であると認めた。

(ロ) 中型および小型潜水艦の行動力の増大をはかること。

中型潜水艦は航続距離五〇〇〇海里、持続日数約三十日、小型潜水艦は航続距離三五〇〇海里、行動日数約二週間ということになっていた。

当時の戦略態勢は、すでに戦前とその状況を異にしていて、以上のような行動能力では、使用範囲が制限され、これらの潜水艦が折角完成しても、宝の持ち腐れとなる懸念が多分にあった。

そこで、中型潜水艦は、少なくとも新海大型潜水艦に近い能力を持ち得るように、また、小型潜水艦は、ラバウルを基地とするオーストラリア東岸方面の行動、およびペナンを基地とするベンガル湾方面の作戦ができるように改修する必要があると思考した。

以上の腹案を胸におさめて、技術方面の所見を聞くため、潜水艦設計主任であった片山造船大佐を艦政本部に訪ねた。同氏は、わが海軍造船界の権威者の一人であり、懇切丁寧温厚な立派な技術官であった。

その後も、随分無理と思われるような注文を出したりしたが、いつも心よく引き受けてもらえ、感謝に堪えなかった。

私の質問に対する同大佐の答えは、大要次のようなものであった。

（一）潜水空母は、すでに四隻程度のものは、諸材料を発注準備してあるので、これが全廃はむずかしいこと。

（二）私の構想する新艦型は、二〇〇〇トン足らずのもので、要求に応じ得ること。

（三）中、小型潜水艦の航続力の延伸は、乾舷が低くなるので凌波《りょうは》性は悪くなるが、前部浮力タンクを改装すれば、おおむねその要求を満足させることができること。

また、持続日数は、主として糧食搭載量に関連するものであるが、艦内容積の余裕から考えて、所要日数に応ずる糧食の搭載可能であること。

具体案

　こういう回答を得たので、私は、潜水航空母艦の建造を二隊の六隻で打ちきることに決心を変更したほか、前に述べた案を基礎に論文をまとめ、これを軍令部、軍務局、艦政本部の所要の向きに配布して、関係者の打ち合わせを行うことにしてもらった。

　打ち合わせの席上では、会合した人達は、今まで建艦計画にたずさわってきた関係もあって、私の提案に対して相当の反対もあったが、私は実戦の体験を強調して主張したのでようやく次のようなものにまとまった。

（一）潜水航空母艦の建造は九隻とする。

（二）新艦型の建造は見合わせとする。

（三）新巡潜型潜水艦の飛行機搭載設備は、三隻に一隻の割合とする。ただし、設計などに関しては、今後研究を進める。

（四）中、小型潜水艦の行動力の増大については、性能試験の成果をみて、これを決定する。

結局は、多勢に無勢の折衷案とならざるを得なかったわけである。本案は、その後間もなく、軍令部および海軍省首脳部の裁可を得たので、ただちに実行に移すことになった。

中、小型潜水艦の性能試験の結果は、おおむね良好だったので、完成したものも全部改装することになった。性能試験には私も立ち会ったが、懸念されていた凌波性の問題については、戦争中を通じて、乗員から一度も苦情がでなかったのは幸いであった。

その後、戦況の必要に迫られて、輸送潜水艦、水中高速潜水艦、三〇〇トン級の小型潜水艦が計画建造されることになったが、これらのことについては、後述することにしたい。なにはともあれ、わが日本潜水艦は、今次の戦争に応ずることには、ピッタリと適合する艦型でなかったことはいなめない事実である。

第3章　昭和十七年四月頃までの潜水艦戦

1　南方方面の潜水艦戦

話は大分理屈めいたことに走っていったが、これから作戦の本筋にもどることにしたい。

さて、私が軍令部に着任すると間もなく、スラバヤが陥落し、続いて三月九日には、蘭印（現インドネシア）軍司令官がバンドン（現ジャカルタ）で無条件降伏に調印した。すなわちジャワの平定作戦が概成したわけである。

この日、永野総長はことのほか大満悦で、われわれに土佐料理を馳走された。新橋あたりの料理屋の主人で、総長の生地である土佐出身の総長愛顧のものであろう、作戦室に自分で出ばってきて、そこで料理をして、食べさせてくれた。

集まった人々は、総長をはじめ、次長伊藤整一中将、第一部長福留繁少将、第一課長の富岡定俊大佐、第二課長の田口太郎大佐、第一課先任部員神重徳大佐以下第一部の部員、合わせて約二十名ばかりであった。作戦室のテーブルをかこんで、高知に入港すると、よくふるまわれた馴染《なじ》みの料理を頂戴したときは、輝かしい戦果に胸のふくらんだせいも手伝ってか、ほんとうにおいしかった。

こうして御馳走になっている間も、ひんぴんと各地からの電報が入ってくる。当直の部員は、次から次へとくる電報を整理して、これを図面に記入している。

祝盃の酒も酔うところまではいかなかった。前線では、生命を的に、日夜をわかたず戦闘を続行しているのだ。バンドンは落ちた。南洋の資源地帯のジャワの平定は終わった。

しかし、私はここで、南方方面の潜水艦は、開戦後どういう作戦をしてきたかについても一言したい。前述の通り私は開戦時ハワイ方面に作戦したので、南方方面の作戦のことには直接関係しなかったが、日本海軍としては重要な作戦であったから、一応はふれておかねばならない。

第五潜水戦隊所属の伊六五潜（艦長原田毫衛少佐）が十二月九日英戦艦二隻を発見報告し、これが端緒となって、マレー沖海戦の快勝となったことは、余りにも大きなニュースであったが、南方作戦全体としては、吉富説三少将の率いる第四潜水戦隊および侯爵醍醐《だいご》忠重少将の指揮する第五潜水戦隊が、待機地点であった海南島の三亜を出撃し、開戦時には、マレー半島の東方洋上に散開線をはり、わが陸軍部隊の援護ならびに付近海面の哨戒、敵艦隊の攻撃にあったことが潜水艦作戦としての骨組みであった。そして、第六潜水戦隊から一時編入されていた機雷敷設潜水艦をもって、隠密裡にシンガポール沖に機雷を敷設したことは一応特筆すべきことであった。

この緒戦期の南方作戦で英戦艦見ゆとの報に接し、ただちに全潜水艦をもって追尾を敢行したが、大橋勝夫少佐の指揮する伊五六潜が、その南下するのを発見したほか、これを攻撃する機会を得なかったのは残念であった。

しかしながら、この発見報告といい、また真珠湾奇襲時のラハイナ泊地の偵察報告といい、航空攻撃の成果を確定的なものたらしめたことは、世に秘められた潜水艦の大きな功績というべきであろう。

ここで記載しておかなければならないことは、伊六五潜がその後の行動において、アピ水道付近で敵の潜水艦一隻を撃沈したことである。

さて、十二月末になると、第五潜水戦隊はインド洋方面に進出を命ぜられ、ペナンを基地として、マラッカ海峡、ベンガル湾、インド洋方面の敵情偵察および交通破壊戦を実施することになった。この方面で、同戦隊は翌十七年の三月頃までに、敵の商船約十五隻を撃沈する戦果をあげた。

ただ、本行動で残念だったことは、インド洋方面へ進出の途上に、伊六〇潜が一月十七日スンダ海峡南口において、英駆逐艦と水上砲戦のすえ沈没したことであった。司令加藤行雄大佐、潜水艦長長谷川晙少佐は、艦と運命をともにした。長谷川少佐は私が伊七四潜水艦長当時の先任将校として、よく仕えてくれた優秀な士官だったが、惜しいことであった。

次に、第四潜水戦隊であるが、マレー方面の上陸作戦が一段落すると、ボルネオの上陸作戦に協力し、ついで、パレンバン方面攻略の際は、スンダ海峡、ロンボック海峡方面に進出して、米英蘭国艦艇の退路を遮断する如く行動し、合わせて付近海域の交通破壊戦を実施した。この作戦で、Ｚ級巡洋艦一隻、商船約七隻撃沈という戦果をあげた。その後ジャワ攻略作戦に策応し、チラチャプ沖をへてロンボック海峡方面に行動し、このときも敵の船舶四隻程度を撃沈した。

機雷敷設潜水艦をもって編制する第六潜水戦隊の大部は、河野千萬城少将がこれを指揮した。このときは開戦当初は予定の計画にもとづいて、比島方面に作戦し、この間に敵の船舶一隻を撃沈した。その後マレー方面に分派されていた潜水艦を加え、主としてダバオを基地として、チモール海、アラフラ海、トレス海峡方面に進出し、ジャワ方面の攻略作戦に呼応して、敵艦艇の攻撃、敵情の偵察にあたり、またオーストラリア北岸のポートダーウィン沖その他の要地に、機雷を敷設した。この間に、かなりの敵艦船を発見したが、撃沈したのは商船一隻のみであった。

この行動で、伊一二四潜が十七年一月二十一日以降ポートダーウィン沖において、消息不明となった。戦後わかったところによると、連合軍の哨戒艦艇の攻撃によって沈没しているが、このとき司令遠藤敬勇中佐、潜水艦長岸上幸一少佐が艦と運命をともにした。

また、大西新蔵少将の指揮する第七潜水戦隊は、ウェーク島、ハウランド島方面の作戦に協力したのち、一月下旬に行われたラバウル攻略の際は、セントジョージ海峡方面に行動して、敵水上部隊の反撃に備え、上陸作戦を援護する任務を与えられたが、敵の反撃もなく上陸作戦も成功したので、トラックに帰着し、内南洋方面の防備にあたった。この間、敵艦船に遭遇して、これを攻撃する機会なく、ウェーク島攻略の際に呂六〇潜と呂六六潜は衝突して、呂六六潜は瞬時にして沈没し、また呂六〇潜は、帰還の途次、荒天のため艦位を失い、クェゼリン環礁に座礁大破する不幸事を生じた。

以上のように潜水艦の作戦は、どちらかと言えば、じめじめした感じのものであるが、航空部隊の作戦は、これに比べて、まことに華々しいものがあった。すなわち、真珠湾の奇襲に成功したわが機動部隊は、内地での整備が一応終わると、南方方面の作戦に出かけ、ラバウル、オーストラリア北のポートダーウィンそれからセイロン島のコロンボ方面を、ひとなめに、すえ物切りのあざやかさをみせて、サッサと内地に引き揚げていった。この機動部隊の露払いを仰せつかったのが、ハワイ方面で縁の下の力持ちをやった、第二潜水戦隊であった。

第二潜水戦隊は、ハワイ作戦から横須賀に帰港すると、次の作戦に備え出動準備を急いだ。そして十七年の二月中旬同軍港を出撃し、パラオ、ケンダリーを経て、スンダ列島南方海面に向かった。このジャワとオーストラリアとの間の海洋では、散開線を構成して、機動部隊の前路を掃航しながら進出し索敵するのがその任務であった。この戦線は横須賀軍港出撃のとき、司令官が交代して市岡寿少将となっていたが、同少将は伊七潜に乗航して、この作戦を指揮した。

各潜水艦は二月の末頃まで掃航索敵を行ったのち、二隊に分かれ、第八潜水隊はスマトラ島の西方洋上を北上しつつ、交通破壊戦を実施し、ペナンに向かった。

この間に第八潜水隊のあげた戦果は、二隻の商船を撃沈したことであったが、そのほか、中川肇中佐の指揮する伊四潜は、第一次世界大戦において、ドイツ巡洋艦エムデンの古戦場として有名なココス島の砲撃を行った。ココス島の無線台その他の施設が黒煙もうもうとして炎焼するのが見届けられた。

（注）エムデンは、第一次世界大戦のとき、東洋方面海域にあって、通り魔のように縦横無尽に暴れまわり、連合国海軍を悩ましたが、このココス無線台の破壊行動中に、連合国海軍に捕捉されるところとなり、遂に破壊されてしまった。当時は日本は連合国に加わり、日本海軍もエムデン狩りにもっとも大きな役割を演じた。

一方、第七潜水隊は、オーストラリア西岸方面を行動したのちペナンに向かったが、本行動中に三隻の商船を撃沈した。

第二潜水戦隊は、ペナンにおいて応急の整備補給をおえると、すぐ次の作戦にとりかかった。それは四月五日に実施される機動部隊のコロンボ方面空襲に策応することであった。ペナンを出撃した第二潜水戦隊は、セイロン島方面の事前偵察や、天候報告およびセイロン島からボンベイ方面にかけての監視哨戒を行ったが、その哨戒海域では、わが機動部隊の餌に値するような敵の艦艇は発見できなかった。その後付近海面において交通破壊戦を実施し、四月中旬マラッカ海峡を経て、シンガポールに入港した。ペナンを出撃してから、今回の行動で、この潜水戦隊は敵の商船七隻を撃沈した。

2　潜水艦は交通破壊戦の武器

以上述べたように、連合艦隊司令部および南方部隊指揮官のこれまでの潜水艦使用方針は、水上艦部隊の補助的任務にあたらせるのを主眼としたところが多かった。潜水艦をもって交通破壊戦をやらせるなどということは、ゆきがけの駄賃仕事ぐらいにしか、考えられていない傾向が多分にあった。

一方敵側としても、当時はこの方面では、海上交通保護のてだてもできておらず、商船はまる裸の格好で、ノコノコ歩いていたので、これをやっつけるのは、赤子の手をねじるようなものであった。

この作戦行動のときのように、ゆきがけの駄賃の仕事でさえも、右に掲げたような戦果をあげえたのであるから、本腰でかかれば、もっともっと、大きな戦果をおさめえたことは受け合いであった。それを、インド洋方面で、このような宝の山を前にしながら、これを見捨ててしまったことは、まことに惜しいことであった。

私は前章でも述べたように、実戦の体験からえた潜水艦の性能と、現在の戦略的態勢からみて、潜水艦はどうしても、交通破壊戦にその主力を注ぐべきであると考えたので、軍令部に着任早々から、上司に対して、この趣旨の所見を、機会があるたびに申し述べた。

それだけに、いよいよ、第一段作戦も大体終わり、軍令部総長から連合艦隊司令長官に対して、第二段作戦実施要綱が指示されることになったとき、「潜水艦をもって、交通破壊戦を強化する」という一項をつけ加えられたことは、実にうれしい限りであった。

ところが、兵力行使の直接の権限は、連合艦隊司令長官の掌中にあるので、この主旨の作戦は、なかなか思うように実施されなかった。この経緯については、のちほど述べたいと思う。

3　舞台は再び太平洋

その後の第一潜水戦隊

カメラをまた、太平洋方面に向けることにしよう。

昭和十七年二月一日は、後日あの猛威をたくましくした米海軍機動部隊が、最初にその牙をむけてきた日であった。ハルゼーは当時中将であったが、彼は機動部隊を指揮して、クェゼリン泊地を襲ってきた。

当時、クェゼリンには、第六艦隊旗艦香取、母艦靖国丸、平安丸、補給船、そして第一潜水戦隊の潜水艦全部が在泊していた。さいわい、敵空襲部隊の技量は極めて拙劣で、香取と靖国丸などが多少被害を受けただけだった。つまりこれらの艦船の被害は戦闘航海には支障ない程度であった。また、潜水艦は沈座を行ったので大体無難だった。ただ伊二三潜が甲板上に小破口を生じたが、むろん大した損害ではなかった。しかし、艦艇の損害は少なかったが、香取艦橋で指揮をとっていた清水光美中将が、爆弾の破片によって重傷し、その後、侯爵小松輝久中将と交代することとなった。

空襲が終わるや否や第一潜水戦隊はおっとり刀で、ただちに敵の機動部隊を追跡した。しかし、むろん足の早い敵に追いつける筈はない。一部の潜水艦はクェゼリンに帰投し、伊九潜、伊二三潜および伊一七潜は、そのままハワイ方面へ索敵を続行していった。そして、伊九潜と伊二三潜とは、同方面の監視哨戒を命ぜられた。

その後、西野耕三中佐の指揮する伊一七潜は、予定の計画にもとづいて、北米西岸に向かい、二月下旬頃サンジエゴ沖に到着し、サンタバーバラ海峡に侵入して、日没後ウルウッドの油田軍事施設を砲撃した。この砲撃は、わが海軍として米本土に対する最初のものであった。この行動において、この潜水艦は船舶二隻を撃沈した。

この作戦行動中に、伊二三潜が二月中旬以後消息不明となったが、戦後わかったところによると、二月二十六日米国潜水艦の攻撃を受けて沈没している。潜水艦長は柴田源一中佐であった。

「源ちゃん」が戦死した――これは、当時の私にとって、悲しい思い出である。

柴田中佐は私と兵学校の同期生で、結婚式のときにドジョウすくいを踊ったという名物男である。とても勘のいい偉い男だった。「源ちゃん」は仲のよかった私らドン亀乗りの酒呑み仲間でも、とくに変わり種の方だった。いつでも「シバゲン」とか「ゲン」とか呼ばれ、「柴田」などと本名をいうと、かえって変なようにわれわれクラスメートには感ぜられたものである。

さて、クェゼリン泊地に帰投を命ぜられた第一潜水戦隊の伊二五潜は、それから間もなく、オーストラリア東岸およびニュージーランド主要港湾の偵察に出かけることになった。同艦には小型飛行機を積んでいたが、オーストラリアのシドニー、メルボルン、タスマニアのホバート、ニュージーランドのウェリントン、オークランド、それからスバと、たった一台しかない飛行機で、六カ所の偵察をやってのけた。

あのちっぽけな、そしてろくに特別な装置もない潜水艦で、敵地にあって飛行機を収容し、また次の偵察に使用することは、なかなかの技量と不敵さとを要するものであったが、田上潜水艦長と飛行長藤田兵曹長の名コンビは、よくこれをなしとげたのである。

クェゼリンに帰投を命ぜられた第一潜水戦隊の潜水艦はほかに三隻あったが、それらは連合艦隊司令部からの指令により「K作戦」に協力することになった。K作戦というのは、最新鋭の二式大型飛行艇二機をもって真珠湾を奇襲するのであるが、三隻の潜水艦は、ハワイ列島のフレンチフリゲート礁に隠密裡に先行し、そこで待機して、飛行艇に燃料を補給することになった。さいわい、敵の妨害を受けることもなく、燃料の補給作業を終わり、飛行艇は三月四日の夜間、真珠湾の奇襲攻撃に成功して無事帰還した。

これらの作戦が終わると、インド洋方面に行動中の第二潜水戦隊を除いた大部の潜水艦は、内地に帰還して、横須賀、呉、佐世保の各軍港にあって整備を急ぎ、第二段作戦に備えることとなった。

四月初め頃の潜水艦関係の艦隊編制は左ページの表の通りで、第四、第六潜水戦隊は解隊されることとなった。

区分			艦船部隊
連合艦隊	第六艦隊		香取
連合艦隊	第六艦隊	第一潜水戦隊	イ9　第二潜水隊（イ15 イ17 イ19）第四潜水隊（イ25 イ26）平安丸
連合艦隊	第六艦隊	第二潜水戦隊	イ7　第七潜水隊（イ1 イ2 イ3）第八潜水隊（イ4 イ5 イ6）さんとす丸
連合艦隊	第六艦隊	第三潜水戦隊	イ8　第十一潜水隊（イ74 イ75）第十二潜水隊（イ68 イ69 イ71 イ72）靖国丸
連合艦隊	第六艦隊	第八潜水戦隊	イ10　日枝丸　第一潜水隊（イ16 イ18 イ20）第三潜水隊（イ11 イ12 イ14）第十四潜水隊（イ27 イ28 イ29 イ30）
連合艦隊	第六艦隊		第十三潜水隊（イ121 イ122 イ123）
連合艦隊	第四艦隊	第七潜水戦隊	迅鯨　第二十六潜水隊（ロ61 ロ62 ロ65 ロ67）第三十三潜水隊（ロ63 ロ64 ロ68） 第二十一潜水隊（ロ33 ロ34）
連合艦隊	第五潜水戦隊		由良、第十九潜水隊（ロ56 ロ57 ロ58 ロ59）第三十潜水隊（イ62 イ64 イ65 イ66） りおでじゃねいろ丸
呉鎮守府部隊（潜水学校付属）			第十八潜水隊（イ53 イ54 イ55）第六潜水隊（ロ57 ロ58 ロ59）ロ31 ロ52
備考			第四潜水戦隊の一部は呉鎮部隊に、一部は第五潜水戦隊に編入。第六潜水戦隊の第十三潜水隊は、第六艦隊付属となる。

ドーリットルの東京空襲を迎えて

それから間もなく四月十八日の早朝、東京湾東方洋上に配備されていた哨戒艇から「敵航空母艦見ゆ」の急電があって、日本海軍は一時にどよめき立った。横須賀方面にあった一万トン級重巡を主力とする水上艦部隊、内地での整備が終わって折からクェゼリン方面に進出中であった第三潜水戦隊、四月十六日瀬戸内海西部を出撃してオーストラリア方面に南下中の第八潜水戦隊は、ただちに敵機動部隊の追跡攻撃を命ぜられた。また関東方面基地航空部隊は、敵空母の捜索攻撃を命令された。

敵機動部隊発見の報を受けとったときの、軍令部作戦室の敵情判断は、敵の東京空襲は、十九日黎明《れいめい》となる公算が一番多いというのであったが、一方、アメリカ人の型破り的スピリットからみて、片道攻撃を企図する場合も多分にあるとみなければならないので、これに対しても、十分の備えをしておくべきであるというのにあった。

実際は日本軍の反撃を顧慮して、遠距離からの攻撃を行い、十八日の昼間空襲となった。前述のように十八日に強襲があるかも知れぬとは、予期しているところであったが、それがB－25陸軍重爆撃機を使用してきたことは、われわれの予想しないところであった。

（注）戦後わかったところ（モリソン博士著書）によると、ハルゼー中将の指揮する米機動部隊――航空母艦ホーネットおよびエンタープライズを基幹とする日本本土攻撃計画ならびに実施の概要は、左の通りである。

陸軍重爆撃機十六機を航空母艦ホーネットに搭載し、四月十八日の午後、日本本土の距岸五〇〇海里（約九三〇キロ）の沖合からこれを発進して、十八日夜間の攻撃を行い、中国本土に着陸せしめる計画であった。

ところが、午前五時、日本本土の距岸六五〇海里（約一二〇〇キロ）の地点で、機動部隊の動静を発見され、警報を発したのがわかったので、わが基地航空部隊の攻撃を憂慮し、予定を変更して、ただちに飛行機を発進、昼間強襲を断行した。すなわち十三機をもって京浜地方を、他の三機をもってそれぞれ名古屋、大阪、神戸方面を空襲せしめたが、日本本土上空では、一機も撃墜されたものはなかった。

このように、敵の機動部隊は、飛行機発進後、いち早く避退をはかったので、わが水上艦部隊および航空部隊、潜水艦部隊は、遂に敵を発見攻撃することができなかった。

余談になるが、私らはこの空襲のとき、敵の飛行機の空襲ぶりを、自分の部屋の窓から眺めていた。えらく低く飛んでくる。

私らの部屋からは、品川から横浜方面の空が見えるのだが、盛んに高射砲弾が空中に炸裂するのに、いっこうに落ちる様子はない。ところどころに、白煙がもうもうと立ちのぼる。しかし、それも一部分でとまってしまう。被害は大したことはないと思った。そのうちに、陸軍の戦闘機であろう、盛んに敵の大きなズウタイに食いさがってゆくのが見える。しかし、その大きなズウタイは、サッサといってしまう。歯がゆくて仕方がないが、どうにもならない。そのうち一機の高度が、ずっと低くなっていった。落ちた！　落ちた！　と、手をうって喜んだ。しかし、それも大建築物のかげに見えなくなったのだから、打った手も、自然に

東京空襲のため空母ホーネットから発進するB‐25爆撃機
（昭和17年4月18日）

力がなくなってしまう。

それからしばらくして、陸軍防衛司令部から、敵飛行機撃墜の戦果発表があったが、大本営海軍部である軍令部では、まだ確たる撃墜の証拠を握っていないのに、余りに誇大された戦果発表があったので、防衛担当の中村三夫中佐が、

「戦果の発表は、正確でなければならん。それを、軍令部になんの相談もなしに、でたらめな発表をするとは怪しからん」

と、カンカンになって、先方に電話でかけあっていたのを記憶している。

ついでに、戦果発表について少し述べることにしよう。海軍に関する大本営の発表は、軍令部第一部でその骨組みを起案し、上司の決裁を経て、これを報道部に移しここから発表される仕組みであった。私が軍令部を去ってから以後のことは知らないが、昭和十八年十月までの作戦経過は、極力真相を報道することに努められ、誇張した戦果を発表したり、被害を過小に報道するなどということは、ミッドウェー作戦の場合を除きまずなかった。

たしか、十七年の初夏の頃であったと思うが、朝田肆六少佐が英国から帰ってきて、

「日本の戦果発表は本当なのか？　向こうの方では随分やっつけたように宣伝しているが、こちらの戦艦や巡洋艦など、実際はやられているんじゃないのか？」
と、質問したことがあった。

私は即座に「正真正銘あの通りなのだ。うそなんか一つもない」と、きっぱり答えたのを記憶している。

しかしながら、この戦果は、作戦部隊からの報告を基礎としたものであって、戦後わかったものとは、違ったものもあるが、致しかたのないことであろう。また報道部員の話のなかには、まま誇張した言いぶりを耳にしたこともあったのではあるが。――報道部員が私らの部屋に話の種を取りにきたときなど、よく「おおげさに言いふらすような真似はよしてくれ」と、言ったものであった。

ただ、ミッドウェー海戦の場合の被害は、ことが重大であり、日露戦争のとき初瀬、八島爆沈の際に、その一艦の被害を国民にかくしたように、沈没航空母艦の一部を国民に知らせなかったのは、戦争指導上やむを得なかったことであろう。

第4章　特殊潜航艇の第二次攻撃

1　攻撃計画の大要

私が軍令部に着任したころ（昭和十七年春）、三月十日、ハワイ海戦時の特別攻撃隊の潜水艦と、新しくできた精鋭潜水艦とをもって、第八潜水戦隊が編制され、特殊潜航艇の第二次攻撃が準備されつつあった。ある日、私は部長室に呼ばれて、

「今度の特殊潜航艇の攻撃について、どういう所見を持っているか？」と、きかれたことがあった。これに対して、私は着任早々のことではあったし、

「今まで極秘にされていた関係もあって、特殊潜航艇のことについては、十分な知識を持ちあわせていませんので、研究したうえでお答えします」

と、答えるほかはなかった。

部長は、私の言葉に対して、

「そうか。きたばかりの君に聞くのは無理かも知れんが……。結論から先に言うと、俺はこの計画には、のり気ではないんだ。隊の者や、搭乗員の血気の連中が、夢中になって頑張るもんだから、今度だけはやらせるつもりだ。潜水艦には、もともと立派な攻撃兵器を持っている。それを使わないで、背なかにおんぶした子供にやらせるなんて、だいたい作戦の本道

をはずれてはいませんかね。その後いくぶん改良されたとは思うが……帰ってこない公算も多分にあると思われるし……。この作戦は、これで打ち切りとしよう。君もよく研究しといてくれ給え」

私に教えるような口調であった。

私は暇をみて、瀬戸内海西部で猛訓練をやっていた第八潜水戦隊司令部を訪ねた。真珠湾攻撃のときは、間にあわせのところが多分にあったが、今度は諸整備も大いに改善されていた。

真珠湾奇襲の際は、特殊潜航艇は潜水艦の後甲板に搭載されていて、潜水艦のなかとは、交通連絡が全然できなかったので、発進する前に、潜水艦はいったん浮上して、搭乗員を艇に移乗させたのち、ふたたび潜航して、これを発進していたが、今度は交通筒というものができていて、潜航しながら潜水艦内から艇への交通ができるようになっていたので、事前の艇の準備が十分できるばかりでなく、発進のとき、わざわざ浮上する必要がなくなり、戦術行動上大いに便宜をうるようになっていた。

艇そのものも、故障の多かった小型ジャイロコンパスその他、不具合の個所を改善され、大いに信頼度を増したということを聞かされた。

攻撃計画の大要は次の通りであった。攻撃方面を、インド洋、アフリカ東岸海域およびオーストラリア、ニュージーランド方面とする。

インド洋方面には、旗艦伊一〇潜に乗艦する司令官石崎昇少将が、仮装巡洋艦の愛国丸、報国丸および伊三〇潜ならびに今和泉次郎大佐指揮下の伊一六潜、伊一八潜、伊二〇潜を率いて、ペナンに進出し、ここで伊一六潜、伊一八潜および伊二〇潜に、特殊潜航艇を搭載して、アデン、モンバサ、ザンジバル、ダルエスサラーム、ダーバン、イーストロンドン、ポートエリザベス、サイモンスタウンなどを飛行偵察したうえ、有力な敵艦船の在泊する地点に特殊潜航艇の攻撃を集中する。ドイツに派遣されることに指定された伊三〇潜は、先発して、アデン、モンバサ、ザンジバル、ダルエスサラームを偵察する。

オーストラリア方面には、伊二二潜、伊二四潜、伊二七潜、伊二八潜の四潜水艦がこれにあたり、ポートモレスビー攻略作戦後、シドニー、オークランド、ヌーメアなどを偵察し、佐々木半九大佐指揮のもとに、敵有力艦船の在泊する港湾に、特殊潜航艇の攻撃を指向する。なお、攻撃の期日は、昭和十七年五月下旬ないし六月上旬の月明の期間と予定された。

第二次特別攻撃隊は、四月十六日、春雨そぼふる瀬戸内海西部の柱島水道を、連合艦隊旗艦大和をはじめとして、多くの在泊艦船に見送られながら、粛々として出撃していった。そして、五月三十一日を期し、東西相呼応して、同時奇襲を敢行した。

2　ディエゴスワレズ湾の奇襲

インド洋方面に向かった特別攻撃隊は、予定どおり要地の偵察を行ったが、結局、マダガスカル島の東北端にあるディエゴスワレズ湾に攻撃を集中することになった。伊一〇潜搭載飛行機で偵察すると、そこにはクイーン・エリザベス型戦艦一隻および巡洋艦補給船などが在泊中であることがわかった。そして、特殊潜航艇を発進してから飛行機で事後偵察すると、港内には戦艦の姿を認めなかった。その前に、特殊潜航艇の攻撃時機と予想される時機に、火焔あるいは吊光弾らしいものが潜水艦から望見された。それらの点からみて、この戦艦を撃沈したものと推定した。

この奇襲攻撃を敢行したのは、山田薫中佐の指揮する伊一六潜、および山田隆中佐指揮の伊二〇潜の搭載する二艇であって、伊一八潜（潜水艦長大谷清教中佐）は主機械故障のため、この攻撃に参加することができなかった。

このディエゴスワレズ湾の攻撃で散華した勇士は、伊一六潜から発進した岩瀬勝輔少尉、高田高三海軍二等兵曹、伊二〇潜から出発した秋枝三郎大尉、竹本正己二等兵曹の四名であった。

後日巣鴨拘置所で、当時の司令官だった石崎元少将にこのときのことについてうかがってみたところ、いろいろな話のすえに、

「その頃〝ディエゴスワレズ湾で戦没者の慰霊祭を行うことになり、海軍の将官が二名これに参加することになった〟という外国のラジオ放送を、ラジオ・オペレーターの亀田君が聞きとったので、ディエゴスワレズ湾にはきっと大ものがいるに違いないと判断して、この地点に攻撃を集中する決心がついた。亀田君は明大出身だったと思うが、なかなか有能な人だったよ」

など、往時をしのんで物語ってくれた。

さて、この攻撃が終わって間もなくして、軍令部では、ドイツ本国から、無線諜報によって、ディエゴスワレズ湾方向で、敵艦船が遭難したような電波を感知したという知らせを受けとった。私らはクイーン・エリザベス型戦艦一隻は、おおむね撃沈確実と推定した。

（注） クイーン・エリザベスは十七年一月アレクサンドリア港内でイタリアの特攻隊攻撃によって中破着底、後、浮揚の上、米国にて修理。ディエゴスワレズには回航のとき立ち寄ったかも知れぬが、そこで沈没はしない。

またこの頃「ディエゴスワレズ湾内で、日本兵二名が上陸してくるのを発見し、降伏をすすめたが、どうしても聞きいれないので、射殺してしまった」という外国のラジオ放送を、情報部の部員が私に知らせてくれたが、敵艦を攻撃したのち、敵地に切りこんでいった搭乗員の最期と思われ、悲壮な感に打たれたのだった。

その後、この部隊の先任参謀だった有泉中佐に「ディエゴスワレズ湾で切りこんでいったのは誰だったろうか」と、たずねてみたことがあるが「性格からみて、俺はきっと秋枝君の組だと思う」と、悲痛な顔をして、答えたことを記憶している。

当時の若い搭乗員は、生きてまた帰ろうというような考えは、全然念頭になかったことは事実であった。そしてこの攻撃で、ディエゴスワレズ湾内深く突入していった四人の搭乗員は、遂にふたたび母潜に帰ってこなかった。

3　覚悟の自沈、シドニー港の戦い

ディエゴスワレズの攻撃は五月三十一日であったが、この同じ日、シドニー港に対しても特殊潜航艇による攻撃が敢行された。潜水艦搭載飛行機の事前偵察によると港内にウォースパイト型戦艦および大巡二隻、その他の艦船在泊中なることを知って、勇躍おこなわれたのであった。

この攻撃に参加した潜水艦は、伊二二潜、伊二四潜、伊二七潜の三艦であった。ほかに伊二八潜も参加する予定であったが、その前にポートモレスビー攻略作戦に協力する行動をとった帰途、消息不明になった。

ポートモレスビー攻略作戦というよりは一般には珊瑚海海戦として知られているのだが、この作戦のときは、第七潜水戦隊所属の呂三三潜、呂三四潜および伊二二、伊二四、伊二八、伊二九潜が参加した。前者はモレスビー方面の偵察、敵艦艇の奇襲を、後者はガダルカナル島の南西方洋上に散開して、敵部隊の側面攻撃を掩護する任務を、それぞれ与えられた。モレスビーの攻略作戦と関連して、珊瑚海海戦がおこり、彼我の機動部隊間に、激しい航空戦が展開された。わが潜水艦は散開線を移動して、敵機動部隊の捕捉につとめたが、ついに敵情を得ず、トラックへの帰途、伊二八潜を失ったのである。伊二八潜は、戦後わかったところによると、トラックの南方海面で、五月十七日米国潜水艦の攻撃を受けて沈没しているが、潜水艦長は矢島安雄少佐であった。

この珊瑚海海戦が終わると、モレスビー攻略作戦は延期となり、各潜水艦はいったんトラックに帰投した。ここで前記の三潜水艦は特殊潜航艇を搭載し、いよいよオーストラリア方面に進発することになった。

特殊潜航艇の勇士は、

伊二二潜（潜水艦長揚田清猪中佐）搭載……松尾敬宇大尉、都竹正雄二等兵曹
伊二四潜（潜水艦長花房博志中佐）搭載……伴勝久中尉、芦辺守一等兵曹
伊二七潜（潜水艦長吉村巌中佐）搭載……中馬兼四大尉、大森猛一等兵曹

の面々であった。

われわれとしてはこの死にものぐるいの攻撃がいかほどの戦果をあげたかを知りたかった。そして今後の作戦指導上の資料を得たいと思ったのだが、潜水艦搭載飛行機が事前の偵察飛行でこわれてしまって、事後の飛行偵察を行うことができなかった。しかしながら、攻撃の時機と思われる頃に、港外にいた潜水艦から、探照灯のあわただしい光芒を発見したことによって、敵の大物に魚雷を命中せしめたものと判断した。

こういうような報告が軍令部にとどいたとき、福留部長から「シドニーにいた艦員から聞くテもあるね」と言われて、佐々木部隊あてに、

「確実な戦果を入手するため、撃沈商船の乗員を収容して、その状況を聴取するなどの方法も考慮されたし」

という電報を起案して、軍令部第一部長の名で、打電したこともあった。

　われわれの努力にもかかわらず、その戦果はようとしてわからなかったが、ほどなく、拿《だ》捕《ほ》英船ハウラキ号から手にいれたオーストラリアの新聞によって、その二艇は港内深く侵入することに成功したこと、戦果としてはフェリーボート一隻であったこと、港内に沈没していた艇は揚収されて、その搭乗員の遺骸は丁重に葬られたことなどがはっきりした。そして、艦首の方が爆破されている艇の写真も掲げてあった。

　戦後わかったところ（モリソン博士著書参照）によれば、この攻撃の状況は、次の通りである。

　潜水艦からの事前の偵察飛行は、発見されなかった。この日、風光明媚の港として世界に知られているシドニー港のガーデン・アイランドには、電灯が煌々《こうこう》として輝き、ウールモーローの埠頭には満月をたのしむ人々の笑いさざめく散歩姿が見うけられた。そして、港口には、防潜網とか防材などは設置されていなかった。

　港内には、巡洋艦のシカゴとパーキンス、それから駆逐艦のドッビンなどが在泊していた。すなわち、偵察機は艦型を大きく見違えていたわけである。ガーデン・アイランドの海軍司令部のある石造埠頭には、兵員の宿泊艦に改修されたフェリーボートがつながれていて、米艦シカゴはそのすぐ近くに在泊していた。

　潜水艦から発進された豆潜は、暗くなってから港内に侵入することに成功したが、漁夫たちと水中磁気探知機とによって、その所在を発見探知したので、シドニー海軍司令部は、午後十時三十分港内在泊の艦船に警報を出した。だが、ガーデン・アイランドの灯火を消したり、渡船の運航するのをとめたりする処置はとらなかった。

午後十時五十七分、シカゴは左舷艦尾三〇〇ヤードに浸洗状態で航進する司令塔を発見して、ただちに砲撃を開始したが、あまりに距離が近すぎて、これを撃沈することができなかった。そして、シカゴから発射した砲弾の跳弾は、シドニーの住宅街に落ちたが、幸い住民にはなんらの損害もなかった。損害としては、動物園のライオン一匹を殺したという程度であった。

豆潜は間もなく潜航したので、各艦は聴音器で捜索をはじめたが、船のゆききの雑音に邪魔されて、よく聞きとることができなかった。

六月一日の午前零時三十分、突如！シカゴの舷側すれすれをかすめて、一本の魚雷が突進してきた。この魚雷は、オランダの潜水艦と宿泊艦の艦底を通過し、埠頭にあたって爆発した。これがため宿泊艦のフェリーボートは沈没し、宿泊中の兵員が死傷した。

さらに一本の魚雷が発射されたが、これは浜に乗りあげて爆発しなかった。それから、他の一隻の豆潜から発射された一本の魚雷も、ネットカットにからまって爆発しなかった。

午前二時十五分、シカゴとパーキンスの両艦は港外に出港したが、サウスヘッドのガスブイ付近で潜望鏡を発見し、それが余りに近かったので、艦橋から見下ろすことができたほどだった。この豆潜は、最初のものであるかどうかはわからなかった。

その日のうちに、シドニー港内で、穴のあいた二つの豆潜と、どこにも傷をおっていない四人の搭乗員の死体とを発見して、これを揚収した。彼らはその使命が達せられたときに、みずから自分の艇に穴をあけて、自沈したものと思われる。そして、その他の豆潜については、遂に消息がわからなかった。

このように、本攻撃に参加した特殊潜航艇は、真珠湾の場合と同様に、一隻の帰還するものもなく、収容を断念しなければならなかったことは、覚悟のうえの決死隊とはいえ、まことに残念なことであった。

オーストラリアのシドニー港で撃沈された特潜のうち２隻をつなぎ合わせたもの。キャンベラの戦争記念館に展示されている。

戦果は別として、この作戦の原動力となった若き搭乗員の決死的殉国精神は、真珠湾奇襲の九軍神となんら異なるところなく、吾人のとこしえに敬仰おくあたわざるところである。

この作戦が終わってから、私は、連合艦隊の潜水艦作戦主務参謀であった有馬高泰中佐に、特殊潜航艇をもってするこの種の作戦は、軍令部としては、今後実施せしめられない意向であることを連絡した。

この種の作戦打ちきりを決意されたのは、全基未帰還であったこと、潜水艦本来の作戦に適合しないこと、敵側は今後この種の作戦に対する対応策を講ずるであろうことなどが、この主な理由であった。

しかし、この特殊潜航艇は、攻撃兵器として、捨てがたいところもあるので、能力の改善向上および搭乗員の養成訓練は、その後も続行された。

4　特潜攻撃後の交通破壊戦

さて、佐々木部隊の三隻の潜水艦は、六月三日までシドニー沖で特潜の帰りを待ったが、待てども待てども遂にかれらは帰って来なかった。そこで、特別攻撃の事前飛行偵察をやった伊二一潜、それから伊二九潜を加え、合計五隻の潜水艦をもって、オーストラリア東岸、ニュージーランド方面、タスマニア海面の交通破壊戦を実施し、四隻の商船を撃沈した。

この行動中に、シドニー港およびニューカッスル製鉄所の砲撃を行ったが、身近に受ける痛撃によって、オーストラリア国民をおどろかしたものと思われる。

一方、インド洋方面に作戦した石崎部隊は、三日間にわたる特潜の捜索を断念すると、ただちにモザンビーク海峡方面に進出して、交通破壊戦を開始した。また仮装巡洋艦たる愛国丸と報国丸もこれと呼応して、モザンビーク海峡南方海域の商船狩りに従事した。

この行動で、潜水艦は一挙に十二隻の商船を撃沈し、愛国・報国の仮装巡洋艦群も一隻の敵武装商船を討ちとった。

この行動を約一週間続けてからマダガスカル島の南東方洋上に会合し、石崎部隊は愛国丸、報国丸から燃料、魚雷、糧食などの補給を受けた。そして再びモザンビーク海峡に出かけ、今度は合計十隻の船舶を撃沈した。これら多くの戦果をあげた石崎部隊が約三カ月にわたる長期作戦行動をおえ、ペナンの港に帰着したのは八月上旬であった。この帰途、仮装巡洋艦は英国商船のハウラキ号を拿捕《だほ》し、ペナンに回航せしめたが、この商船には、多量のウイスキーを積んでいたので、おすそわけとしてそのひと箱を、軍令部の私のもとに届けてくれた。

私は「おい！　これは潜水艦の戦果だぞ」と同僚の人たちに分けたのだが、これなどは味気ない軍令部生活にとっての大きなうるおいであり、私にとって得意の一場面でもあった。

第5章　ミッドウェーおよびアリューシャン方面の潜水艦戦

1　ミッドウェー海戦の思い出

強気の連合艦隊司令部

私が軍令部に着任して間もなくのことであったが、連合艦隊の渡辺安次参謀が柱島水道から上京してきた。同参謀はミッドウェー攻略の作戦計画をもっていた。そしてすでに山本長官の印判を貰ってあるのだから、どうしてもこの戦いをやらしてくれというのであった。

私は、この方面の担当でもないし、また着任後間もないときであったので、立ちいった話はわからなかったが軍令部作戦課としては、この作戦には、当初は反対であった。ミッドウェーよりも、まずサモア、フィジー諸島方面を攻略し、米艦隊の誘出撃滅を策しつつ、不敗の態勢を確立すべきであるというのが軍令部側の考え方であったようである。

連合艦隊先任参謀の黒島亀人大佐が、軍令部作戦課長の富岡定俊大佐と、秘密電話を通じて、

「この作戦をやらせろ」――「あとの補給はどうする？　この作戦は反対だ」――など、言いあっているのを聞いたことがある。

渡辺参謀は、とうとう「この作戦計画が許可になるまでは、軍令部を去らぬ」と、頑張り

だした。

同参謀がきてから数日した頃のことであった。作戦課の席がいやに静かになったので、変だな！　と思って、富岡課長に、

「ミッドウェー作戦のことは、どうなりましたか？」と聞いてみた。

「上の方から〝連合艦隊の方で、どうしてもミッドウェー攻略をやる方がいいと言うのなら、やらしたらよかろう〟と言われるもんだから、とうとうやることになったよ」

と、やや不機嫌な返事であった。

連合艦隊司令部がこの作戦を計画した狙いには、米残存艦隊の早期誘出撃滅という大きな理由があったであろうし、また軍令部の首脳部がこれを裁可したのは、いずれ同じ目的であるならば、連合艦隊司令長官のやり易い作戦をやらした方がよいとの意見であったのであろう。

機密がもれたうえに、作戦実施の不手ぎわも加わってあのような惨敗を喫したのではあったが、緒戦の戦勝に気をよくし過ぎたことも、その敗因の大きな要素であったことは、いなめない事実ではないだろうかと、当時を思い出して感慨にたえぬものがある。

福留作戦部長との問答

軍令部が連合艦隊に同意を与えてのちしばらくして、連合艦隊司令部から、ミッドウェー攻略作戦の本格的計画書が軍令部に届いた。

ひとたび、中央統帥部が作戦の大綱に同意したうえは、連合艦隊麾下各部隊の行動細目の決定は、連合艦隊司令長官の権限内にある。軍令部としてとやかく言う筋合いのものではない。しかし、この作戦計画書に一応目を通してみた私は、第五潜水戦隊の配備および行動には、賛意を表しがたいものを感じた。

そう思っているところに、福留作戦部長がちょっとこいというので、私は部長室のカーテンをくぐった。福留部長は、どっしりした身体をやおら立ちあげて、テーブルの太平洋の海図に向かいながら言った。

「今度のミッドウェー作戦の第五潜水戦隊の使いかたについて、君はどういう所見を持っているかね？」

その海図には連合艦隊司令部の作戦計画が記入してあったので、部長自身にも、なにか所見がありそうな質問ぶりであった。

私は、今までの連合艦隊の潜水艦の使いかたが、平時の訓練や演習の場合の考え方とほとんど変わったところがないのを、もどかしく感じている矢先だったので、次のように即答した。

「単刀直入に申しますと、この使いかたでは、この潜水艦は全然効果をあげ得ないと思っています。この種の旧式潜水艦を艦隊の前方に配備したところで、敵情の偵知はほとんど不可能です。この予期される当面の敵艦隊は、航空母艦を基幹とした部隊と思われますので、こんな潜水艦では、よほどの好機に恵まれない限り、戦果をあげることはできません。連合艦隊では、普段の演習の場合のように、前路に潜水艦を散開させておきさえすれば、敵情も報告してくれるであろうし、また敵を捕捉攻撃してくれるものと思っているかも知れませんが、実戦ではそううまくゆくものではありません」

「うん、そうか。じゃあ、君だったらどうする？」

「重要作戦に、使用できる全兵力を集中することは、用兵の一般原則ですけれど、こういう旧式の潜水艦を前方の警戒にあててみたところで、点と線を描いて、自己満足をしているに過ぎない。捨て駒にひとしいものですから、私でしたら、むしろこの艦種はその能力にふさわしい任務に使います。それは敵の警戒のあまり厳重でない方面で交通破壊戦に使用することであります。どうしてもこの作戦で潜水艦を使いたいならば、もっと優秀な潜水艦を、敵部隊が必ず航過するであろうと思われる戦略要点に、重点的に配備すべきだと思います。これとても今まで考えられていたような、敵機動部隊を追尾して反覆攻撃するようなことは、ほとんど不可能ですし、その攻撃も、いいチャンスを捕らえなければ、成功を期待し得ないものと思わねばなりません。私の希望としては、今後は、全潜水艦をぜひ交通破壊戦にまわして戴きたいのです」

「君の言うように、今度の作戦で潜水艦の戦果がなにもあがらなかったら、君の主張する大々的な交通破壊戦をやることに賭けをしよう」

　こう言って、部長は、私の持論に同意した様子であった。

攻撃当日の作戦室

六月五日、いよいよミッドウェー攻撃の日がきた。作戦室には、総長、次長、各部長、第一部の部員が集まっていた。嶋田海軍大臣の顔も見えていたように記憶する。

しばらくして、味方の索敵機から「敵航空母艦見ゆ、地点……」という報告が入った。ある部員が「奴さん、のこのこ出てきたが、またいい餌食《えじき》だな」と、そばで呟いているのが耳に入った。

私はこれを聞いて、別に気にもとめなかった。それは当時、私の心のなかにも、米海軍を下算する気持ちが、ひそんでいた故ではなかったろうか。

ところが、事態は急変転した。

「赤城、加賀、蒼龍、火災」の電報がそれである。午後になると「飛龍、敵機の攻撃を受け大破す」の悲報が入った。

作戦室は、シーンとなってしまった。しかし、誰の顔にも、絶望の色は見えなかった。それは、虎の子の四隻の空母を失ったとはいえ、わが海軍は、当時なお米海軍に匹敵する航空母艦を持っていたためでもあろう。

その後、加賀、蒼龍は沈没し、赤城、飛龍は被害が大きく航行ができないので、僚隊の駆逐艦をもって、雷撃処分したという電報があった。

そして、敵航空母艦進撃し来るの報に、戦艦大和を含むわが全艦隊の精鋭および攻略輸送船団は、やむなく避退の行動をとらなければならなかった。往時の海戦であったならば戦艦を伴わない米艦隊は、わが堂々の艦隊に対して、到底敵し得べくもなかったのであるが、僅か数隻の航空母艦の有無が、かくも戦局を左右する現代戦の様相を見て、制空権がいかに重要であるかを、痛感させられたのだった。

沈黙の旗艦大和

さて、旗艦大和が内地に帰還すると、軍令部次長伊藤整一中将が、軍令部を代表して、瀬戸内海西部の柱島水道に、連合艦隊司令部を訪ねることになった。航空主務の三代辰吉中佐と私の二人が、同中将のお供を命ぜられた。

大和のケビンに入ると、宇垣纒《まとめ》参謀長、黒島亀人先任参謀がまず着席し、ついで山本長官が入ってきた。黙々とした姿ではあったが、毅然たる態度であった。

伊藤次長の挨拶がすむと、山本長官は、静かな力のこもった口調で、大要つぎのようなことを述べたのを記憶している。

「今次作戦の蹉跌《さてつ》に関して、上は陛下の宸襟《しんきん》を悩まし奉りまことに恐懼《きょうく》に堪えぬ。また、わが国民に対して、相済まぬ次第である。なお本海戦において、戦歿した幾多の英霊に対しては、哀惜の情耐え難いものがある。しかし本海戦の失敗によって、わが海軍の勢威地に墜ちたりとは、いささかも思っておらぬ。今後とも、連合艦隊司令部は、軍令部と密接な連絡をとり、作戦遂行に関して、万全を期してゆきたい。ついては、軍令部においても、宜しく指導鞭撻の労をとって戴きたい。私がここで要望したいことは、米国はその偉大な工業力をもって、急速度の軍備拡充を行うであろうから、わが海軍としては、特に航空機の急速増勢および航空母艦建造の促進に、万全を期してもらいたいということである」

次いで、宇垣参謀長から、既成建造計画のほかに、戦艦伊勢、日向の後甲板に飛行機搭載施設をつけることはできないものか、研究してもらいたいとの提案があった。

伊勢、日向は、その後間もなく後部砲塔を取りはずして、飛行機を搭載することになり、わが海軍としては、航空機関係兵力の増勢に全力を傾倒したのである。

これまでの連合艦隊司令部は、ハワイ作戦以来の順調な戦果によって、まま軍令部を圧迫するような気配が見えないでもなかったが、この作戦以後は、連合艦隊司令部の幕僚連中もおとなしくなって、折り合いがうまくゆくようになったことは事実であった。

2　潜水艦の戦果と交通破壊戦

戦　果

このミッドウェー海戦においては、わが潜水艦は、大要次のような作戦行動をとった。

すなわち、インド洋方面にあった第五潜水戦隊の旧海大型潜水艦七隻と、内地で整備が終わった第三潜水戦隊の潜水艦四隻、それから第六艦隊司令部直属の機雷敷設潜水艦三隻とが、この作戦に参加することに決められた。当時、ハワイ方面の事前偵察を行うため二式大型飛行艇二機を使うことになっていたが、その航続距離を増すためフレンチフリゲート礁を利用して、燃料補給を行う必要があった。機雷敷設潜水艦が、この役目を担当させられた。元来機雷潜水艦というものは敵地に機雷を敷設するためにつくられたものであるが、当時の戦況から見て旧式の繋維機雷は使用の場所がほとんどなくなったので、この機雷敷設筒を燃料タンクに改造されてあった。第三潜水戦隊の潜水艦も、この飛行艇の偵察行動を助けるため、飛行艇の無線誘導、ハワイ方面の気象通報、不時着搭乗員の収容などの任務を与えられて配備についた。

ところが、前述、三月四日のK作戦の結果、敵は感づいたとみえ、今度はフレンチフリゲート礁付近に警戒艇を配備していたので、遂にこの飛行艇によるハワイ方面の事前偵察は、断念しなければならない状況となった。そしてわが艦隊は、ハワイ方面の敵情を知ることなく、ミッドウェー海域に突入しなければならないこととなったのである。

その後、前記の潜水艦は、ハワイとミッドウェーとの中間海面に散開線をつくって、出撃してくる敵艦隊を迎え撃つ計画であったが、この飛行艇との協同作戦準備で手間どったのと、第五潜水戦隊潜水艦の整備がおくれたりして、定められた散開線につくのが六月四日というギリギリいっぱいのところになってしまった。

反対に、米海軍は事前にわがミッドウェー攻略の企図を察知して、その機動部隊はいち早く真珠湾を出撃していたので、わが潜水艦が散開線についたときは、既にそこを敵艦隊が航過したあとになっていた。そこで敵空母発見の報に、いそいで散開線を西方に移動したが、なんの手がかりをも得ることができなかった。

このように、潜水艦は、ミッドウェー海戦において、なんらの敵情を得ることなく、また一隻の艦船さえ攻撃する機会を得なかった。ただ、伊一六八潜が敗残のヨークタウン型航空母艦の処分を命ぜられて、これに成功したことは、特筆すべき功績であった。伊一六八潜は第三潜水戦隊に属していた。私が同戦隊参謀だった当時は伊六八潜と呼ばれていたが、その後、その艦種は百の番号を加えられた。同艦はこんどの海戦でミッドウェー島および付近海面の偵察を命ぜられたのであるが、その行動が好運の扉を開いたのである。

ヨークタウンの撃沈

ひと口に敗残艦処分と言えば、易々たるもののようであるが、実情はなかなかそう簡単なものではなかった。

六月七日、味方索敵機は、わが航空攻撃のため大破漂流中のヨークタウン型空母を、ミッドウェー島の北方一五〇海里（約二八〇キロ）付近の海上に発見した。たまたま、もよりの海面にあったのは田辺彌八少佐指揮の伊一六八潜であった。それでこの漂流中の敵艦の処分を命ぜられた。

近接して観測して見ると、敵空母は徐々に真珠湾方向に曳航され、そのまわりには、四、五隻の駆逐艦がぐるぐるまわりながら、厳重な警戒をやっていた。

モリソン博士の著書によると、当時ヨークタウンは、一生懸命に復旧作業を行っていたところで、そのまわり二〇〇〇ヤードのところで、駆逐艦五隻がぐるぐるまわりながら、聴音器で潜水艦の警戒を厳重にしていた。しかもこれらの駆逐艦は、太平洋で鍛えた対潜水艦戦のふるつわもの揃いであった。当時の視界は極めて良好であったが、水中聴音状況は、母艦から流れ出た油と浮流物のためによくなかったと、記してある。

伊一六八潜は、この厳重な警戒網のすき間を狙い、必中射点に点位して魚雷を発射した。魚雷はみごとに敵空母に命中して、これを撃沈することができた。その後敵駆逐艦の爆雷攻撃が猛烈で、幾度か窮地におちいったことはもちろんであるが、よく死地を脱過して帰還することができた。

この攻撃の状況について、もう一度モリソン博士の

ミッドウェー海戦で日本機の攻撃を受け、大傾斜した米空母ヨークタウン。このあと伊168潜の魚雷攻撃により撃沈された（昭和17年６月５〜６日）。

田辺彌八少佐（伊168潜艦長）

著書を開いて見ると、日本潜水艦は魚雷四本を発射した。そのうちの二本がヨークタウンに命中爆発し、他の一本は、ヨークタウンの付近にいた駆逐艦ハンマンに命中した。ハンマンは魚雷の爆発によって、船体がまっ二つに切断して、またたく間に沈没したので、多数の死傷者をだし、ヨークタウンは翌日の午前六時遂に沈没した。と記載してある。全くの不意をつかれたものらしい。

後日、田辺艦長が上京の際に、作戦室で実戦談を聞いたのであるが、その胆大にして、思慮緻密なる行動の様がありありと想像され、深く感動させられたのだった。

実は、田辺艦長に敵空母処分の命令がくだったのを電報で見たとき、私は「どうかなァ？」と多少危ぶむ念を持った。それは、昭和十六年度艦隊の前半期を、田辺少佐は通信参謀、私は先任参謀として、第三潜水戦隊司令部で勤務をともにし、ある程度その人柄を知っていたが、私にはあまりにもおとなしすぎる人のように感ぜられていたからである。しかも彼は潜水学校甲種学生（潜水艦長講習教授）を卒業したばかりで、潜水艦長としての経験が浅いということが私には気になったのである。

しかし、田辺少佐は、責任観念の旺盛な、ごく真面目な人で、そのおとなしさは実に稀にみる沈着さと、思慮の綿密さを反映してのものであったのではないだろうか。

その後、彼がうち立てた戦功については、あとの章にゆずることにしたいが、名潜水艦長として、その声望かくかくたるものがあった。

私は、大戦中の体験によって、平常大言壮語し、いかにも元気らしく振るまう人に、真の勇者が少なく、普段はおとなしい人物で、忠実に自己の職務を遂行する真面目な人に、実戦に役立つ、真の勇者の多いことを知った。

全面的交通破壊戦の企図

さて、伊一六八潜のこのような成功にもかかわらず、ミッドウェー海戦によってわれわれは、潜水艦は艦隊戦闘にそれほど役立つものでないということを戦訓帳に書き加えなければならなかった。この不幸な戦訓を、潜水艦使用方針の一大転換の動機たらしめ、将来作戦の成功をかちとらねばならぬと考えた。

当時、ドイツ海軍は、その潜水艦をもって、大西洋方面の交通破壊作戦を実施し、着々と成功をおさめつつあった。そして、その商船撃沈隻数は、米英の商船建造隻数をはるかにしのぎつつあった。

この情報を提供してくれたのは、軍令部情報部英国班長の吉井道教中佐であったが、彼は交通破壊戦の熱烈な主張者であった。

「米英を屈服させるには、その補給路を絶って、息の根をとめるのが一番早手まわしだ。それには、潜水艦に頼むほかはない。米英特に米国の造船能力は、今後急速度に上昇するから、今のうちにドイツと協同して、徹底的に交通破壊戦を実施し、目下の造船能力では、撃沈された商船の補充ができないようにして、戦争を続けようという意志を打ち破らなければならぬ。潜水艦は、今後の戦争の勝敗を決する花形役者なのだ」

と、彼は力説した。

私は、同中佐に、自分も努力するが、そちらからも、うちの部長、課長によく話してくれ、と依頼したのだった。

ミッドウェー作戦が終わってしばらくして、私は作戦部長から「潜水艦で大がかりの交通破壊戦をやることに決定したが、どの方面が一番都合がいいと思うか？」という質問を受けた。

私はうれしかった。軍令部着任以来の希望がいれられたのである。今までの水上艦部隊の従属的任務から脱却し、潜水艦乗員は、潜水艦独自の交通破壊戦に専念することができそうだ。これを聞いたならば、こおどりして喜ぶであろう潜水艦乗員の姿を思い浮かべると、私は嬉しさで胸がいっぱいだった。

私は部長の質問に対して、手近で交通量の多い、警戒の比較的手薄なインド洋が適当である旨を答えた。

「同じやるなら、やり易い、一番戦果をあげうる場所がよい。インド洋にしよう」

と、部長はさっそく同意した。

福留部長は、豪腹、智謀の人で、包容力が大きく、親しみ易いところがあり、今もなお懐かしく感ぜられる提督であった。

潜水艦の全力をあげて、交通破壊戦を実施することに内定すると、私はさっそく、連合艦隊の有馬参謀にその旨を伝えた。ペナンやシンガポールを基地として、第六艦隊の潜水艦の全力をもって、インド洋方面の交通破壊作戦を行わしめられることになったことを連絡したのである。一方私は、情報部と連絡し、交通破壊戦に必要な資料の蒐集に、全力を傾注した。

ところが、昭和十七年八月七日、突如！　ツラギに敵の空襲があった。そしてそれを手初めとして、ガダルカナル島方面に対する、敵の反攻が開始された。こんな大規模な敵の反攻が、こんなに早くやって来たことは確かにわれわれの予想を裏切ったものであった。そして、このあおりを食って、折角予定したインド洋方面の一大交通破壊戦も中止しなければならないこととなった。まことに残念の極みであった。

ガダルカナル戦前の潜水艦

ミッドウェー海戦が終わると、第三潜水戦隊は、クェゼリンに帰投した。そして七月上旬再び行動をおこし、オーストラリア東岸、サモア、フィジー、およびニューカレドニア方面に進出し、同海域の交通破壊戦にとりかかった。

同戦線は当時、伊八潜は内地で整備中であったから、新任の司令官河野千萬城少将は、新造の旗艦伊一一潜に乗艦し、伊一六九、伊一七一、伊一七四および伊一七五潜の五隻の潜水艦を指揮し、この海面で合計五隻の商船を撃沈した。そして、八月にはクェゼリンに帰投したうえ整備を行って、インド洋方面へ進出する予定であったが八月七日のツラギ空襲の報に、急ぎ同方面に向かうこととなった。

次に、第七潜水戦隊について語るならば、同戦隊は七月初旬三隻の機雷敷設潜水艦と呂三三潜、呂三四潜とをもって、新たに編成がえを行った。そしてそれまで同隊に属していた呂六七潜などの旧式の中型潜水艦は北方部隊に編入され、アリューシャン方面に転戦せしめられた。この戦隊は第六艦隊から除かれ、第八艦隊に編入されたのであるが、司令官吉富説三少将は旗艦迅鯨に乗艦し、ラバウルを基地として、前記五隻の潜水艦を指揮することに決められた。そのうち呂三三潜、呂三四潜は、ポートモレスビー沖、オーストラリア東岸方面に行動して、敵補給路の遮断、敵艦艇の監視攻撃に従事した。そしてまず一隻の商船を撃沈した。機雷敷設潜水艦の三隻は、内地で整備中であったが、整備が終わってトラック経由ラバウルに進出中、ツラギの空襲となった。

一方、第五潜水戦隊は解隊となった。

この頃、潜水艦乗員を大量に養成するため、潜水学校に多数の練習潜水艦を必要とすることになったので、第五潜水戦隊から第十九潜水隊の潜水艦四隻を引き抜き、同校に配属させることになったのが、その解隊の一つの理由であった。そしてこの戦隊に属していた、第三十潜水隊の潜水艦三隻は、比較的艦齢も若いので、インド洋方面の交通破壊や敵情偵察を行うため、ペナンに進出することにされた。

次に、佐々木部隊の一部として、オーストラリア東岸方面に行動した第十四潜水隊（指揮官勝田治夫大佐）の伊二七潜、伊二九潜は、八月上旬整備が完了したので、インド洋方面に進出した。残りの第六艦隊の精鋭潜水艦（第一、第二潜水戦隊）も、整備完了次第ペナン、シンガポール方面に回航して、既にインド洋方面に進出中の石崎部隊の潜水艦とともに、インド洋上に猛威をふるうべく画策中であった。

しかしながら、ツラギの空襲に端を発する、日米両海軍の激闘は、ほとんど全部の艦艇を、同方面につぎ込まなければならない結果となり、インド洋方面は、僅かに潜水艦五隻をもって、ほそぼそと作戦を続けるというあわれさになってしまった。

3　アリューシャン方面作戦

霧と電探

ガダルカナル戦の激烈な作戦に筆を進める前に、ここに書き忘れてはならない一つの作戦が残っている。それはアッツ、キスカの攻略戦についてである。

ミッドウェー攻略作戦と並行して実施されたアッツおよびキスカ攻略の際には、旗艦伊九潜に乗艦する司令官山崎重暉少将麾下の第一潜水戦隊の潜水艦六隻が活躍した。その主任務は、アリューシャン列島方面の事前偵察および攻略部隊の援護であった。そして、この攻略戦に関連しその一部の潜水艦をもって、シアトル方面の偵察、および同港口付近の監視哨戒を行うことも山崎戦隊に課せられた任務であった。

アリューシャン方面は、名にしおう霧の名所である。しかも夏の夜は暗い闇が二、三時間しかないときているので、潜水艦の行動には、なかなかの苦心だった。

電探のない当時としては、霧は舟乗りにとって一番のにが手であった。陸地近くで霧におそれわれると、まっ暗な晩に、手さぐりで一人歩きをするときのような、心もとなさを感じたものだった。

しかしながら、第一潜水戦隊は万難を排し、とにもかくにも、コジャック、ダッチハーバー、アダック島、ウニナック島、キスカ、アッツなどの飛行偵察、潜望鏡による隠密偵察を実施して、これを攻略部隊に報告した。

その報告を終わると、ダッチハーバー等の要地、アリューシャン方面の海域、およびシアトル方面の監視哨戒にあたったが、敵兵力の移動も少なく、戦果も少なかった。シアトル方面に配備された伊二五潜、伊二六潜が同港の沖合で商船一隻を撃沈したに過ぎなかった。なおこの行動で、司令長官井満大佐乗艦、田上明次中佐指揮の伊二五潜は、アストリアの軍事施設を、横田稔中佐の指揮する伊二六潜は、バンクーバー島の無線羅針局を砲撃して、相当の損害をあたえた。

おくれて、第二潜水戦隊もアリューシャン方面にかけつけてきた。この戦隊は四月インド洋方面で機動部隊の作戦に協力し、露払いの任務に従事したことは前述の通りであるが、内地に帰還して、整備を終えるとその潜水艦七隻が今度は北方海面に進出を命ぜられた。すでにアッツ、キスカの上陸作戦は成功裡に終わったあとであったが、北方部隊の指揮官である第五艦隊司令長官は、第一潜水戦隊をアリューシャン列島の東部海域に、第二潜水戦隊を同列島の西部方面に配備して、監視哨戒にあたらせた。しかし、第二潜水戦隊のこの方面での戦果もそう華々しいはずはなかった。市岡司令官の乗艦する伊七潜は、商船一隻を撃沈したが、その他の潜水艦は、敵の艦船を捕捉する機会すらもたなかった。

この北方作戦から一つの重大な戦訓がころげこんできた。第二潜水戦隊所属の伊五潜から、

「霧中において、なんらの艦影を認めざるに、突然砲声を聞き、至近弾数発を受けたるをもって、急速避退潜航す。われに被害なし」

という意味の電報を受け取って、さては敵は電探射撃装置を艦艇に取り付けたなと驚いたのである。

電波探知機（レーダー）については、わが技術関係者の方で研究はしていたが、日本海軍では、まだ十分使いこなせるところまでになっていなかった。驚いたわれわれは、大急ぎで、錫箔《すずはく》を各艦船にくばったりして、敵のレーダーに対し、取りあえず応急手当てを行うとともに、わが海軍も、レーダーの完成に全力をそそいだ。しかし、潜水艦でこの兵器を本当にモノにして使えるようになったのは、終戦の一年まえぐらいからのことであった。

米国に比べて、わが国の電波関係兵器の研究がおくれていたことが、わが方のあらゆる方面にわたって、作戦上の不利をまねいたことは、周知の通りである。

老朽潜水艦であげた戦果

さて、六月下旬第一潜水戦隊が、内地に帰還を命ぜられたので、第二潜水戦隊はアリューシャン方面の全海面を哨戒監視することになった。

しかし、第二潜水戦隊も、まもなく第六艦隊に復帰を命ぜられた。それは、第一潜水戦隊

とともに、インド洋方面に進出して、交通破壊戦を実施することに内定されていたからであった。そのあとには、呂六七潜などの旧式中型潜水艦七隻が、第五艦隊付属として、キスカ方面に進出し、占領地付近の防衛任務についた。これら旧式潜水艦は、八月上旬頃までに、キスカに集結を終わると、同地を基地として、十七年の十一月頃まで付近海面の防備哨戒にあたった。

この艦種は、私が中尉時代に乗組員であった頃からの潜水艦で、艦齢も十五年以上になっていたし、計画安全潜航深度六〇メートルのところを、四〇メートルに制限されているような状況のボロ潜水艦であった。しかし、乗員はこのボロ潜水艦にもかかわらず、北辺の第一線に頑張った。もちろん夏の間の海上がおだやかな時期だけという予定ではあったが。

八月末、味方飛行艇の偵察によって、アトカ島のナザン湾に、巡洋艦を含む敵艦船が在泊中であることがわかったので、呂六一潜、呂六二潜および呂六四潜の三隻がその攻撃にさし向けられた。そして、徳富利貞大尉の指揮する呂六一潜は、八月三十一日に勇敢にも同湾に侵入して、目ざす巡洋艦を攻撃し、魚雷一本を命中させた。このような旧式潜水艦で！　そのボロさ加減を知っていただけに、その電報を見たとき、私はその艦長の豪胆さに思わず目がしらの熱くなるのを覚えたが、惜しいことに同潜水艦は、湾外に脱出したあとで消息を絶ってしまった。

（注）巡洋艦と推定していたのは、戦後飛行艇母艦であることがわかった。なお、呂六一潜は、米駆逐艦および飛行機の攻撃を受けて、湾口付近で沈没している。

同年の九月頃から、敵飛行機および水上艦艇のこの方面に対する反撃が次第にはげしくなった。わが潜水艦はキスカの泊地で空襲を受け、内地に帰還するものがあったり、また潜水学校配属の練習潜水艦に編入されるものがあったりして、十一月頃までにはキスカ方面には、一、二隻の潜水艦を残すだけとなった。

そこで十一月の初頭、これらの潜水艦と交代に、新鋭の伊三四潜と伊三五潜とが北方部隊に配属されて、同方面の防備警戒にあたった。

翌十八年に入ると、敵のアリューシャン列島方面に対する積極的行動は、ますます活発の度を高めた。そればかりか、南方戦線のソロモン群島方面におけるわが敗退と関連して、この方面の占領地を奪回される懸念も生じてきた。そこで、第六艦隊麾下から精鋭潜水艦四隻、すなわち伊三一潜、伊一六八潜、伊一六九潜および伊一七一潜を引き抜いて二月以降北方部隊に編入し、北辺防備の強化をはかることになった。

これらの潜水艦は、寒風激浪と闘いながら、要地の偵察あるいは付近海面の哨戒にあたったが、それだけの任務に専任することが許されなかった。敵の反撃が増すにつれ、占領地に対する防備強化の資材や兵力の輸送が、水上艦船では次第に困難となってきたので、潜水艦を使って弾薬糧食の輸送を実施しなければならない運命にたちいたった。そして、積極的に攻撃に出て、なお、キスカ、アッツ方面の防備を強化する目的で、特殊潜航艇五隻ばかりが送られ、それを使用する基地もつくられたが、一度も使わないうちに敵の砲爆撃を受け、破壊されてしまったのは残念なことだった。

第6章　ガダルカナル島の攻防戦

1　ガ島方面の激闘

米軍のガダルカナル島方面反攻作戦に対して、わが海軍は、その全力をあげて、これの阻止反撃にあたることになった。

連合艦隊旗艦大和は、トラックに進出し、第六艦隊の旗艦香取《かとり》も、これと相前後してトラックに入港した。

潜水艦は、前に述べたように、新鋭のもの二隻と、旧海大型三隻の二隊をもって、インド洋方面の交通破壊作戦に従事せしめ、また他の一部をもって、アリューシャン方面占領地の防衛にあたらしめたほか、第六艦隊麾下の精鋭潜水艦は、主として、ソロモン群島の南東海面およびガ島南方のインディスペンサブル礁南口付近に配備された。そして同海域に散開待敵し、敵補給路の遮断、ならびに敵機動部隊捕捉攻撃に従事するとともに、ソロモン群島方面要地の偵察を命ぜられた。

しかし、もともとソロモン方面を分担する潜水部隊は第八艦隊に属する第七潜水戦隊であった。それは前にも述べたように呂三三潜、呂三四潜および機雷敷設潜水艦三隻の計五隻であったが、ガ島の見張所で頑張っている残留員に糧食、薬品などを送ったりしたのち、ソロモン群島付近海面の哨戒、敵の増援阻止にあたった。ガ島の攻防戦は、彼我ともに必死であり、惨烈なる力闘が繰り返された。ガ島に敵が上陸するや、ラバウルにあった三川軍一中将の指揮する第八艦隊の巡洋艦七隻は、敵の揚陸船団を潰滅する目的をもって、急ぎ南下した。同艦隊は、ガ島沖にあるサボ島付近において、警戒中の敵艦隊と遭遇して、熾烈な夜戦をまじえ、寡兵よく、敵重巡四隻その他を轟沈する大戦果をあげたが、翌朝の敵の空襲を顧慮し、揚陸船団の攻撃を断念して、戦場を離脱した。これは第一次ソロモン海戦と発表された。次いで駆逐艦数隻を急派して、陸軍の一木支隊をガ島に上陸せしめ、飛行場の奪回を企図したが、敵の重火器に制圧されて、目的を達することができなかった。

わが方は、機動部隊および前進部隊の援護のもとに、増援陸軍部隊のガ島上陸をはかったが、敵もまたその機動部隊をもって対抗してきたので、彼我の機動部隊間にガ島東北方海面で、はげしい航空戦が行われることになった、いわゆる第二次ソロモン海戦である。この海戦によって、敵機動部隊を敗走せしめたが、徹底した戦果をおさめることができず、ガ島方面に対する米軍の増援は、依然として続行され、飛行場は着々と整備されていった。

軍令部作戦室の図面に、次々に記入されてゆく新設敵飛行場の状況を見て、私は、その設営進捗《しんちょく》状況の早いのに、敵ながら感心したのだった。

わが海軍航空部隊は、ラバウルを基地として、ガ島飛行場の攻撃を行ったが、距離が遠いので、攻撃機を掩護する戦闘機も、ほとんど空戦のいとまなくして引き返さなければならない状況であったし、天候の障害も多く、思ったほどの成果をあげることができなかった。

したがって、ガ島近海の制空権は敵の掌中に握られ、輸送船団による揚陸は困難だったので、増援陸軍の川口部隊は、駆逐艦、掃海艇に分乗し、夜陰に乗じて揚陸を行い、九月中旬に総攻撃を決行したが、これまた失敗に終わった。

2　ワスプを撃沈

この期間中に、わが海軍でわかっていた目ざましい戦果は、木梨鷹一中佐指揮の伊一九潜が、九月十五日、敵の正規航空母艦ワスプを撃沈したことであった。これは伊一九潜の近くに配備されていた石川信雄中佐の指揮する伊一五潜が、ワスプの大傾斜しつつ黒煙天に冲《ちゅう》する状況を視認して報告したことによって、確認されたものである。

ところが、私は戦後、モリソン博士の著書によって、この頃の作戦において、わが潜水艦が、敵のタスクフォースに、さらに甚大な打撃を与えていたことを知った。

すなわち、八月三十一日には、大型航空母艦サラトガを攻撃して、これを大破せしめ（78ページ参照）、九月十五日には、ワスプを撃沈したほか、最新鋭の戦艦ノースカロライナに魚雷を命中せしめてこれを傷つけ、また、これと同時に魚雷の命中によって、駆逐艦一隻を大破し、その後沈没にいたらしめている。

しかしながら、これらの戦果は、これを確認することができなかったので、戦時中は、遂にかかる痛撃を与えていることを知る由がなかった。

モリソン博士の著書では、当時のことを、およそ次のように述べている。

八月の最終日は、米海軍にとって、憂うつな日であった。それは、ガダルカナル島の南東方二六〇海里の地点において、日本潜水艦から発射された魚雷によってかもし出されたものだった。その日、サラトガのまわりには、近くに戦艦一隻と巡洋艦三隻が配せられ、七隻の駆逐艦が、その外まわり三五〇〇ヤードのところで、対潜警戒にあたっていた。当時の編隊速力は一三ノットであった。

午前六時五十五分針路を北西から南東に変えて、ジグザグ運動を開始すると間もなく、伊二六潜から不意打ちに、六本の魚雷が発射された。

駆逐艦マクドノーは、艦首三〇フィートのところに

伊19潜の魚雷攻撃を受け大火災を起こした米空母ワスプ（昭和17年９月15日）

木梨鷹一少佐（伊19潜艦長）

潜望鏡を発見して、対潜警報を急報し、爆雷を投下したが、魚雷はその艦尾スレスレのところをかすめて、サラトガに向かって直進していった。サラトガ艦長は、ただちに面舵の大転舵を命じたがときすでにおそし！　魚雷は命中して、右舷に小山のような水柱があがり、重油が迸出した。タスクフォースの全員は、ジダンダを踏んでくやしがったが、あとの祭りであった。

直衛の駆逐艦は気違いのようになって、ただちに潜水艦狩りを始め、そのうちの二隻は、音源をキャッチして爆雷を投下したが、成功しなかった。日没まで現場にふみとどまって、懸命の潜水艦攻撃を行ったが、伊二六潜は巧みにこれを脱過し、その後その年のうちに、巡洋艦ジュノーを撃沈した。

サラトガの損傷は、致命的とまではゆかなかったので、懸命の復旧作業によって、三日後には自力航行ができるようになった。しかしながら、その損傷個所の復旧工事に三カ月を要することになり、南太平洋方面の米国海上陣営は、サラトガがいなくなったことによって、さびしさを覚えざるをえなかった。

このことについては、私は、当時サラトガにこのような大痛撃を与えたという報告を聞かなかったように記憶する。また、この巣鴨で、そのときの艦隊司令長官であった小松輝久元中将に伺ってみたところ「そんな大戦果があったら、すぐ大本営に報告するよ。……僕も初耳だ」ということだったので、伊二六潜艦長であった横田稔元大佐（当時中佐）――この記録のなかにも、ときどき登場する人物であるが、生き残りの名潜水艦長であった――に問い合わせてみたところ、「その後九年半の今日まで、小生の最も知りたいと思っていた戦果でした」と、記して概要つぎのように、当時の状況を知らせてくれた。

サラトガについて——

ソロモン東方海面の散開線にあって、前夜来追跡中の敵機動部隊とともに北上中、駆逐艦の制圧を受けて潜航したため、触接を失い、なおも北上したが、遂に発見することができず、黎明に反転して、もとの配備点に復帰しようとしたとき、突然、北方水平線上にガスタンクの如き巨大なものを発見して、急速潜入し、その怪物を見張っていたところ、そのタンクのようなものは次第に近接し、レキシントン型空母の警戒航行隊形であることがわかった。ガスタンクのように見えたのは、実は航空母艦の煙突であった。

敵の機動部隊は、黎明時に反転して、飛行機を発進するため南下し、まさに発進を終わって、減速した時機に突入したわけである。

すでに上空には、直衛の飛行機があったので、敵航空母艦のほか観測する余裕がなく、できるだけ潜望鏡の露頂回数を少なくし、眼中ただ空母あるのみであった。

「用意」「打て」発令と同時に、駆逐艦の艦首が潜望鏡いっぱいに左方からニューッと視野をさえぎり、潜望鏡がふっ飛ぶか！　爆雷の直撃！　を覚悟した次第。

「深度一〇〇」「急げ！　急げ！」でもぐり、約四分後から爆雷攻撃を受けることおよそ四十発、制圧投射の脅威にさらされること約五時間におよんだであろう。損傷としては、ガラス計器類が破損した程度ですんだのは幸いであった。

実は、魚雷準備が一本おくれたので、全射線（六本）となるのを待ったため、射点が後落して方位角（注）が一二〇度となり、命中音一発を聞いたのみであった。先に発射準備の完成した五本だけで早く攻撃すれば、もっといい射点を利用することができたのだから、さらに効果が大きかったであろうと、今も残念に思っている。

（注）方位角とは、潜水艦目標の角度をいうのであって、普通三〇度から四五度付近のところが一番よいとされていた。

小生の東隣に配備されていた伊二一潜（潜水艦長松村寛治中佐）は、伊二六潜が執拗な制圧を受けて、深度一〇〇メートルで逃げまわっている間に「爆発音一、爆雷音三七（？）を聞く……」と、打電したが、小生の艦は、よほど僚艦の配備に近く侵入していたものらしく、小生の発射した魚雷の命中音を爆発音と解したらしい。

敵の制圧がなくなったので、ようやく潜望鏡をだして観測したときは、既に敵影はなく、戦果を確認することができなかった。

巡洋艦ジュノーについて

昭和十七年十一月十三日、ガ島東側水道にて監視中、南下してきた軽巡洋艦二隻に対して、使用できる発射管三門をもって雷撃し、命中音二ないし三発を聞いたが、戦果を確認し得なかった。

この巡洋艦は、多分、前夜のルンガ沖夜戦で損傷したものと想像するが、私の潜水艦はインディスペンサブル礁で水上機に燃料補給の際座礁し、下部発射管を損傷したので、三門だけしか発射できなかったのは残念であった。

（注）　このソロモン方面の海図はだいぶ以前に測量された古い海図で、実際の艦位とは五、六海里も誤差があったりして、伊二六潜の座礁事件のように、行動艦船はずいぶんとなやまされたものだった。

この海図の誤差には米軍側も困ったと、モリソン博士の著書にも記してあるが、人跡まれで測量も十分できない、世界の人類に忘れられていたような地域が、日米両国にとって天下わけめの戦場になろうとは、多くの人が想像しなかったところであろう。

3　米海軍九月の危機

次に、ワスプの沈没およびノースカロライナの損傷について、モリソン博士の著書では「九月の危機」と題して、およそ次のようにしるしている。

レイノー提督の旗艦であるワスプは、巡洋艦四隻と六隻の駆逐艦に護衛されていた。このグループから五、六海里を隔てて、航空母艦ホーネットが行動していた。同空母は、その群の旗艦ノースカロライナおよび巡洋艦三隻と七隻の駆逐艦でとりまかれ、いわゆる輪型陣をもって、一六ノットの速力で航進中であった。

午後二時二十分頃、ワスプは飛行機の発艦収容作業を行いつつあったが、なんぞ知らん、付近の海中で、伊一九潜は鋭くこの大きな獲物を狙っていたのである。

六隻の駆逐艦は、このとき敵らしい音源をつかまえていなかったが、突如！　ワスプの見張員は「右舷魚雷発見」と大きな声で叫んだ。伊一九潜が、ワスプの南西方から、まさに四本の魚雷を発射したのである。ワスプ艦長シャーマン大佐は、ただちに面舵いっぱいの転舵を命じたが、時機既におそく、三本の魚雷は右舷側に命中爆発し、他の一本は艦首スレスレをかすめて、駆逐艦ランスダウンの下を通っていったが、爆発しなかった。時は午後二時四十九分、場所はサンクリストバルとエスピリッサントの中間であった。

（注）もしこの魚雷が磁気爆発尖を使っておれば、爆発してランスダウンを撃沈し得たのだろうが、当時わが海軍の魚雷は衝撃爆発の爆発尖を使用していたので、浅吃水《きっすい》の駆逐艦に対しては、艦底をそのまま通過することがあり、撃突しないので爆発しないのはやむを得なかった。

ワスプは魚雷の命中によって爆発をおこし、それに甲板上の飛行機の爆弾燃料が誘発炎焼して、乗員懸命の応急作業もその甲斐なく、被害は刻々と増大していって、午後三時二十分遂に総員退去を命じなければならない状況にたちいたった。

ワスプはとうてい救助の見込みなしとみて、ランスダウンにこれが処分を命じ、魚雷五本を発射して沈没せしめた。時に九月十五日午後九時であった。

一方ホーネットのグループに対しては、石川信雄中佐の指揮する伊一五潜がその機をうかがっていた。

伊一五潜の雷撃に対して、直衛駆逐艦のムスケンは「魚雷発見」の警報を発したが、そのすぐ近くにいた戦艦ノースカロライナの巨大な船体は、即座の処置にもかかわらず、遂にこれをかわすことができなかった。そして、午後二時五十二分、魚雷一本の命中を受けて、相当の損害を受けた。だが、新造の巨艦は、なお二五ノットの速力を出すことができた。他の一本の魚雷は、午後二時五十四分駆逐艦オブリンの艦首に命中爆発したが、火災を誘発しなかったので、沈没を免れ、応急修理を行って、修理のため米本土に回航することになった。しかし、魚雷命中時の激振によって、船体の縦の強度が強くなっていたので、サモア諸島近海で船体がまっ二つに切断して沈没してしまった。オブリンは対航空機射撃装置を完備した貴重な艦であった。

　このように、米海軍の太平洋方面航空母艦兵力は、四隻から一隻に減じ、ノースカロライナの損傷は、太平洋方面に新式戦艦一隻のみを残すという状態になった。これに反して、日本海軍は、ミッドウェーで航空母艦を失ったとはいえ、なお二隻の大型航空母艦と数隻の軽快な航空母艦をもっていた。

　モリソン博士の著書によって私は、以上のような状況を知り感慨を深くした。ある短期間であったとはいえ、ソロモン群島方面の海戦において、わが潜水艦が、米海軍に甚大な脅威をあたえていたことを思うと、今更ながら、わが潜水艦の敢闘に意を強くするのである。

（注）当時太平洋方面には、エンタープライズ、ワスプ、サラトガ、ホーネットの四隻の航空母艦が作戦中であったが、結局ホーネット一隻のみが残ったわけである。

この頃、九月六日、伊一一潜（第三潜水戦隊司令官、河野千萬城少将乗艦、潜水艦長七宇恒雄中佐）が敵の航空母艦に対して、魚雷二本を命中せしめたという報告を電報してきた。しかし、モリソン博士の著書では、これに該当する米航空母艦の被害記事を見いだすことができないから、わが方の誤認ではなかったかと思われる。

なお、ワスプおよびノースカロライナに対する攻撃状況も、わが当時の潜水艦の勇士によって語って貰いたいのであるが、石川、木梨両艦長とも、その後戦死して今はこの世にないことは、まことに残念なことである。

4　オレゴン州森林地帯の焼き打ち

話は大分さかのぼるが、昭和十七年の秋の頃、米本土西岸森林地帯の焼き打ちを行ったことがある。

ことの始まりはシアトル総領事をしていた人からであったと思うが「アメリカ西岸の森林地帯は、毎年のように、山火事に悩んでいるので、なにかいい方法で山火事を起こさせれば、付近の住民に相当の脅威をあたえることができると思う……」という手紙が富岡作戦課長のところへ届いたことにあった。

「なんとかならないか？」

と、課長が相談をもちかけてきたので、私は、

「それでしたら、潜水艦の飛行機に焼夷弾を積んでゆけばできるでしょう」

と、答えた。

軍令部上層部でも裁可を与えてくれた。そこで横須賀軍港で整備中の伊二五潜をこれに使うことにして、連合艦隊司令部にこのことが指示された。伊二五潜を選んだのは、艦長の田上明次中佐が極めて有能な指揮官であったこと、そして、藤田という名飛行長がその艦に乗っていることを考えてのことであった。伊二五潜は、八月中旬横須賀軍港を出撃した。そして、オレゴン州沿岸につくと、搭載の豆飛行機を二回にわたって発進し、各回とも三〇キロの焼夷弾を二個ずつ森林地帯に投下して、無事帰ってきた。米国側のラジオの放送ぶりからみて、ある程度予期の脅威を与えたことは確かのようだった。

もともと、潜水艦搭載機は、偵察専用のもので、爆弾搭載設備はなかった。それを私は、わざわざ、この挙のために、航空本部の上出俊二中佐と研究して、特別に改装して設備したものであった。

その後潜水艦搭載機は、爆弾搭載装置をつけることに改装されたが、それはいざという場合に、丸腰では一矢もむくいられなくて残念だという、飛行機搭乗員の要求にこたえたからであった。なお、この米西岸行動中伊二五潜は、油槽船二隻を撃沈した。またその帰途には、水上航走中の米潜水艦二隻を発見、いち早く潜航して、その一隻を雷撃撃沈した。

私はあとで、第六艦隊の小松輝久司令長官、島本久五郎参謀長から、この行動について「潜水艦を分散したあんな無意味な作戦を」と、小言をいただいたが、米本土に対する航空爆撃は、わが海軍としては、これが最初であり、また最後のものとなった。

ガ島に米軍が反攻を開始してきた昭和十七年真夏の頃から、十一月の秋にかけて（もちろん、この方面には、季節の区別もなく、炎熱身をやく常夏の地ではあるが）わが潜水艦はソロモン方面に行動して、以上に掲げたような殊勲をたてたほか、次に述べるような戦果をあげたのである。

5　その他の戦果

すなわち、新造の伊一七六潜は、既述ヨークタウン撃沈で勇名をはせた田辺彌八少佐が潜水艦長となって、ソロモン方面に活躍中、ガ島の第二次総攻撃と予定されていた十月二十日の夜、インディスペンサブル礁の東方散開線で、幸運にも、戦艦二隻を基幹とする部隊の南下するのを発見し、テキサス型戦艦一隻に、魚雷二本を命中せしめた。そして当時われわれはおおむね撃沈したものと推定していたが、戦後それは、重巡のチェスター号であったことがわかった。しかも、チェスター号は第一機械室に大損害をうけたが、沈没はまぬがれた。もっとも米本国に回航して修理を行わなければならないことになり、翌十八年秋のギルバート作戦までは、遂に行動をおこすことができなかったということである。（モリソン博士著書参照）

松村寛治中佐の指揮する伊二一潜も、十月二十七日レンネル島の南方二四〇海里の地点において、敵の戦艦部隊を発見雷撃する幸運にめぐまれた。当時の伊二一潜の報告では「コロラド型戦艦に魚雷一本を命中せしむ」となっていたと記憶するが、モリソン博士の著書によれば、このとき、駆逐艦ポーターが伊二一潜の攻撃によって、撃沈されたということになっている。つまりコロラドの直衛任務についていた駆逐艦ポーターが、身代わりとなり、魚雷の命中を受けて、爆沈したものらしい。

わが潜水艦の任務として、艦艇攻撃のほかに、敵増援部隊輸送船の攻撃に重点をおかれたことは、前に述べた通りであるが、この方はあまり大きな戦果があがらなかった。そして、実際に敵の輸送船を撃沈したのは、伊一一潜、伊四潜、伊一五潜および呂三四潜ぐらいなものであった。このうち富田理吉大尉の指揮する呂三四潜は、ガ島付近の海面で、輸送船のほかに、九月上旬、敵の潜水艦一隻を撃沈したが、わが方も伊一五潜が、十一月十日早朝、敵の増援部隊を攻撃したのち、消息不明となった。モリソン博士の著書によれば、伊一五潜は戦艦ワシントンを襲撃したが、魚雷は命中せず、かえって制圧部隊の反撃によって撃沈されたもののようである。

この期間の作戦で、伊一五潜のほかに、伊一二三潜、伊一七二潜、呂三三潜および伊二二潜を失ったのは悲しいことであった。潜水艦長名、沈没場所などは次ページの表の通りである。

これらの潜水艦長は、私の海軍生活で、勤務をともにしたり、あるいは同一部隊で、よく知りあった仲だったが、まことに哀惜にたえない。

艦名	沈没年月日	場所	相手	潜水艦長名
伊一二三潜	一七・八・二九	ガダルカナル東方	米駆逐艦	中井 誠少佐
伊一七二潜	〃 一一・一〇	サンクリストバル島西方海面	米哨戒艦	太田 武少佐
伊二二潜	〃 一〇～一一	サンクリストバル沖	米駆逐艦	成沢千直中佐
呂三三潜	〃 八・二九	ポートモレスビー沖	濠洲駆逐艦	栗山重志少佐

わが潜水艦は、これらの作戦のほかに、味方水上飛行機への燃料の中継補給とか、破壊、牽制を目的とする要地の砲撃などを行った。これらは縁の下の力持ち的な仕事であり、水上機の燃料補給などは敵機の妨害を覚悟せねばならぬものであった。敵飛行機の中継基地エスピリッサント島に対する伊七潜の砲撃、ヌデニ島飛行艇基地に対する伊一九潜、伊三一潜の砲撃、インディスペンサブル礁を基地として、ソロモン南東方海面広範囲の洋上偵察を実施した味方水上機に対する、伊二六潜および機雷敷設潜水艦の中継燃料補給などは、すなわち、それであった。

6 特殊潜航艇の活躍

以上述べたように、潜水艦をもって、敵の補給路を遮断しようとする作戦は、予期するほどの戦果をあげることができなかった。敵は機動部隊および基地航空機の援護のもとに、その補給を実施していたのでわが潜水艦の活躍は思うようにできなかったのである。わが潜水艦はまたガ島近海の攻撃も試みたが、敵の飛行機および哨戒艇の警戒が厳重で、思うような作戦ができなかった。この頃、私には、あちこちから、どうして潜水艦はもっと大きな戦果をあげることができないのかと、ずいぶんと不満がよせられてきた。

こういう状況であったので、当時トラックで訓練中の特殊潜航艇をもってガ島のルンガ泊地に入港中の敵輸送船を攻撃することが計画された。この計画は、従来のような入り口の狭い港湾の奇襲と違って、開放された泊地にある輸送船を攻撃したのち、ガ島北端にあるマルボボの味方部隊所在地に帰投して、搭乗員を収容するという構想であった。なお、特潜は乗員帰投後、自沈せしむることに計画された。

その任務は第八潜水戦隊麾下の特潜搭載設備を有する潜水艦、すなわち伊一六潜、伊二〇潜および伊二四潜に課せられた。そして同隊司令太田信之輔大佐が指揮官となって、十月末頃から作戦を開始した。そして、八隻の特殊潜航艇が発進され、うち六隻が、おのおの輸送船一隻を撃沈または撃破することに成功した。しかし、残念なことには、四隻はついに基地に帰ってこなかった。

モリソン博士の著書を見ると、山田薫中佐の指揮する伊一六潜から発進した特殊潜航艇は、ルンガ泊地付近で駆逐艦五隻に厳重に護衛された、弾薬類満載の大型輸送船に対して、極めて勇敢な発射行動をとり、魚雷一本を命中せしめて、この輸送船に手ひどい損害をあたえている。

また、ある艇の如きは、母潜から出発すると間もなく機械が故障して、航行することができなくなり、修理復旧の見込みもなく、万策つきたので、やむを得ず艇を見すてて、約三〇海里の海上を泳ぎきり、ガ島にたどりついたという搭乗員もあった。

この戦法も回をかさねるに従って、敵の警戒が厳重になり、成功の算がなくなったので、同年の十二月中旬、連合艦隊命令によって、本作戦を中止することになった。

その後、特殊潜航艇は、戦況が次第にわが方に不利となるようになってからは、これを局地の防備用に転用することになったが、これらのことについては、あとで述べたいと思う。

7　ガ島へ決死の輸送行

さて、十一月に入ると、ジャワ方面にあった第二師団をガ島に転進せしめることになり、高速輸送船六隻をもって、攻城用重器材の揚陸を企図することになった。

これを成功させるため、一時ガ島の敵飛行場を制圧せねばならないので、青葉級の巡洋艦戦隊がまずその攻撃に向かったが、敵味方の識別を誤ったことが原因で、失敗してしまった。そこで、高速戦艦の金剛、榛名が強襲を決行することになり、飛行場のある敵地深く侵入することになった。

両艦はよくその任務を達成し、三六センチの巨砲をもって、敵飛行場に三式弾（焼夷榴散弾）の猛烈な砲弾をあびせて、飛行場一帯を火の海となし、次いで重巡鳥海、衣笠も、これに続いて二〇センチの砲弾を加え、敵の飛行場を無力化してしまった。この戦果を利用して、輸送船六隻は、ほとんど大部分の揚陸を完了することができた。

次いで十月の末に、陸軍の第二次総攻撃が計画されることになり、わが海軍は可動の全潜

戦艦金剛（こんごう）

戦艦榛名（はるな）

日本海軍の攻撃で火の海と化したガダルカナル島の米軍基地

水艦をソロモン方面に配備するとともに、機動部隊および前進部隊の精鋭をこの方面に南下させることになったが、敵もまた、わが企図を察知して、海上兵力をこの方面に集結し、ここに熾烈な海上航空戦が展開された。いわゆる、南太平洋海戦である。

　この海戦で、敵ホーネット型航空母艦を撃沈し、敵を潰走せしめる戦果をあげ、しかもわが航空母艦の損害は軽微であったが、ガ島における陸軍の総攻撃は、またまた失敗してしまった。

　十一月に入り、第三十八師団が、ガ島に進出することになった。この師団の人員の大部分は、駆逐艦などに分乗して、上陸することができたが、糧食、攻城用の資材を送ることが問題になった。そこで、十一隻の船団が編成され、その輸送を決行することになったので、海軍は全力をあげて、その援護にあたった。

　すなわち、わが機動部隊および前進部隊は、トラックを出撃して、ソロモン海域に進出し、高速戦艦は巡洋艦、駆逐艦とともに、前回と同様、ガ島の敵飛行場に砲撃を浴びせることになった。ところが敵もさるもので有力部隊をもって、猛烈に反撃してきたので、わが方は遂にその目的を達することができなかった。

　この海上戦闘において、敵に大なる損害をあたえたわが方も、高速戦艦比叡、霧島など重要な艦艇を失う結果となってしまった。

　こういう始末で、目指すガ島飛行場の制圧はできなかったので、輸送船団のうち上陸地点にたどりついたのは四隻程度のものとなり、それも大破したものが多く、揚陸した弾薬糧食は、ごく少量のものとなった。この結果ガ島の二万五千名にのぼる将兵の糧食補給が、その後の深刻な問題となってきた。

これよりすこし前に、わが方はソロモン群島のブインに飛行場を完成したが、ガ島近海の制空権は、依然として敵の掌中に握られ、しかも同海面では敵の哨戒艦艇、特に魚雷艇の警戒が至厳を極めるようになった。

そのため、水上艦船による糧食の補給は、ほとんど絶望となり、十一月中旬頃から、潜水艦を使って輸送を開始しなければならない破目になった。

攻撃作戦のための潜水艦を輸送任務に従事せしめなければならないということは、まことに苦痛不満であったが、陸軍からの切なる要望もあり、陸海軍協同作戦の見地から、万やむを得ず、引き受けなければならなかった。

私は、このようなみじめな役目に潜水艦を使用せねばならぬのを見てはいろいろと考えさせられた。そして、日本の軍隊においても、外国の軍隊と同様に、万策つきたならば、名誉の降伏を許されることになっておればなぁと、幾度か考えたものだった。

この種の作戦は、アッツ、サイパン、ビアクなどの戦闘の場合にもおこったが、充当された潜水艦は、終局の目的を達成し得ないばかりでなく、いたずらに奔命に疲れ、しかも多くの犠牲を払う結果となってしまった。

ついに、連合艦隊は第六艦隊麾下の大部分の潜水艦を輸送任務に投入することになった。そして、第一潜水戦隊司令官三戸寿少将が作戦輸送指揮官となり、ショートランドを基地として、第一回の輸送を行った。ところがこの輸送は非常に困難だということがわかったので、三戸司令官自ら伊八潜に乗艦して作戦輸送を経験し、つぶさにその状況を調査した。

しかし総指揮官が潜水艦に乗艦していたのでは、全般の輸送指揮ができないことはもちろんである。それに加えてニューギニア方面でも潜水艦による輸送を必要とするようになったので、三戸司令官は司令部をラバウルの陸上に移した。そして、当時この方面の最高指揮官であった第八艦隊司令部や陸軍司令部との連絡を緊密に保ちながら、その後の輸送作戦を指導した。

私の軍令部における仕事もこの頃から、あたかも運送屋の番頭のようなものとなった。艦政本部の片山造船大佐は荷造り主任のような格好で、米をゴム袋に詰めて送る方法や、重兵器を輸送する運砲筒（注）や、二〇〇トン程度の糧食を一度に輸送できる運貨筒（注）などの考案に、陸軍側と協同して、真剣な研究を行った。また伊一潜型の上甲板に特別な施設をつくって、舟艇機動用の大発を搭載発進できるようにすることも案出した。

（注）運砲筒は、動力として魚雷そのままを利用し約四〇〇〇メートルの距離を走ることができた。搭載量は約二〇トンで、この筒を潜水艦の背なかにおんぶして、上陸地点付近で浮上したうえ、決死の操縦員一名がこれに移乗して、発進するようになっていた。

運貨筒は、動力や推進器のない潜水艦のような格好をした円筒で、静止状態のときは、水に浮かんでいるが、曳航して速力のある間は、潜水艦が浮上しても、潜航しても、常に水中にあるように工夫されていた。

輸送開始の当初敵があまり気がつかないうちは、潜水艦内に糧食を搭載して、夜間ひそかに陸岸に接近し、陸上から受け取りにきた大発に積みかえる余裕があったが、次第に敵の警戒が厳重になり、こういう方法では危険になってきた。そこでドラム缶またはゴム袋に米を詰めこれを上甲板に積んで、荷あげの時間を短縮する方法が考えられた。

十二月上旬になると、敵の飛行機と魚雷艇が、昼夜の別なく揚陸地点付近を哨戒し始め、戸上一郎中佐の指揮する伊三潜は、十二月九日の夜、補給地点であるエスペランス岬付近に、大発を背おって浮きあがったところを敵の魚雷艇数隻に攻撃され、勇敢に砲撃戦をまじえたが、衆寡敵せず、遂に擱座《かくざ》沈没の悲運にあい、潜水艦長以下大部分の乗員が艦と運命をともにした。戸上中佐は、すっきりした性格の持ち主で、真珠湾奇襲行をともにした、親しい間柄であったが、まことに残念なことだった。

それ以後は、ゴム袋やドラム缶に詰めた米を上甲板に積んで、潜航のまま揚陸地点に近づき、適当なところで艦内からケッジをはずして、それを水上に浮かばせる。そして陸上部隊がこれを拾い上げる、という方法をとらなければならない状態となった。

翌年の一月に入って、わが方は、カミンボ湾で、さらに伊一潜を失った。戦後わかったところによれば、伊一潜は、昭和十八年一月二十九日、ニュージーランド海軍のコルベット数隻と水上砲戦のすえ、沈没している。潜水艦長は坂本栄一少佐であった。（モリソン著書参照）

こういう苦戦の状態であるうえに、潜水艦は、もともと輸送用にできていないのだ。その搭載量はせいぜい四、五〇トン程度のものである。他の作戦をやめて、できるだけ多くの潜水艦を集めてやったのだが、とうてい二万五千の大軍を養う糧食を輸送することはできなかった。

ガ島の陸軍部隊は、昭和十八年の一月までには、餓死一歩手前という悲境におちいっていた。そこで遂に全軍撤退することとなり、二月一日の夜から四日の夜にかけて、いわゆるケ号作戦の決行となった。駆逐艦二十数隻による決死的輸送によって部隊の撤退が無事に成功し得たことは、敗退の中でひろった幸運であった。

この撤退作戦のとき、潜水艦はこれを援護する目的でソロモンの南東方海面に散開線をはって、敵の反撃阻止にあたった。ある潜水艦は敵機動部隊を発見しこれを捕捉する機会を得たのだが、残念ながら戦果をあげることはできなかった。このとき以後、伊一八潜は消息不明となった。戦後わかったところによると、二月十一日ソロモン南方海面で米艦隊の反撃にあって沈没しているが、潜水艦長は村岡富一中佐で、真珠湾攻撃のとき伊六八潜艦長として行動をともにした人であり、まことに残念なことであった。

また、伊八潜は、この撤退作戦の陽動部隊として行動し、カントン島の砲撃を実施した。

さて、ガ島の攻防戦は、わが軍の撤退によって、一応終わりをつげたが、約半年にわたる彼我の激闘によってわが海軍は相当の痛手をこうむった。敵もまた、わが軍以上の損害を受けたが、日米両国生産力の格段の相違によって、この戦闘が、わが海軍のその後の作戦を不利に導く一大原因となったことは、いなめない事実であった。

8　ニューギニア方面への輸送

さて、ガ島方面で潜水艦が輸送作戦を開始した頃には、東部ニューギニア方面に対しても敵の反攻がはげしくなってきていた。そこでこの方面でも潜水艦を使って物資の輸送補給をしなければならなくなってきた。

東部ニューギニア方面での輸送も、最初は第一潜水戦隊司令官三戸寿少将が統一して指揮したが、その後第七潜水戦隊司令官原田覚少将がこの方面の作戦輸送指揮官となり、三隻ないし七隻の潜水艦をもってやることになった。輸送先は最初はブナへ、その後はラエ、サラモア方面へと次第に後へ引きさがったのであるが、それは敵の圧迫によってわが軍が後退させられたからであった。

この方面でも敵の飛行機、魚雷艇の警戒が厳重なことは、ガ島の場合と同様で、潜水艦乗員はラバウル出港のたびごとに決死の覚悟を新たにせねばならなかった。

例えば田辺彌八少佐の指揮する伊一七六潜はようやく東部ニューギニアの目的地に到達し、浮上して積み荷を大発に移しかえている最中に、敵機の急襲を受けたため、潜水艦長は重傷し、船体に相当の被害を受けたが、潜水艦長、先任将校以下全乗員の適切な処置によって、よくその任務を果たし、しかも艦を保全して、ラバウルに帰還した出来事などもあった。

またこの方面の輸送では、運砲筒を利用して、重兵器も送った。安久栄太郎中佐の指揮する伊三八潜が、この任務を担当した。安久中佐は、平時は飲めば飲むほどに酔えば酔うほどにという、どちらかと言えば、脱線組の方であったが、戦争になると、その豪胆な戦闘ぶりに、皆々感心させられた型やぶりの人であった。

ここで思い出すのだが、前に述べておいた、大量の糧食輸送のためにつくられた輸送筒は、内地から曳航されてラバウルまでは届いたが、ラエ、サラモア方面へ輸送の途中に故障が起きたため、現地には届かなかったように記憶している。この種の輸送筒を、稲葉通宗艦長が伊三六潜で曳航して、アッツ方面でも輸送をこころみたことがあったが、そのときは途中で曳索《ロープ》が切断して成功しなかった。

潜水艦による輸送作戦は、糧食兵器弾薬のほかに、現地から重病患者をラバウルに送還したり、人員の輸送または救出などを含むもので、まことに多岐多難なものであった。

こうしてこの輸送作戦は、昭和十八年九月上旬頃わが軍がラエ、サラモアを撤退するまで続けられたが、この期間中に、わが方は伊四潜を失った。戦後わかったところによると、伊四潜は、昭和十七年十二月一日ラバウルの南方海面で、米国潜水艦の雷撃を受けて沈没している。潜水艦長は、上野利武少佐であった。

9　陸軍の輸送潜水艦

潜水艦による作戦輸送の問題は、陸海軍の間に、深刻な対立を生んだ。海軍としては、でき得る限りの協力は惜しまないにしても、ある限度以上の犠牲を払うことは、その後の作戦に重大な支障をきたす結果となるので、陸軍の期待に全面的に応ずることはできなかった。だから、陸軍としては、もうすこし、なんとかならないかという不満があったに違いない。

ガ島の撤退作戦が終わって、しばらくしてからのことだったが、私は富岡課長から、

「陸軍で輸送潜水艦をつくっているという噂があるが、君、聞かないかね」

と、たずねられたことがあった。

その後しばらくして、軍務局員から「陸軍省から潜水艦のことで、相談があると言って、係の人がきているから、顔を出してくれ」といってきた。いって見ると、陸軍の係官が設計の青写真を卓に拡げていた。私より先に海軍艦政本部の造船官も呼ばれていた。

「どうしたんです？」と、聞いてみると、

「陸軍大臣から、輸送用の潜水艦を大急ぎでつくれと命ぜられて、設計したんですが、うまくゆかないところがあるので、御相談にあがったところです」

という答えであった。

艦艇専門の海軍でも、日露戦争直後から、何十年もかかって、ようやく一人前に仕上げた潜水艦を、いかに輸送用の簡単なものとはいえ、陸軍で、オイソレとモノにできるわけはない。まったく無茶な計画と言わざるをえない。

「そんな計画がおありでしたら、最初から海軍に相談されたらよかったでしょうに……。手早く、そして立派な潜水艦ができたのですが……」

と、話しかけると、

「実は……東條さんから〝海軍に相談すると、きっと反対されるから、黙って極秘でやれ〟と言われたもんですから……」

頭をかきながら、陸軍省の人の答えであった。

造船官が設計図を見ての説明では、これでは実際の役には立ちそうにもないから、陸軍から必要な資材を貰って、海軍であらたに設計をしなおし、急速建造に移した方が得策だとのことであった。ところが、陸軍の方ではすでに材料は設計図に合わせて截断してあるので、どうにもならないというのである。これでは、海軍としては手のくだしようもない。こうなったら仕方がないので、国軍全体の戦力をあげる意味で、海軍としては、でき得るだけの技術的援助を行い、この潜水艦をなんとかモノにしようということに、われわれ同志で意見の一致をみた。

問題は対陸軍関係のことなので、軍令部、海軍省上層部の裁可を仰ぐと「その方針でゆけ」とのことだったので、潜水艦関係の造船官が一人、陸軍側の質疑に応ずるくらいの手助けをすることになり、潜望鏡その他不足の資材は、海軍から融通することになった。

また、この潜水艦の乗組員となる幹部および下士官兵の教育は、海軍潜水学校で受けもった。こうして陸軍潜水艦中尉？　陸軍潜水艦伍長？　というような珍妙な兵種を育て上げることになった。

この潜水艦は、たしか三〇〇トン程度のものだったと記憶するが、あとで聞いてみると、フィリピン方面に若干隻進出したが、大した役目も果たさなかったらしい。結局、貴重な資材を無駄に捨てたようなものである。またにわか仕立ての乗員では、事故が多くて、十分使いこなせなかったであろうと想像される。

この陸軍潜水艦問題は、海軍の方で大乗的に出たので事件は紛糾しなかったが、結果からみると、無駄な努力をしたことになってしまった。初めから、陸軍の方でアッサリと資材を海軍に提供して、輸送潜水艦の建造を依頼してくれれば、海上兵力の増強にもなったろうし、とにかくなんとか使いみちもあったのだが、惜しいことをしたものである。

およそ陸海軍の対立は、作戦問題そのものでは大したこともなかったのであるが、軍備の問題となるとなかなかそうはゆかなかった。軍令部と参謀本部との間の見解は作戦計画や指導に関するものであったから、終局においては、大体一致をみたようであるが、その作戦準備に必要な軍備などで問題が政治的になると、それを担任する海軍省と陸軍省との間に妥協絶望の事態がしばしば起こった。私なども軍務局員の口から、ときどき「敵国陸軍」という言葉を聞いたことがあるが、陸軍省の方から言わせれば、海軍は「敵国」であったのかも知れない。

潜水艦事件は、その小さな例の一つであるが、これについては深刻な反省が必要であろう。この陸海軍二大勢力の対立抗争は、これをおさえる有力な政治勢力が他にないために、人員や物的資源、特に限りのある僅かな物的方面の資源を無駄にしたものが多く、戦争遂行上の大きな支障の一つであった。

輸送潜水艦

以上、輸送があまりにも苦しいことが原因となって、陸軍に輸送用の潜水艦ができることになったことについて説明したが、われわれ海軍のものとしても、戦闘潜水艦の大部を、ただ、輸送任務のみに釘づけされたことは耐え難いことであった。潜水艦乗員の不満苦痛は言うにおよばず、作戦指導に当たる者も、陸海軍協同作戦の見地から、忍び得ないことを忍んでいる、という状況であった。

そこで海軍では、構造の簡単な輸送任務専用潜水艦を急速建造することになった。計画では、前部発射管二門を装備した一五〇〇トン級潜水艦と、無武装の四〇〇トン級潜水艦二十隻あまりの急速整備であったが、ガ島やニューギニア方面の輸送には、間に合うことができなかった。やっと、南鳥島、ウェーク島、トラックなどの輸送に従事したが、その大部分が完成した昭和二十年には、戦況は急転回した。この艦種をも、戦闘用に転用しなければならない状況にたちいたった。その経緯については後述したいと思う。

第7章　敵輸送船の攻撃

1　大本営海軍部の意図

話は前にさかのぼるが、昭和十七年の十一月初め、連合艦隊司令部から、南太平洋海戦の研究会を、旗艦大和で行うという知らせがあった。私は、富岡課長から、この研究会を聴取かたがた連合艦隊の潜水艦作戦の状況をよく聞いてくるように命ぜられた。

当時ドイツ海軍は、その潜水艦の全力をあげて、海上交通破壊戦を実施中であって、再三わが海軍に対し、これに呼応して、交通破壊戦の実効をあげられたいという交渉があった。そんな関係もあったので、私の出発のとき富岡課長から、

「一万トンの輸送商船は、一万トンの軍艦に匹敵する戦略価値がある。攻撃目標を選ぶ場合には、艦艇ばかりに集中しないで、輸送船も艦艇と同等の価値があるものとして、見敵必殺の戦法をとってもらうように、よく連合艦隊や第六艦隊司令部に話しといてくれ給え」

と、くれぐれも注意があった。

私は、航空主務の三代参謀と同行して、木更津海軍航空隊から中攻（中型陸上攻撃機）に乗って、トラックに向かった。黎明の空に離陸した機上からみる房総半島の山々は、ガ島のわが軍の苦闘を知らぬかのように、まだ平和に眠っていた。

その日の夕刻、サイパンのすぐ近くにあるテニアン島の飛行場に着任して一泊し、翌日トラックに着いた。内地は秋というのに、ここは灼熱の暑さだった。トラックの環礁内には、戦艦大和をはじめとして、多くの艦艇がところ狭しと在泊していた。南太平洋海戦で奮戦した航空母艦の飛行甲板が、被爆のためデコボコになっている姿も見受けられ、雄々しく悲壮な感じを受けた。そして、米国海軍を睥睨《へいげい》するかのように、どっしりと在泊しているわが帝国海軍の威容を望んで、気を強くしたのである。

私は、連合艦隊の小池伊逸参謀に、ドイツ海軍の交通破壊戦の状況、それから敵商船攻撃の重要性について話をした。黒島先任参謀にも、富岡作戦課長の伝言を伝え、第六艦隊司令部にも同様のことを話した。

開戦当初の連合艦隊の潜水艦主務参謀は、有馬高泰中佐であったが、彼は駆逐艦出身で「潜水艦のことはよくわからないから、潜水艦出身の誰かと交代させてもらいたい」と、私に話したことがあった。第六艦隊司令部は、連合艦隊司令部に、潜水艦出身幕僚をおくことを希望していたし、私もそれを願ったが、これが実現して、小池中佐が連合艦隊司令部に加わったのは、この年の夏であった。

しかし、折角、潜水艦出身者が連合艦隊司令部に加わったが潜水艦の使用方針について、連合艦隊司令部と第六艦隊司令部との間は、やはりうまくいっていないように見受けられた。この癌は、先任参謀以上の連合艦隊司令部首脳部に、本当に潜水艦を理解する人がいなかったことに起因するものと思われた。

さて、敵輸送船の攻撃は、当面の状況としては、ガ島方面に対する増援船舶の撃沈であったが、前にも述べたように、思うような戦果をあげることができなかった。やっと、昭和十八年一月の初めになって、溜飲をさげる戦果があった。トラックを出撃し、ヌーメア、シドニーの飛行偵察に出かけた伊一〇潜および伊二一潜が、同方面の飛行偵察によって、敵の動静を報告したのち、伊二一潜（松村寛治中佐指揮）は、シドニーおよびブリスベーン沖に行動したが、そこで、一挙に六隻の敵商船を撃沈したのである。

その後、昭和十八年三月、トラックで整備が終わった伊六潜および伊二六潜が、まずブリスベーンおよびシドニー方面に出発した。そして、伊六潜はブリスベーン沖の機雷敷設に成功し（注）、伊二六潜はシドニー方面で一隻の商船を撃沈した。

なお、昭和十七年暮れから十八年の初頭にかけて、第七潜水戦隊には、六〇〇トン級の小型潜水艦が配属され、ラバウルを基地として、ニューギニア南東海面およびソロモン海域に行動して、敵船舶の攻撃にあたったが、この頃までは、特別の戦果がなかった。こういうふうに、わが潜水艦は、ほそぼそながら、敵輸送船の攻撃には、努力を続けていたわけである。

（注）伊六潜水艦で敷設したのは、磁気機雷であった。これは、横浜に入港したドイツの仮装巡洋艦から譲渡を受け、そのアイデアのもとにわが海軍で製作したもので、潜水艦の発射管から射出するように考案されていた。

昭和十八年二月、いよいよ、ガ島の撤退作戦が完了して、この方面の輸送が打ちきりになると、ラエ、サラモア方面輸送にあてられた一部の潜水艦以外の第六艦隊麾下の精鋭潜水艦は、トラックに集結して、整備休養を行い、次期作戦に備えることになった。

軍令部の希望である敵補給路の遮断、特に敵輸送船の攻撃撃沈が、ここにいう次期作戦の主目標であった。しからば次期作戦はどうして開始され、そしてどのような経過をたどったか。それについて語るまえに、ここに、参考のため、この頃、すなわち昭和十八年三月における、わが潜水艦兵力の概要を述べてみよう。

わが潜水艦は、開戦当時六十一隻であって、うち四十八隻が戦線に活躍し得るものであったが、開戦後一年半を経過したこの頃までに、合計十九隻の潜水艦を失い――事故のため沈没したものを含む――これに代わる二十二隻の新造潜水艦が増勢され、総計六十四隻の潜水艦となっていた。

当時の潜水艦関係艦隊編制を示せば、210～211ページの表の通りである。

このような潜水艦勢力を背景とした第六艦隊司令部は交通破壊戦における潜水艦の使用法、そのための教育訓練、船体兵器機関の改善向上策などについて、研究会を行った。研究会はトラック在泊中の香取艦上で開かれ、中央官庁や内地の学校方面からも関係職員が参列した。私は、通信諜報の専門家軍令部特務班員の田辺大佐や潜水学校の教官大黒大佐、大平中佐などと、飛行艇でトラックに飛んだ。トラックでは第六艦隊司令部も潜水艦乗員も、今度こそ交通破壊戦によって、戦果があげられるというので、大いに張りきっていた。

私は、軍令部を出発するとき、情報部と連絡し、交通破壊戦に必要な資料を蒐集して持っていった。田辺大佐にも、参考となる通信諜報資料を、十分に用意してもらった。

第六艦隊司令部は、海大型潜水艦をオーストラリア東岸方面の交通破壊戦にあて、巡潜型の潜水艦をサモア、フィジー諸島方面に配して、敵の増援を阻止する方針であった。この頃、ドイツ海軍では「狼群戦術」という戦法を通商破壊戦でとっていた。それはわれわれ日本海軍の潜水艦乗りが、追尾反覆攻撃という名で敵艦隊目標に試みていたものと大体似かよった戦法であった。ドイツはそれで、大いに戦果をあげているという情報が入っていたので、私はサモア、フィジー方面の広い海面に出かける潜水艦に、この方法を応用してみたらどうかと第六艦隊側に提案した。それまで日本海軍の潜水艦使用法といえば、各潜水艦の行動区域を定め、その範囲内で各潜水艦ごとに戦術行動をとらせるという戦法であった。それを今度は、敵輸送船の通過しそうな海面に潜水艦の散開線を張り、目標を発見したならば、艦隊司令部の統制下に、縦横に目標に群がって、徹底的にこれを攻撃するという方法であった。艦隊司令部は、この私の提案を受け入れ、それをやってみようということになった。

　第六艦隊麾下の精鋭潜水艦の一部は内地で整備中であったが、それらも整備完了次第、逐次戦列に加わる予定であった。また、ガ島方面作戦のため、南太平洋で作戦中であった第八潜水戦隊司令部も、四月中旬、インド洋方面の交通破壊戦を強化する目的で、再びペナン方面に進出を命ぜられた。こうして、しばらく中絶状況であった交通破壊戦が新しい希望をもって再開されることとなった。しかし、やってみると、おいそれとそううまくはいかなかった。まず、伊一七潜、伊一九潜および伊二五潜の三隻が、三月下旬トラックを出撃し、サモア、フィジー方面海域に散開線をつくって、敵輸送船の捕捉攻撃にあたったが、航行船舶が

区分	艦隊（作戦）部隊	記事
第六艦隊	香取（旗艦） イ8 第七潜水艦（イ2 イ5 イ6 イ7）	第二潜水戦隊は、潜水隊六隻を標準とするようになったとき、解隊され、第七潜水隊は一隊になっていた。
第一潜水戦隊	イ9 第二潜水隊（イ17 イ19 イ25 イ26） 第十五潜水隊（イ31 イ32 イ36） 平安丸	一、潜水学校練習潜水戦隊 迅鯨 第十八潜水隊（イ153 イ154 イ155） 第十九潜水隊（イ156 イ157 イ158 イ159） 第二十六潜水隊（ロ62 ロ67）
第二潜水戦隊	イ11 第十二潜水隊（イ168 イ169 イ171 イ174 イ175 イ176）	

艦隊	戦隊	所属
		第二十二潜水隊（イ177 イ178 イ180）
		靖国丸
	第八潜水戦隊	イ10
		第一潜水隊（イ16 イ20 イ21 イ24）
		第十四潜水隊（イ27 イ29）
		日枝丸
第八艦隊	第七潜水戦隊	長鯨
		第十三潜水隊（イ121 イ122）
		ロ34 ロ100 ロ101 ロ102 ロ103 ロ106 ロ107
南西方面艦隊	付属	第三十潜水隊（イ162 イ165 イ166）
第五艦隊	付属	イ34 イ35

第三十三潜水隊（ロ63 ロ64 ロ68）

ロ31

二、第十一潜水戦隊（新造艦訓練戦隊）

さんとす丸

イ37 イ38 ロ104 ロ105

三、横須賀鎮守府付属

第六潜水隊（ロ57 ロ58 ロ59）

少ないため、撃沈した船舶は、三隻程度という結果になってしまった。

また、第三潜水戦隊に属する潜水艦四隻は、旗艦伊一一潜に乗船する司令官駒沢克己少将がこれを指揮して、四月上旬トラックを出撃し、オーストラリア東方海面の交通破壊戦に従事した。そして、この作戦行動で五隻の船舶を撃沈したが、宇都木秀次郎中佐の指揮する伊一七八潜は、ついに消息をたってしまった。戦後になっても、なお沈没期日、交戦相手がつまびらかでないのは、残念なことである。

2　苦戦はつづく

ところがここに、もっと不幸なことが起こった。それはアリューシャン方面の戦況の急変であった。このため折角はりきってスタートをきったばかりの交通破壊戦はまたもや中途半端なものとなってしまった。五月中旬、アッツ島に対して、米軍の攻勢が展開されてから、同年の八月上旬キスカからの撤退が終わるまでの間、全精鋭潜水艦の約半数はアリューシャン方面の救援に向けられた。南部太平洋方面に残された潜水艦は、小規模な補給線の遮断、あるいは要地の偵察、敵艦隊の動静偵察というような、ごくジミなパッとしない作戦行動で満足せねばならないことになった。しかしながら、わが飛行機の索敵圏外にある、敵の後方要地に対するこれら潜水艦の偵察報告は、わが軍の作戦指導の上に極めて貴重な資料となった。

この期間に南太平洋であげた戦果は、伊一一潜および伊三九潜が、おのおの一隻の巡洋艦を撃沈し、伊一七、伊一九の二潜水艦が、それぞれ一隻の船舶を撃沈したことであった。しかしながら、わが潜水艦のこうむった被害も、大きかった。戦後になってわかった状況を示すと次ページA表の通りである。

さて、第七潜水戦隊に編入された小型潜水艦は、ガ島の撤退作戦後、ソロモン群島方面の増援阻止作戦に当たったが、島づたいに次々と攻略の歩度を進めてくる米軍の制圧下に、わがソロモンの要地は、水上艦船による補給のみちを絶たれたので、この小型潜水艦をも、輸送任務に従事せしめなければならなかった。

この間、同潜水戦隊は敵の輸送船数隻を撃沈したが、わが方は、次ページB表のように、貴重な乗員と潜水艦とを失った。

以上わが潜水艦の被害状況によってわかるように、アメリカ海軍の対潜攻撃能力は、昭和十八年度に入ってから、急速にその威力を発揮しはじめた観があった。敵は電探がすでに十分普及して、存分にこれを駆使しているのに、わが方での電探の発達はまだ幼虫のようなものであったということが、その重大な理由であった。さらに米軍の対潜掃蕩の執拗さ、徹底さも驚くべきものとなった。かくて真珠湾攻撃当時のような、なまやさしい作戦は日本海軍潜水艦にとって、もはや過去の夢となった。

A

艦名	年月日	場所	相手	潜水艦長名
伊一七潜	一八・八・一九	ヌーメア沖	米飛行機	原田 毫衛少佐
伊二〇潜	一八・八～一一	ニューヘブライズ方面	?	大塚 苑少佐
伊一八二潜	一八・九・三	同右	米駆逐艦	米原 実中佐
伊二五潜	一八・九～一〇	中部太平洋	?	小比賀 勝少佐
呂三五潜	一八・八・二五	ソロモン南方	米駆逐艦	真鍋 正輝少佐

B

艦名	年月日	場所	相手	潜水艦長名
呂三四潜	一八・四・五	サンクリストバル北西	米駆逐艦	富田 理吉大尉
呂一〇二潜	一八・五・一四	サンタイサベル南方	同右	兼木 正二少佐
呂一〇三潜	一八・七～八	ソロモン群島南方	?	市村力之助大尉
呂一〇七潜	一八・七・一二	レンドバ島付近	米駆逐艦	江木 尚一少佐

3　苦難の北方作戦

アリューシャンの戦況急変については前にもちょっと述べたが、この方面には、もともと、伊三一、伊三四、伊三五などホンの少数の潜水艦が配されてあった。それに昭和十八年の四月、玉木留次郎大佐の指揮する第七潜水隊（伊二・伊五・伊六・伊七）が増勢された。これら潜水艦は主として糧食弾薬を、アッツ、キスカの守備隊に輸送するために使われた。敵機の脅威のため輸送船も水上艦艇も使えなかったので潜水艦を使うほかなくなったからである。ところが、五月十二日、米軍が突如アッツ島に上陸を開始するや、連合艦隊司令長官は、この事態の急変に応ずるため、第六艦隊の精鋭潜水艦の一部を、さらにこの方面に注入することを命じた。こうして多数の潜水艦がアリューシャン方面に集中したが、その全般指揮は第一潜水戦隊司令官、古宇田武郎少将の手に托せられた。

なお、ここでつけ加えておきたいことは、北方の急変に応じて、呉鎮守府部隊である旧海大型潜水艦三隻と、新造の小型潜水艦二隻が、北方部隊に増勢されたことである。

魔の海、霧のアリューシャン方面に行動しなければならなくなった潜水艦乗員の苦悩を想うとき、私の心中は悲痛の念に満たされた。しかも、人員の救出とか、糧食弾薬の輸送など、およそ潜水艦本来の任務とは、縁遠いことをやらなければならないのである。

連合艦隊司令部の潜水艦の使いかたについて、なんとかして貫いたいという気持ちは、いつも心のうちにあったが、兵力使用の直接的権限は連合艦隊司令部の方にある。軍令部からあまりかれこれ干渉することは好ましくない。同司令部が以前のように、柱島水道にあれば、電話連絡によって、主務幕僚との間に、意見の交換もできたのであるが、遠くトラックにいたのでは、それもできない。私はジッとこらえるほかなかった。

北方部隊の潜水艦は、アッツ島に敵が上陸を開始するや、むろん、同島に対する糧食などの輸送とか、同島からの人員の救出を試みた。また、キスカ島は全員撤退することに決定してからは、潜水艦約十二隻をもって、同島の撤退作戦を行った。しかし、潜水艦の被害が増すばかりで、作業がなかなか思わしく運ばなかった。そこで遂に意を決し、巡洋艦および駆逐艦をもって、一挙に撤収作戦を強行することになったが、むろん敵飛行機の攻撃に水上艦艇をさらすことは危険この上もないことだ。第一回目の企図は、天候その他の都合によって中止された。そして散々時機をねらった揚げ句、七月の末、北方特有の濃霧を利用し、無事キスカ守備隊全員の撤収を完了することができたのは、実に天佑という感じであった。

キスカ撤収作戦の期間中、北方部隊の潜水艦は主として、キスカ島、アトカ島付近海面に行動して、敵情偵知、天候予察資料の提供、水上部隊の行動に対する翼側擁護などの任務に従事した。そして、この作戦が終わると、第七潜水隊（伊二・伊五・伊六）のみをこの方面に残し、その他の第六艦隊精鋭潜水艦は、南太平洋方面に復帰することになった。この北方潜水艦の戦闘ぶりについては、主な出来事を五月中旬にさかのぼって述べると、次の通りである。

アッツ島に敵が来攻したとき、すぐさま同方面にかけつけていったのは、伊七潜、伊三一潜、伊三四潜および伊三五潜の四隻の潜水艦であったが、うち攻撃に成功したのは、伊三一潜と伊三五潜の二隻であった。

伊三一潜は、井上規矩中佐が潜水艦長であったが、アッツ島に敵艦隊が来攻するや、その戦艦および他の艦艇一隻を攻撃して、魚雷を命中させた。しかし、不幸にも同艦もまた同近海で消息を絶ってしまった。軍令部で私は、「付近海面行動中の巡洋艦に、一大水柱の奔騰するを認め、暫時にして、その艦影を見失う。味方潜水艦の攻撃によるものと判断す」という電報を、アッツ島の陸上部隊から、受け取ったことによって、さらに巡洋艦一隻を撃沈し、その後敵掃蕩艦艇の猛烈な反撃を受けて、沈没したものと想像していた。戦後わかったところによると、五月十四日、アッツ島北方で米駆逐艦の攻撃によって沈没している。また、伊三五潜は、五月十六日アッツ島近海において、軽巡洋艦を攻撃し、多大の損害を与えた。

これらの戦果と引き換えにわが方の払った代価も高価なものであった。前記伊三一のほかに、伊二四、伊七、伊九の各潜水艦の乗員も次に記すような経過によってアリューシャンに悲しき華と散った。

すなわち、伊二四潜は、六月上旬アッツ島守備部隊中の最後の連絡員を、チチャゴフ港に収容する目途のもとに、三回にわたって同港に接近してみたが、とうとう陸上に連絡員の姿さえ発見できず、その旨を報告したのちに、遂に消息不明となってしまった。同艦の艦長は花房博志中佐であった。彼は真珠湾およびシドニー港に対する特殊潜航艇の奇襲攻撃、または輸送船の撃沈など、開戦以来多くの戦功をたてた殊勲の潜水艦長であった。

伊七潜は、六月二十一日輸送任務のためキスカ泊地に停泊中、敵哨戒艇の砲撃を受け、これに応戦したが、司令玉木留次郎大佐、潜水艦長長井勝彦少佐、いずれも戦死し、翌二十二日先任将校指揮のもとに出港したところ、またもや霧中において突然、敵駆逐艦の砲撃を受けて、擱座大破する悲運にあった。そして、乗員の大部分も悲壮なる戦死をとげた。

伊九潜は、伊七潜と同様、旗艦設備のある立派な潜水艦であったが、輸送任務の途上消息を絶ってしまった。艦長は藤井明義中佐で、戦後になって、六月十日アッツ島北東海面において、米海軍偵察機の攻撃により沈没したことがわかった。

これら悲運の数隻のほか、霧のため針路をあやまって座礁したり、または敵の爆雷攻撃を受けて、損傷した潜水艦もあった。とにかく、この北の戦は潜水艦にとって縁の下の力持ちなどという生やさしいものではなく、実に忍苦忍従の限りであった。

4　二段進級の思い出

話は余談になるが、この北方作戦が始まるすこし前（昭和十八年）の春のある日のこと、軍令部の私の机の上に、一枚の葉書がおいてあった。珍しく井上規矩君からのもので、「今度の土曜日に、逗子の家を訪ねるから、帰宅しているように……」という意味のことが書いてあった。

井上君の乗艦している伊三一潜は、当時、横須賀軍港で整備中だった。彼は次の作戦に出発する前に、ゆっくり私と語り合いたかったのであろう。二人は中尉時代、同じ潜水艦で隣同士の潜水艦の航海長を一緒にやった。大尉から少佐にかけては、同一潜水戦隊で暮らした。そして二人とも潜水艦長に昇進すると、彼は伊七五潜艦長、私は同一潜水隊の伊七四潜の艦長となり、実に長い間、ドン亀生活の苦楽をともにした間柄だった。

彼は直情径行の、まがったことが大嫌いの熱血漢であった。無二の親友という言葉があるが、幽明境を異にした今もなお、それ以上の敬愛の念を感ずるのである。

「やあ！」と、言って、あの日、私の家の玄関に立った彼。南洋やけのした顔。五尺八寸の軍服姿。今も眼前に浮かんでくる。彼は特大製の折り鞄のなかから、一升瓶二本を取り出して、私の妻に渡した。私が不自由しているのを察しての好意と、嬉しかった。

友、遠方よりきたる、また楽しからずや。まして、彼は間もなく、はるけき海への征途にのぼるのである。気の合った二人ではあり、酒ならば、いずれ劣らぬ彼と私とである。夕方から飲みだした二人は、興ののるままに、二本はおろか、妻があちこちに頼んで用意してくれていたエクストラの一升も征服した。そのうえ十本のビール瓶までもが畳の上に空になってころがった。

彼は、終列車で田浦の潜水艦基地隊に帰ると言う。春の心地よい夜風を、ほてった皮膚に感じながら、私は逗子駅まで見送った。改札口で「しっかり頼むぞ！」と、手をせいっぱい握り合って別れたが、これが今生の別れとなってしまった。

その後私が第六艦隊の先任参謀に転じてからのことである。戦死した潜水艦長のなかで、武功抜群の人には、二段進級の恩典があるから、艦隊司令部でその候補者名簿をだすようにと、海軍省から通知を受けたことがあった。松村寛治大佐、井上規矩、木梨鷹一、福村利明各中佐、それから伊豆寿一中佐など数名の名前を書いて海軍省に送った。松村大佐、木梨中佐、福村中佐などがその恩典に浴したが、なぜか井上中佐と伊豆中佐は、惜しくもその選に洩れた。天晴れの名潜水艦長であったのに、今でも残念で仕方がない。

5　北方作戦の前後

キスカ撤収作戦のあと

さてキスカの撤収作戦が終わると、精鋭の潜水艦が復帰したので、第六艦隊はやや兵力の余裕を生じたが、ソロモン、ニューギニア方面における敵の進攻は、ますますその歩を進めてくる。ギルバート、マーシャル諸島、ウェーク島などにも敵の牽制陽動作戦がはげしくなってくる。戦況は日に日に深刻を加えてきた。そこでわが潜水艦は、ソロモン、ニューギニア方面への作戦輸送、敵の増援阻止、または、わが艦艇航空機によって偵察できない要地の偵察、あるいはハワイ方面からの増援阻止作戦、陽動部隊に対する手あてなど、次々に出される艦隊命令に、応接の暇がないほど、東奔西走しなければならなかった。

ちょうどこの頃ハワイ方面に敵部隊集結しつつありとの通信諜報があった。それで、稲葉通宗中佐の指揮する伊三六潜がハワイ偵察を命ぜられた。同艦は、幾度かハワイ諸島に近づいてみたが、敵の警戒が厳重で飛行機発進の見込みが立たない。やむを得ず、潜水艦搭載飛行機の行動距離としては限度に近い、真珠湾から約三〇〇海里（約五六〇キロ）の地点から、十月中旬のある日、意を決して、搭載機を発進した。この飛行機は、真珠湾内に戦艦四隻、航空母艦四隻その他艦船の在泊中なることを発信したが、遂に帰還しなかった。この片道飛行偵察は、当時の戦況の深刻化を物語るものとして、実に悲壮なものであった。

第4部　潜水艦によるドイツとの協同作戦

第1章　ドイツ海軍との協定

1　作戦海面の協定

今次の大戦で、日独両国が実質上の協同作戦を行ったのは、インド洋上における潜水艦作戦であった。また、地域的に遠く隔たった日独両国海軍の連繋は、主として潜水艦によって行われた。その概要は、次の通りである。

私が軍令部に着任した当時、すなわち昭和十七年三月頃の両国間の作戦海面の協定は、東経七〇度を通ずる以東のインド洋および太平洋海域を、日本海軍の担当とし、それ以西のインド洋および大西洋を、ドイツ海軍の作戦海面と定められていた。

その後、アフリカ東岸、マダガスカル島の要地に対して、特殊潜航艇をもってする攻撃を実施するというので、ドイツ側と交渉のうえ、日本海軍の作戦海面を、アフリカ東岸まで拡張することになった。それからしばらくすると、今度はドイツ側から、仮装巡洋艦でインド洋方面の交通破壊戦を行うから、更に協定をやりなおして欲しいとの申し出があり、おおむね南緯二〇度以南のインド洋が、ドイツ海軍の作戦海域となった。それから幾度か協定海面の変更があり、私がメモのために備えていた両国作戦協定に関するインド洋の海図は、最初東経七〇度で東西に色わけされていたものが、彼我の作戦状況によって、凹凸のあるこまかい区域を定めたものに、幾度か塗り換えられた。

ドイツ側との直接の折衝は、軍令部第一部直接部員の小野田捨次郎大佐、檜野武良少佐などがあたっていたので、私は、ドイツ側の真意がどの辺にあるかを、直接知ることはできなかったが、両国間の交渉のむずかしい状況からみて、当時の感じとしては、ドイツは多分に戦後の権益を考慮しているのではないかと思ったりした。

（注）巣鴨拘置所を出たとき、迎えにきてくれた人々のうちに、当時のドイツ武官であった溪口《たにぐち》泰麿元大佐がいたので、その間の消息を聞いてみたところ「そんな欲ばった考えは、ドイツ側は持っていなかったようだ」という答えであった。私の考えは思いすごしであったのかも知れない。

さて、昭和十八年の春頃になって、ドイツ海軍がその潜水艦をインド洋方面に回航し、日本潜水艦と協同作戦を実施したいと申し入れてきた頃には、日独両国とも、おのおのその戦況がひっ迫してきた関係も手伝ってか、迅速に交渉が運ぶようになった。そして、今までのように、インド洋を画然と両分することなく、現地指揮官が互いに協定のうえ、その裁量によって、両国潜水艦の作戦海面を定めることになった。それでも、潜水艦作戦の見地からすると、不便が多いので、私が軍令部を去ってインド洋方面に転勤する前に、作戦海域を区別することをやめ、両国潜水艦は、あらかじめその行動概要を通報し合い、作戦海域に拘泥することなく、あたかも同一海軍が作戦を実施するように、協定を改めてもらった。

2　潜水艦によるドイツとの交流

主役は日本潜水艦

ドイツ海軍の潜水艦は、艦型が小さかったので、両国の人員の交代、機密兵器および特に欠乏している物資の交流は、主として、わが方の潜水艦によって行われた。

日本内地からドイツまでは、途中の迂回航路、ジグザグコースなどを考慮に入れると、往復三万海里に近い航程であり、しかも、大西洋の警戒きわめて厳重な海面を突破するのであるから、潜水艦としては、なかなかの難事業であった。

これら潜水艦で交代した人員は、主として海軍関係の人であったが、陸軍関係の者や、ドイツ人技術者なども含まれた。主な人物には、インドの志士チャンドラ・ボース、日独伊軍事同盟日本側首席軍事委員野村直邦中将（のち大将、一時海軍大臣となる）などがあった。

機密兵器の交流は、開戦後間もなく行われた第一回目の伊三〇潜の往復の場合は控え目がちだった。最高度の機密に属するものは日本側でも提供を逡巡した。たとえば、真珠湾攻撃やプリンス・オブ・ウェールズの撃沈にその威力を発揮した酸素魚雷は、ドイツの要望にもかかわらず送らなかった。しかし、第二回目の伊八潜以後の交流では、わが方はあらゆる機密兵器を提供したし、ドイツ側からも貴重な機密兵器を譲渡してもらった。

この機密兵器の交換については、ドイツ武官から「イタリアには秘密にしておいてくれ」

と、申し入れがあったことを記憶しているが、ドイツ海軍では、その当時からイタリアには、信用をおいていなかったようである。

伊八潜で交換した主な機密兵器は、次のようなものであった。

酸素魚雷――ほとんど無気泡であり、しかも馳走能力の大きい点が特長で、ドイツの電池魚雷より数等優秀なものであった。また米英海軍もこれには驚異の眼をみはったことは確かである。

潜水艦自動懸吊装置――推進器による前進力と潜横舵とによって深航深度を保つことなく、停止のまま、艦内タンクを自動的に極めて巧妙に注排水して、一定の深度を保つ装置。この装置ができない前は、ハンギングといって、海中の懸吊を試みたが、海水密度の具合が余程いいときでないと、三十分以上懸吊を続けることは困難であった。

この装置は、戦争が始まる頃、友永英夫造船少佐が発案したもので、潜航中の電力節約、無音潜航などの見地から、極めて貴重な考案であった。

最新式水上偵察機。

潜水艦無気泡発射管。

その他の設計図あるいは実物を、わが方より提供し、ドイツ側からは、電波探知機、航空機用機銃、二〇ミリ対空機銃、高速魚雷艇用エンジン、無線関係兵器などを譲渡してもらった。

その他の潜水艦も、そのつど、当時の最高機密に属する兵器および設計図などの交換を行ったのであった。

物資の交流は、ドイツ側が最も欠乏して困っている物資を、わが国から輸送するようなことになったが、その主なものは、生ゴム、錫、タングステン、モリブデン、キニーネ等で、ほかに物資購入用として、金塊も送った。生ゴム、錫、タングステンなどは、シンガポールに寄港し、入渠《にゅうきょ》して積んだが、生ゴムは上部構造物の間に、錫などの重量物はパラストキール内の鉛と入れ替えに、積み込んだ。

ドイツ派遣第一艦、伊三〇潜の触雷

第一回目にドイツに派遣された潜水艦は、遠藤忍中佐の指揮する伊三〇潜であったが、私が軍令部に着任して間もない、昭和十七年の四月中旬に内地を出発した。訓令も起案したり、ドイツ武官との折衝などで、私は相当多忙な幾日かを過ごした。

伊三〇潜は、前に述べたように、最初は第二次特別攻撃隊の一艦とし、アフリカ東岸要地の飛行偵察を行ったのち、マダガスカル島の南東方洋上で、愛国丸等から最後の補給を受け、それからアフリカ南端、喜望峰の難所を乗り越え、大西洋の警戒網を切り抜けて、八月上旬フランスのロリアン港に入港し、無事任務を果たして、同年の十月中旬に、シンガポールに入港した。

このシンガポール入港の報告に接したときは、軍令部にいた私も重荷をおろしたようなホッとした感じであった。だが、実は、同艦がシンガポールに寄港することは軍令部から、なんの指令も出していなかったので、なぜ寄港したのだろうと、安心のうちに、一抹の不安を感じていた。

ところがシンガポール着の電報をうけた翌日であったと記憶する。「伊三〇潜、出港の際、シンガポール港外において触雷沈没す。ただし、潜水艦長以下乗員の大部分はこれを救助せり」という悲報が入った。私は、ガッカリしてしまった。どうしてシンガポールなどに寄港したのか、よく調べてみたら、海軍省の兵備局で、軍令部になんの相談もなく、エニグマの暗号機をシンガポールに立ち寄って積んでくるように、伊三〇潜に依頼したことに原因するものとわかった。軍令部では第一部長以下カンカンになって兵備局を責めたが、あとの祭りであった。

触雷の原因は、入港前に根拠地隊が行った航路に関する無電を何の原因か本艦が受けておらず、たまたま満潮時に出港することとなったためであった。伊三〇潜は危険とは知る由もなく掃海のすんでいない海面を通ったのである。こうして、精鋭の潜水艦を失ったのは、まことに残念であったが、沈没位置が浅かったので、相当量の貴重品を揚収し得たことは、せめてもの幸いであった。

伊八潜の成功

その後ドイツ政府から、数回にわたって、日本潜水艦で同国で欠乏している物資を送ってほしいという要求があったが、ガ島方面の戦闘が始まってからは、一隻の潜水艦も分派する余裕がなかった。潜水艦による物資の交流は、しばらくたち消えの形となった。

ところが、昭和十八年に入って、ドイツから、最新鋭の一〇〇〇トン級潜水艦二隻を、無償で日本海軍に提供するから、日本側もこの潜水艦を参考にして、交通破壊用の潜水艦を沢山つくり、商船攻撃を更に徹底してやってもらいたいという申し入れがあった。この当時はまだドイツ潜水艦の商船撃沈隻数は、米英の商船建造隻数をしのぎつつある状況であった。

この二隻のドイツ潜水艦のうち、一隻はドイツ海軍の乗員によって、日本まで回航させるが、他の一隻は、日本海軍の乗員で、ドイツから日本へ回航してもらいたいとのドイツ側の申し出であった。そこでこの潜水艦乗員輸送と機密兵器の交換、物資輸送をかねて、わが海軍から潜水艦をドイツに派遣することになった。多くの便乗者を収容する見地から、旗艦設備のある伊八潜に、この任務遂行を指定された。

当時大西洋方面、特にビスケー湾付近の敵の対潜警戒は、伊三〇潜の場合よりも更に厳重となり、レーダーを使用する対潜攻撃方法は、巧妙を極めるようになったというので、伊八潜の日本からの出発に際して、ドイツ海軍から、いろいろと注意事項を申し送ってきた。私は、内野艦長に上京してもらって、航路の選定その他万端の打ち合わせを行った。

伊八潜は、内野信二大佐指揮のもとに、昭和十八年六月初め呉軍港を出港したが、同艦の出港後は、敵の対潜方策についての適切な処置方法を知らせてもらうこと、日本潜水艦には、まだレーダー装置が完成していないから、途上で、これを伊八潜に装置してもらうことなどをドイツ海軍に申し入れた。同艦は八月末無事ブレストに着いた。そしてヨーロッパで約一カ月の整備休養ののち、同年十二月中旬内地に帰着した。

　伊八潜がその帰途、シンガポールに寄港したとき、私はすでに軍令部を去って、ペナンの司令部に転任していた。同艦はこの特別行動中はペナン司令部の指揮下に入っていたので、内野艦長はシンガポールからペナンに報告にやってきた。

　そのときの話によると、往航はずいぶん困難な目に遭ったとのことであった。喜望峰沖で大暴風雨に見舞われて船体の各部が破損したが、貧弱な潜水艦の工作力で、なんとか応急の修理を行ったこと、北アフリカの西方洋上で、ドイツ潜水艦と会合して逆探装置を装備してもらったこと、またドイツの連絡将校がその時に乗艦してきてここからは、充電を必要とするときのほかは、ほとんど潜航状態で進むことになったこと、ビスケー湾に入ってブレスト港に近くなると、数隻の護衛艦艇に守られて、八月三十一日無事同港に入港したことなど、話はつきなかった。

　ブレスト港のブンカー（敵の空襲から守るため、厚いベトンで上をおおい、そのなかに潜水艦繋留場所、修理施設、魚雷調整場等を設備した大仕掛けの施設である。日本海軍には遂に終戦までできなかった）に繋留すると、潜水艦長と乗り組みの主要幹部はドイツ本国にゆき、その他の乗員はパリ見学に出かけ、伊三〇潜の場合も同様に、ドイツ側の大歓迎を受けた話などはうらやましい限りであった。

　帰途は、小島秀雄少将と交代した駐独大使付海軍武官の横井忠雄少将、電気専門家のドイツ人技師、その他数名の便乗者を収容してきたこと、中部大西洋セントヘレナ島に近いアセンション島付近で、敵哨戒飛行機の爆撃を受けたが、さほどの被害もなかったこと、そのほかはおおむね順調な航海を続けたこと、内野艦長は大体こんな報告をしたのである。伊八潜はこの特別任務を指示されたとき、内野艦長が大佐に進級するというので、人事局では一時、潜水艦長更迭を考えているらしかった。伊号型潜水艦長の定員は中・少佐であったからである。ところが重要な特別任務行動だから、艦によく慣れた有能な内野艦長の留任を、私は例外として認めてもらうことに努力した。大佐の潜水艦長は、日本海軍としては初めてのことであったが、艦齢の比較的古い潜水艦をもって、よくこの難事業をなしとげ得たことは、内野艦長の力量にまつところ大きいといわねばならない。

ペナンに挫折した伊三四潜

次に、入江達中佐の指揮する伊三四潜がドイツに派遣されることになったが、この潜水艦長も選り抜きの優秀な人であることは、もちろんである。

私は、伊八潜の場合と同様に、軍令部で入江艦長と、十分打ち合わせを行ったが、私の方が一足先に内地を離れてペナンの司令部に赴任することになった。伊三四潜がシンガポールに入港すると、私もペナンから出かけていって再び入江艦長と会い、夕食をともにしながら、いろいろと話し合ったりした。「気をつけてね。ペナンで待っているよ」と言って別れたが、これが今生の別れになろうとは、神ならぬ身の知るよしもないことであった。

伊三四潜はペナンにも寄港することになっていた。私は、今度も一足先にペナンの司令部に帰って、その入港を待った。しかし、とうとう予定の日には、その姿を見せない。タツ君はどうしたのだろう？　シンガポールでは「俺の方が今のところ金まわりがいいからな」といって、一切私に支払いをさせなかったからペナンにきたらこちらの方で、と心待ちにしていたのに……。

翌朝になっても、やはり便りがなかった。ところが、その日の夕刻になって、伊三四潜は撃沈されたらしく、その乗り組みの者が、ジャンクに救われ、いまペナン桟橋にたどりついたという知らせがあった。さっそく桟橋に電話をかけてみると、助かったのは、後部発射管室にいた電気長石垣少尉以下十名ばかりで、入江艦長等は艦と運命をともにしたという。壮図むなし！　入江中佐は、謹厳実直な海軍士官で私の敬愛する人であったが、まことに惜しいことであった。

生存者の話を総合してみると、遭難の状況は、およそ次のようなものであった。

十一月十三日午前七時半頃、ペナン入港をすぐ間近に控えて、水上航走中、ペナン島ムカ岬の南西方一〇海里のところで、突然、艦の中央部右舷——陸岸によった方——に大爆発が起こった。あっと思った瞬間に、三〇余メートルの海底に沈んだ。後部発射管室にいたものは直ちにその防水扉を閉めたが、次第々々に浸水が増し、海水が胸を没するほどになった。そのため気圧が上がり、呼吸するのが苦しくなってきた。もうこれまでと、一同は覚悟を決め、天皇陛下万歳、日本帝国万歳を三唱して、最期を天にまかせていたところ、どうしたはずみか、後部ハッチが突然開いた。そしてその室内にいあわせたものは艦内の高圧空気と一緒に吸いあげられて、艦外にほうりだされた。そして海上に浮き上がったところを、付近にいあわせたジャンクに救い上げられて、親切にペナンまで送ってもらったとのことであった。

その当時は、磁気機雷の爆発にしては、水深が深すぎるし、恐らく沖合から発射した潜水艦の磁気魚雷が艦艇通過後に爆発したものと考えていた。その後敵側の発表放送によって、この不幸は英国潜水艦によって、かもされたものであることがわかった。

伊二九潜の喪失

その次にドイツに派遣されたのは、伊二九潜であった。昭和十八年秋、伊二九潜がインド洋方面から内地に帰還すると間もなく、伊三四潜におっかけて、もう一隻の潜水艦をドイツに派遣する話が起こった。当時私はまだ軍令部に勤めていたが、伊二九潜をこの任務に充てることになって、誰をこの特別任務の潜水艦長にしたらいいか、人事局の主務局員から、所見を求められた。

大西洋方面は、敵の対潜警戒状況が非常に厳重になりつつあったときではあり、最も有能な潜水艦長が必要だったので、私は、航空母艦ワスプ撃沈の偉勲者木梨鷹一中佐を推薦した。

木梨中佐と私は、大尉時代に、伊五四潜で同氏は航海長、私は先任将校として、一年間艦隊勤務をともにしたことがあるが、彼は操艦の技倆にかけては抜群であった。私も当時は、連続三年間の艦隊勤務によって、操艦技倆に相当の自信があったが、彼にはどうしてもかなわなかった。

木梨艦長との打ち合わせも、入江中佐の場合と同様、軍令部で行ったが、その後間もなく私は第八潜水戦隊参謀に任命されたので、ペナンの司令部に赴任し、同方面で再会することになった。

同艦は昭和十八年十一月中旬、呉軍港を出発してシンガポールに寄港したが、私は第八潜水戦隊司令官の代理として、シンガポールまで潜水艦用の豆飛行機で飛び、伊二九潜の壮途を見送った。軍令部でいろいろとお世話になった小島秀雄少将や、私と兵学校同期生の小島正己、扇一登、無着仙明中佐などが、この艦に便乗してドイツやスペインに赴任するというので、随分にぎやかなものだった。

伊二九潜は、シンガポール出港後、途中、インド洋上でドイツ海軍の補給船ポゴダ号から、燃料の補給を受けて、ドイツに向かったが、このポゴダ号に托して、私に宛てた木梨艦長の手紙が、仏天の恵みであろう、不思議に戦災を免れて、今も私の手もとに残っている。往時を偲ぶよすがに、原文のままを左に掲げることにしたい。

光輝ある昭和十九年の新春を迎へ、改めて貴下の御清武を祈念す。在昭中は、公私共に絶大なる御厚情を得、千万有難う。

昭南を去るのは、相当つらかった。今頃になっても「ああ！　昭南へ行きたい」と云ふ便乗者がゐる。冗談ぢゃない。貴様達は生きて二度と昭南へ帰ると思うな、帰るんだったら、化けて来るのが上算段ぢゃよと慰めるのに骨が折れる。

その便乗者も皆船酔一つなく、飯が甘い飯が甘い、肥えた肥えたと騒いでゐるが、小生の見る処では、はれてゐるらしい。よろこんでゐるのにいらぬことを言ふ必要もないと、じっと見てゐるとイジラシイ。

碁と将棋が盛ん。一昼夜ほとんど連続に精励遊ばしている。が碁とは名のみ。実力は「サン」か「ニ」か？ 無着等は「イチ」位の所、けんど扇の様な「ゼロ」党もゐるからにぎはしい。小生将棋は大戦以来の修業で、従来人に勝つなんてのは稀有のことだったが、小島とやって負けることなし。この頃は角落で勝ってゐる。無着はその小島にギューギューやられるんだから、これも世は様々。が併し側で聞いてゐると、口は何れも達者揃い、負けた奴が勝ったのかと、とんだ錯覚を起す。

元旦の朝三尺はないが、一尺以上はたしかにある飛魚が一疋とび込んで、艦内神社へおそなえした。

昭南へ入るときは、若鷹が一羽とびこんだし、今度は飛魚……次は果して爆雷がとびこむか。興味をもって見てゐる。

興味と云えば、小生出撃の日、貴様の錨地は果していづこか？ と云ったとて、返事のあろうことではなし、来年の拝眉の節を待つ許り。折角のフントウを祈る。

（中略）

生きて帰ったら、たのみ事一つ。

「ボストン・バック」と中型「トランク」の上等を一個宛配慮して置いてくれ。「スラバヤ」辺へ行くことでもあったら是非たのむ。今三日の一一三〇、天候曇、追波のウネリが相当あるが、二〇〇〇頃より燃料補給作業第二次を行ふ予定にしてゐる。

ではこれで、当分音信不通。

御自愛専一、またの拝眉を鶴首す。さよなら

一月三日　　　　木梨生

井浦兄

達筆のペンの走り書きでしたためられたこの手紙を書き写すとき、万里の異域に描かれた当時の情景が、まざまざと眼に浮かんでくる。

さて、伊二九潜は、途中随分苦労したらしいが、無事ロリアン港のドイツ潜水艦基地に入港し、ヨーロッパでの用件をすませて、故国に帰投の途、再びシンガポールに入港した。私は、さっそく同艦をセレター軍港の埠頭に訪ね、木梨艦長と手を取り合って、その成功を祝った。前記の手紙で依頼されていた品々も運よく手にはいっていたので、それを携えていったのはもちろんのことである。ところが、同艦はシンガポールから内地への途次、バシー海峡付近で通信連絡を絶った。

気になった私は、心から同艦の無事を祈ったが、しばらくして、同艦の乗員二名、艦橋当直員が味方部隊に救助された。これら二名の生存者によって、同艦が、昭和十九年七月二十六日バシー海峡を水上航走中、アメリカ潜水艦の雷撃を受けて沈没したこと、木梨艦長以下

他の乗員が艦と運命をともにしたことが悲しくも、語られたのであった。

長い間の木梨兄との交友や「生きて帰ったら」という彼の言葉の思い出など、私情も手伝ってはいたが、私は腸の九回する思いでこの報告をきいた。

伊五二潜ドイツに達せず

その後更に、宇野亀雄中佐の指揮する伊五二潜がドイツに派遣されたが、ビスケー湾付近で消息を絶ち、遂にドイツに達することができなかった。宇野艦長とは、ペナン司令部で、行動の打ち合わせをして別れたのだったが、同艦がフランス沿岸に着く頃は、ちょうど連合軍のノルマンジー上陸作戦と一致していたので、同艦の安否はひどく気づかわれたのであるが、果たして、着いたという電報は遂になかった。波濤幾万海里の異境に、乗員たちは、長い恨みを呑んで海底に眠っていることであろうと、まことに悲痛な感にたえない。戦後わかったところによると、同艦はビスケー湾において、昭和十九年六月二十四日米海軍機の攻撃を受け沈没となっている。

3　ドイツ潜水艦の譲渡問題

この項で述べることは、前項に述べたことと時期的に前後する点でもあるのだが、問題の性質上、ここにひとまとめにして書くことにした。

ヒトラー潜水艦を送る

ドイツ海軍が、その優秀な潜水艦二隻を、わが海軍に譲渡する件については、前項に述べておいたが、巣鴨拘置所に入って、ときのドイツ大使大島さんに直接その真相をうかがってみたところ、こんな話をしてくれた。

「ある日、ベルヒテス・ガルデンの大本営で私がヒトラーに会ったとき、日本海軍に潜水艦二隻をやりたいと彼の方から話を持ち出したので、そのことを私は海軍武官に伝えた。ところが、その後、ドイツ海軍の兵器局長が、その代価を希望しているといって、交渉がなかなかはかどらないということだったので、リッベントロップに会って話してみたところ、ヒトラーから〝それはとんでもないことだ。無論無償でおあずけするのだ〟とあって、兵器局長はヒトラーにお目玉を頂戴したという話であった。潜水艦譲渡問題はこうして即刻実現することになったのだ」と。

この潜水艦譲渡の話があったのは昭和十八年に入ってしばらくしてからのことであったが、それと前後して、ドイツの潜水艦でインドの志士チャンドラ・ボースを、インド洋まで送るから、そこで日本潜水艦に収容してもらいたいという提案がドイツ側からあった。

私は、駐日のドイツの海軍武官と会って、日独潜水艦の洋上会合について、打ち合わせを行った。同盟国とはいえ、国籍の違った潜水艦が戦場で会合するのは両国海軍最初の試みだったので、問題は簡単ではなかった。味方識別法、洋上会合方法、人員の収容方法、使用電波の波長数など技術的な難問がいくつもいくつも重なっていた。

この特別任務は、寺岡正雄大佐乗艦、伊豆寿一中佐の指揮する伊二九潜が受けもつことになった。話は前後したが、伊二九潜は「潜水艦によるドイツとの交流」項の最後で述べた、あのバシー海峡で昭和十九年七月に沈んだ潜水艦である。この潜水艦が昭和十八年四月下旬マダガスカル島の南西方洋上で、ドイツ潜水艦からチャンドラ・ボースを収容して、無事わが基地に送ることができた。なおこのとき、人員物資、特別兵器の交流も実施した。

次いで、譲渡第一艦であるドイツ潜水艦は、シンガポールまでの燃料が足りないので、インド洋上において、わが海軍から燃料を補給して欲しいとの交渉があった。このときも駐日ドイツ武官と会合地点、会合要領、燃料補給方法などの打ち合わせを行った。駐日ドイツ海軍武官との折衝はその後数回にわたって行われたが、それは当時計画中であったドイツ潜水艦によるインド洋方面作戦の準備に関するものであった。ことに基地設営問題などが重点であった。この打ち合わせには、日本側は海軍省軍務局員(市川義守中佐)と私とがあたり、軍令部情報部付の小島秀雄少将が、主として通訳とか、斡旋《あっせん》とかにあたってくれた。

任務旅行の思い出

やはり十八年の前期のこと、藤森康男少佐が軍令部に着任し、潜水艦の事務を分担してくれることになった。そこで私は軍令部での机の仕事を同少佐に依頼し、譲渡潜水艦に関することとか、ドイツ潜水艦の作戦基地設営について現地での打ち合わせをするため、昭和十八年六月初め東京をたって、ペナン、シンガポール方面に出張した。輸送機に乗って、往路は台湾、比島、セレベス、ジャワ方面を経てペナンへ、帰路は仏印、海南島、台湾経由で東京へ、合計約二週間という飛脚旅行であった。セレベス島、ペナン島、仏印、海南島以外は、それまでの海軍生活で、あるいは寄港し、あるいはその沿岸を航海したことがあったが、空から眺める印象は、また格別のものであった。

上海飛行場をたって、沃野千里を思わせる揚子江の大平原を過ぎると、機は間もなく、浙江省の山岳地帯上空を飛び、やがて台湾海峡に出た。少尉時代の一年間を揚子江艦隊に勤務したことがあったが、ゆけどもゆけども尽きない広漠たる中国本土を描いていた私には、浙江省の山々がその山頂にいたるまで、丹念に耕されているのを見て、奇異の感を抱いたのであった。

日清戦争の始まる前に、北洋水師の提督丁汝昌が、麾下の艦隊を率いて広島県の宮島に入港したとき、中国地方の山々を見て「耕して山頂に至る。貧もって知るべし」と述懐したという古老の話を聞いたことがあるが、四億の民を擁する中国もまた、なかなか大変だと思ったことである。

台北の一夜はぐっすり眠り、マニラでは、第三南遣艦隊の花岡雄二参謀の案内で市内を一巡した。表面的には極めて静穏に見え、さかり場など、なかなか賑やかなものだった。

マニラ出発のときから侯爵醍醐《だいご》忠重中将と行をともにすることになり、ダバオで燃料を補給したのち、メナドに近いラングアンの飛行場に着いたのは、その日の午後太陽もまだ高い頃であった。赤道直下の熱帯ではあるが、標高六五〇メートルの高原にある飛行場は、内地の初秋を思わせるような涼しさであった。熱帯特有の澄みきった空。カラリとしたそよ風。これは熱帯の高原に遊ぶ者のみが味わい得る爽やかさであろう。

醍醐中将、後藤大佐、私の三人は、飛行場警備隊からさし向けてくれた乗用車に乗って、ラングアンの部落を過ぎ、深い山あいに入っていった。部落の家々は、木造の粗末なものであったが、その様子が日本内地の片田舎そっくりのように思われた。

部落の住民は、老若男女を問わず、会う者ごとに、いちいちていねいにお辞儀をしてゆくのも、他の占領地区では見られない、ものやわらかさを感ずるのであった。そして、住民の容貌や骨格などがよく日本人に似ていて、肌の色も、南洋の現地人のような肌色ではなく、なかには日本人より色白く見える娘も見受けられた。

われわれは小高い丘の美しい花壇の中で自動車を降りた。そこには椰子の樹や熱帯樹におおわれた、オランダ風の瀟洒《しょうしゃ》な洋館が建っていた。それがわれわれにあてられた宿舎であったが、メナド人医師の経営する病院の別棟であるという。日没まで三時間近くの余裕があったので私ら三人はメナド見学を思いたち、送ってくれた自動車に、さらに御苦労を願うことにした。

急勾配の山の傾斜に、つづらまがりに、まがりくねった道がついていて、その両側には、うっ蒼たる大木がそびえたち、昼なお暗い感じ。自動車は、急カーブを切りながら降りてゆく。およそ二十分もすると、視界が開けて、木立のすき間から、海が白く光って見え出した。

ゆく手に、珍しく気のきいた日本風の建物が見える。運転員の説明で、海軍部隊が療養のためにつくった、温泉場であることがわかった。

自動車をとめて一服する。温泉のプールがある。そばを流れている三メートル幅ばかりの谷川が激流となって、ごうごうたる音をたてながら流れている。

「あの谷川がそのまま温泉です」と、指す運転員にうながされて、その方向に目をやると、なるほど、湯気が小川一面からたち昇っていて、向こうがわに見える椰子の林が霞んで見える。別府や箱根、または北海道の登別温泉などより、ズッと雄大な景色である。温泉のプールに入ったり、谷川の急流にひたってみたい気持ちでいっぱいだったが、日暮れも近し、時間に余裕がないので、また車上の人となる。

この辺から、道は坂が少なくなり、カーブもゆるやかになってきた。ところどころに、水蒸気をたてて、温泉が噴き出しているのが見える。内地だったら、大温泉郷を現出することだろうなど、想像しているうちに、いつか平坦地に出た。

森のかなたに、チラホラ人家が見えてきた。メナドの町である。森の町、メナドはそんな感じのする、樹木の多い、閑静な街であった。警備隊本部を訪れると、海軍の陸戦隊の軍服をつけた、瀟洒な青年士官が出てきて応対した。派遣隊長、海軍兵学校出身の湯村中尉であることを知った。

このメナドの町につくまでラングアンを出発して、小一時間もたっている。日没まで間もない。ゆっくりする時間もないので派遣隊長の案内で、クルクルと自動車で市内を一巡した。

商店街は、ほとんど華僑の町という感じであったこと。港湾施設は、繋留浮標《ブイ》が二つばかり沖にあるほか、特に見るべきものもなかったことなどが記憶に残っている。人口は約五万ぐらい。メナドは、日本語のミナトに通ずるもので、徳川の鎖国までは、日本人の居住する者が多かったという話も聞いた。

この好青年士官は、終戦後蘭印（オランダ領インドネシア）の戦犯にかかり、銃殺刑に処せられ、日本武人らしく、従容として死についたことを、巣鴨拘置所に収容されて、人伝てに聞いた。うたた今昔の感に堪えないものがある。

さて、日も暮れかかったので、メナドの町を去り、ヘッドライトを照らしながら帰途についた。宿舎につくと、アマが一人つききりで、いろいろと世話をしてくれた。夕食には、鶏肉や山羊肉などの山と盛られた皿が出るなど、随分の御馳走であった。

翌早朝ラングアン飛行場を出発して、マカッサルで醍醐中将の一行とわかれて、その日スラバヤ飛行場に着いた。醍醐中将は、マカッサルの対岸にあるボルネオ島バリックパパンの第二十二根拠地司令官として、赴任の途上だったのである。

同中将は、潜水艦畑で鍛えた人で、若い時代は名潜水艦長とうたわれた剛毅な武人であった。公卿華族の侯爵であり、侍従武官などもやられたにかかわらず、貴族気分など少しもちらつかせない、人柄のゆかしい方であった。ところが、同提督にとって、この赴任が最大の不幸をもたらす機縁となろうとは、神ならぬ身の誰が予想したことであろうか。というのは醍醐中将がこのボルネオ在任期間中に、その管轄区域内に敵国人による陰謀事件があるのを発見し、その首謀者を軍律会議にかけて処刑したことが、終戦後、蘭印軍事法廷に問われて、ついに銃殺刑に処せられたからである。

蘭印関係の戦犯者が巣鴨に収容されてから聞いたのであるが、醍醐中将は部下の責任を一身に引き受け、従容迫らず死につかれたとのことである。戦争中醍醐中将はボルネオからいったん帰国させられ、第六艦隊司令長官に親補された。私は終戦直前の約半年を同司令部先任参謀として仕えたのだが、勇将のもと弱卒なしのたとえ、第六艦隊の潜水艦は、一糸乱るることなく、満々たる闘志をもって終戦のその日まで戦い抜いたのである。それは、醍醐長官の偉大

ペナンに入港したドイツ潜水艦

醍醐忠重中将

なる人格の賜であると、いまも深く信じて疑わない。

さて、スラバヤ飛行場に着くと、その足で、そこから程ちかい潜水艦基地隊に向かった。わざわざスラバヤまで行路をとってきたのも、この潜水艦基地隊視察のためであった。その夜は基地隊に一泊して、隊の先任将校と、施設のことについて話し合った。同基地隊は、オランダ海軍港湾施設の一部を利用したかなり立派なもので、ドイツ潜水艦の一部が回航してきても、さしつかえないことがわかった。

翌日は、先任将校の案内で、スラバヤ郊外の高地にあるトレテスの潜水艦乗員保健所を見にいった。トレテスは、蘭印時代にスラバヤ方面の避暑地になっていたところである。二人は基地隊で一番高級の無蓋自動車に乗って、たんたる舗装道路を疾駆していった。熱帯の暑さを忘れた感じだった。

トレテスは山の中腹にあり、一時間ばかりで保健所に着いた。背後には重畳たる連山がつらなり、眼下には模糊としてジャワの平原がひろがっている。夏服では、ちょっとひややかさを覚える涼しさであった。そこには、広々とした水泳プールがあり、その周囲にホテル風の大きな建物がたち、あちこちに、山小屋式のコテージが散在していた。保健所は、このコテージの幾つかを占有していた。二人はこの山小屋に入って、先任将校が用意して持ってきてくれた、スキ焼きに舌鼓をうった。

午後山をくだって、スラバヤ市内にある水交社に一泊したが、夕食の膳について、御馳走の多いのに驚いた。普通の膳のほかに、コーヒーとミルク、それに豊富な果物をいっぱい盛った皿がついている。東京の玄米飯と一汁一菜に慣らされてきた私には、もったいないような気がした。

翌朝スラバヤ飛行場を出発し、ジャカルタで一時着陸して、乗客の乗降が終わると、機は再び離陸して、スマトラ東南端のジャングル地帯上空を飛び、その日の午後シンガポールに着いた。その足で、セレター軍港にある第一南遣艦隊司令部を訪れ、ドイツ潜水艦の来航にともなう、整備休養に関する施設などについて打ち合わせを行った。

中央の方針は、ペナンをドイツ潜水艦の主要基地とし、シンガポールを入渠の場合などに利用するというにあったが、整備施設方面については、ペナンとシンガポールの現工作力で、ほぼその要求を満たすことができることがわかった。

ドイツ潜水艦乗員の慰安休養施設については、陸軍の所管に属する建物も融通してもらうことに話がまとまり、早急にその準備にとりかかることになった。そして、シンガポールにおけるこの方面の世話は、在勤武官の原道男中佐があたっていたが、氏の明朗かっ達な性格は、まことに適役であった。

その翌日ペナンに飛び、第八潜水戦隊と第九根拠地隊の両司令部の人々に集まってもらい、ドイツ潜水艦来航についての施設、独潜の補給問題などについて、説明、打ち合わせを行って、一応の任務をすまし、その夜は、根拠地隊司令官、潜水艦畑出身の平岡粂一中将の招待を受けて御馳走になった。場所は、ペナンの住宅街にある司令官官邸であったが、英国風のガッシリした建物で、家具類なども占領当時そのままのぜい沢なものだった。食糧もスラバヤと同じく、潤沢とみえて、珍しいものが多かった。

その翌日は市内を一巡したのち、ゆっくり旅の疲れを休め、その次の日サイゴンに飛んだ。大河メコンの流れ、交趾支那（現在のベトナム）の沃野を一望の下に見る空の旅は、また愉快なものだった。

サイゴンでは、水交社に泊まったが、泊まりあわせた人たちのなかで、私が階級が最上位というので、一番いい部屋に案内された。華僑の相当資産家の私邸を接収したものと聞いたが、調度もぜいをつくしたものだった。

日も暮れかかっていたし、付近をブラブラ散歩したのち、夕食をすまして、さて、部屋に帰って寝ようとしたが、気がついてみると、四面ガラス張りの部屋である。寝台に横になると、天井もまた鏡になっている。横向きになっても、仰向けになっても、いちいち自分の姿が映る。暑くはあるし、寝つかれなくて困ったことを、今も苦笑のうちに思い出すのである。いや、私がその晩考えた以上の意味がこの鏡張りにはあるのかも知れない。

翌早朝サイゴンを発し、機は高度を三〇〇〇メートルに保って、安南山脈を縦断し、海南島の海口飛行場に着いたのは、その日の午後、日はまだ高いうちであった。海口は中国特有の寂しい貧弱な町で、水交社も民家を利用したお粗末なものだった。民政部を訪れ、政務局長の藤原喜代間大佐に、海南島のことについて話を伺う。

藤原大佐は、中国通の人であったが、

「こんなところにいたのでは、サッパリ戦争の全局がわからない。その概要を話してもらいたい。今後の見通しはどうなるか？」など、質問を受けた。

私は占領地区資源の開発と、これが輸送およびわが工業力の如何が、今後の戦局を左右する大きな要素であることを語り、将来の見通しについて、必勝を期し得るかどうかに関しては、はっきり言いきることを避けたように記憶している。そして「お互いに軍人です。命令に従って、死の最期まで戦って戦い抜きましょう」と言って別れたのだった。

私は、この旅行において、これが一生のうちで最後のものとなるかも知れないというような感じを持ちながら、飛行機の上から、また車窓から、あるいは歩行のうちに未知の風物人情を脳裡にきざみ込むことに努めた。わが同胞の民族精神や、知力、それからわが軍隊の団結力、精神力などについては、いささかも米英に劣るとは思わなかったが、敵はすでにガダルカナル島方面に反攻の地歩を固め歩一歩北上の態勢にあり、ドイツもまたスターリングラードでつまずき、北アフリカの戦況ふるわずという当時の状況において、国際情勢に一大変動がない限り、資源と工業力に格段の相違がある彼我の戦況が、いかに推移してゆくかについて、中央統帥部に勤務するものは、よほどうぬぼれの強い偏見を持っている人でない限り、不安を感じたことであろう。ただ心に秘めて、口にださなかったまでのことと思うのである。

譲渡ドイツ潜水艦の来航

さて、ドイツからの潜水艦譲渡第一艦は、インド洋上の燃料補給も、わが伊一〇潜によって順調に終わり、昭和十八年八月上旬、無事呉軍港に入港し、野村直邦中将がこの潜水艦に便乗して帰国した。潜水艦長は、シュネーベント大尉といって、純ドイツ型の端正な士官であったが、私がその年の暮れに軍令部からペナンの司令部に転勤すると間もなく、彼もまたインド洋方面の潜水艦長として赴任してきたので、ともに再会を喜びあったものだった。

この譲渡第一艦は、日本海軍では呂五〇〇潜と命名され、潜水学校の練習潜水艦として、ドイツ乗員操艦のもとに、その操縦法を習得したのち、わが潜水艦乗員と交代した。そして、この呂五〇〇潜は、造艦その他の参考資料として使用し、譲渡第二艦を作戦に充当する予定であった。

交通破壊用の潜水艦を建造することは、私が軍令部に着任した当初に、その出現を提唱したときでさえ、実現できなかったことである。今度、このドイツ潜水艦をモデルにして建造することもまた、研究ということにとどめられた。もちろん、時期もおそかったのである。また、魚雷とか発射管、主機械などは、日本海軍の使用しているものとは、寸法も違うし、そのままを採用することはできなかったが、船体兵器機関のなかで、わが潜水艦より優れていると思われるもの、または参考となるものは、ただちにわが潜水艦の建造に取り入れることになった。

譲渡第二艦は、ドイツで竣工したばかりのものを譲ってもらうことに話がきまり、伊八潜に便乗してドイツに着いた乗田貞敏少佐以下四十数名の乗員が、これを受け取ることになった。様子の違ったドイツ製の潜水艦を、早急に使いこなさなければならないので、その乗員は粒よりの優秀な人ばかりだった。

乗田少佐が内地を出発のときには、ドイツで約四カ月の訓練を行ったならばヨーロッパを出発するように指示されていた。しかしその後、乗田艦長から、十分訓練を行って、自信ができてから出撃したいから、出発期日をもう少し延期したいという意味のうかがいの電報が、軍令部に届いた。この電報を見て、一日も早くドイツを出発して、戦列に加わるべきだと主張するものもあったが、私は、潜水艦長が十分の自信をもって出発してこそ、危険な海面を突破し、将来大いに活躍することができるのだと頑張って「出港延期差し支えなし」という返電を打ってもらった。

この譲渡第二艦は、日本海軍では呂五〇一潜と命名された。昭和十九年の春、乗田少佐指揮のもとにキール軍港を出発して日本へ向かったが、惜しいかな、五月中旬以後アゾレス諸島付近において、消息を絶ってしまった。戦後わかったところによると、米国駆逐艦の攻撃を受けて沈没している。

この潜水艦には、真珠湾攻撃のとき、私が乗艦していた思い出多い伊八潜の艦長であった江見哲四郎中佐が乗っていた。彼はドイツで潜水艦関係の研究を終えて、内地に帰還すべく便乗していたが、同艦と運命をともにしたのだった。また、江見中佐と一緒にドイツに派遣されていた友永英夫技術中佐は、昭和二十年五月十三日、ドイツ潜水艦で帰国の途中、大西洋上において、ドイツの降伏に際会し、その乗艦が降伏に決するや、艦内で服毒自殺をとげたのである。

第2章　インド洋上の協同作戦

1　わが潜水艦の作戦

石崎部隊の戦果

わが海軍としては、インド洋方面に交通破壊戦の重点を指向する方針であったこと、そして、全潜水艦をこの方面にふり向ける予定であったが、突如として、ガダルカナル島方面に敵の反攻が開始されたので、遂にこれを実現することができず、やむなく潜水艦五隻程度をもってほそぼそと交通破壊戦に従事しなければならなかったことは、前に述べた通りである。

ところが更に不幸なことに、ガ島、ニューギニア方面の反攻作戦と関連して、オーストラリア北部方面における敵兵力の策動も、あなどりがたいものがあったので、この地区の指揮官である南西方面艦隊司令長官は、このわずか五隻ばかりのうちから、第三十潜水隊の潜水艦三隻をオーストラリア北部方面に作戦せしめた。そして主として敵艦艇の攻撃、付近海面の哨戒偵察を実施させることになった。だから、実際にインド洋方面で通商破壊戦をつづけたのは、第十四潜水隊の伊二七潜、伊二九潜の二隻のみという状態までおちぶれた。そして、昭和十七年の暮れまでに、表面に現れた戦果としては、第三十潜水隊の潜水艦が、インド洋のココス島や、オーストラリア西岸の要地ゼラルトン、ポート・グレゴリを砲撃したこと、伊二九潜が船舶二隻程度を撃沈したことぐらいに過ぎなかった。

しかし、すでに述べたように、昭和十八年四月には、第八潜水戦隊司令官石崎昇少将が、インド洋方面に進出することになり、伊一〇潜、伊三七潜の大型潜水艦が増勢されて、この方面の作戦は、やや活発化することになった。私がこの第八潜水戦隊（南西方面潜水部隊とも呼ばれた）に着任する十一月頃までに、二十隻に近い船舶を撃沈する戦果をあげた。

ペナン司令部に転出

さて、私事にわたることであるが、昭和十八年の十月になって、朝田肆六中佐が軍令部第一課の編成部員として着任し、第一部に都合三人の潜水艦出身者がいることになったので、私は軍令部勤務一カ年半以上を経過したことではあるし、山本親雄第一課長に他に転出の希望を申し述べた。

第一志望として潜水隊司令を、第二志望としてペナンに司令部をおく第八潜水戦隊の先任参謀を、転出後の配置として希望した。潜水隊司令を第一志望として選んだのは、開戦前から幕僚のみに終始した私としては、第一線に戦う人々に対して申し訳ない気持ちもしたし、また指揮官として、戦場を縦横に馳駆したかったのである。もちろん当時の戦況では、十中九までは戦死を覚悟のうえであった。

第八潜水戦隊司令部勤務を第二志望としたのは、ドイツ潜水艦との協同作戦も近く本格的に実施される気運にあり、日本潜水艦もインド洋方面に増勢される予定になっていたし、また幕僚勤務に回されるならば、働き甲斐のあるところにゆきたいと思ったからである。そして、人事局の主務局員であった長沢浩大佐にも、潜水隊司令に転出するように配慮してもらいたいと申し出た。人事局員に直接私的のことを依頼するのは、順序ではないと思ったが、指揮官として戦場に打って出たい切なる希望もあってのことだった。

司令が潜水艦に乗艦することは不評判だったので、私は「潜水艦長としての自信は、まだまだ十分あるし、この際、司令兼潜水艦長の辞令を出してもらいたい。私を試験台にして、ぜひこの試みを実現さして下さい」とも頼みこんだ。

だが、蓋をあけて見ると「補第八潜水戦隊参謀」の辞令であった。遂に私の第一志望は採用されず、また幕僚として勤務することになったのである。

私は、昭和十八年十一月三日羽田飛行場をたって、再び征途にのぼった。出発が早いので、二日の夜は、航空会社の指定旅館である新橋の第一ホテルに投宿した。

ヒシヒシと進攻してくる敵の圧力と、日本の将来を考えたり、今度赴任するペナンでの使命などを描いていると、なかなか寝つかれなかった。森閑と寝しずまった東京の街。大東京の人々は、今頃どんな夢路をたどっていることであろうか？　私は、再び祖国をたって、インド洋への征途につくのだ。そして、ドイツ潜水艦とともに戦うのだ。勝敗は時の運。私は軍人として、最後の日まで戦い抜くことを心に誓った。このたびの行は、私の最期となるだろう。軍令部に長く勤務し、戦況の真相を知っていた私は、おのずから、そんな覚悟を心に固めたのだった。

今度は、福岡、台北、香港、サイゴン、シンガポール経由の最短コースをとり、十一月七日ペナンに着いた。

福岡では一泊の余裕があったので、妹の嫁いでいる久留米を訪ねた。戦争が始まってから、まだ一度も故郷を訪ねたことがなかったので、肉親の人々にも会い、暇乞いをしたかったのである。

私の故郷は、久留米から筑後川をさかのぼることおよそ六里、筑紫平野の果てになって、筑後川が旧盆地を過ぎ、頼山陽の詩で知られている、激流岩を打つ、あの地峡をくだること二里ばかりのところにある一寒村である。東と南と北の三方に山を置き、西の方はずっと開けていて筑紫平野が一望のもとに眺められ、夕陽は地平線のかなたに落ちるといったところである。ふるさとは懐かしいものだ。まして、征途を前にしての訪れでは、なおさらそうであった。「故山にもう一度足跡を印してみたい！」これが切なる希望であったが、時間の余裕がこれを許さなかった。

妹が気をきかして電話をかけてくれたので、田舎の兄や、福岡、柳川あたりの親戚のものが、大急ぎで久留米まで訪ねてきた。そして、ふるさとの話を聞き、ふるさとの酒を御馳走になったことは、嬉しいことであった。

翌日福岡飛行場をたったが、今度の行程は二度目ではあり、珍しいこともなく、また、敵襲の心配もない平穏な旅行であった。

ペナン飛行場に着くと、前任者の有泉龍之助中佐、その他二、三の人が出迎えてくれた。

そこから自動車でおよそ二十分ばかりで、第八潜水戦隊司令部に着いた。同司令部は、ペナン市街の海岸に面した華僑の住宅の一軒を借り受けて、そこに臨時的に施設を作った簡素なものだった。

司令部の陣容は、司令官市岡寿少将、私が先任参謀、通信兼情報参謀酒井少佐、機関参謀横山少佐（間もなく山崎少佐と交代）それに副官勤務として、ドイツ語に堪能な学徒出身の主計大尉がいた。それからしばらくして、ドイツ語の通訳官が一名増員された。

日本潜水艦十隻の活躍

私が第八潜水戦隊に着任当時の麾下潜水艦は、伊二七、伊三七、伊一六二、伊一六五、伊一六六の五隻の潜水艦であったが、その後、伊二六、伊八、呂一一〇、呂一一一および呂一一五が逐次増勢され、ドイツ派遣潜水艦を加えると、つごう十二隻の潜水艦となった。

第八潜水戦隊は、編制上は第六艦隊に編入されていたが、私が着任する少し前、すなわち九月中旬、軍隊区分によって、南西方面艦隊の区処下に入り、作戦事項については、同司令長官の直接指揮を受けることになっていた。

（注）「軍隊区分」とか「区処」という言葉は海軍の専門語であった。大本営から定められる「艦隊編制」は相当長期にわたる戦況を予想して立案されたものであるから、実際の作戦の場合は臨機応変で、そのときどきの戦況に応ずるように出先指揮官が指揮下部隊の編制を変えなければならない。このように特定の作戦や、そのときどきの戦況に応ずるように出先指揮官部隊を編制する

ことを「軍隊区分」といった。「区処」というのは「艦隊編制」でなく、「軍隊区分」によって指揮することをいった。

南西方面艦隊は、旧オランダ領インドネシア、マレー、オーストラリア、インド洋方面のぼう大な作戦地域を担当し、私が着任当時は、その司令部をやはりペナンにおいていた。第八潜水戦隊は作戦上では南西方面潜水部隊と呼ばれていたが（軍隊区分上の名）、与えられていた主な任務は、インド洋方面の交通破壊戦と敵情の偵察であった。各潜水艦は、それぞれその行動能力に応じて、伊二七潜型は遠くマダガスカル島、アフリカ東岸付近、オマーン湾、アラビア海方面に、伊一六二潜型の旧式潜水艦はセイロン島付近およびインドの南西方海面に、また呂一一〇潜型の小型潜水艦は、主としてベンガル湾方面に行動したのであった。

私がペナンの司令部に着任すると間もなく、伊二七潜と伊三七潜とが、おのおの約二カ月間の作戦行動を終えて、ペナンに帰投してきた。

潜水艦が作戦行動を終えて基地に帰還すると、司令部職員と潜水艦基地隊の幹部は、これを繋留埠頭に出迎え、祝杯をあげてその成功を祝し、また出撃のときは、潜水艦上で乾杯して、その行を壮んにするのが、ならわしであった。

伊三七潜は大谷清教中佐が指導し、マダガスカル島方面に行動して、二隻の商船を撃沈した。同艦がペナンに帰投すると、大谷中佐は中川肇中佐と交代した。福村利明中佐の指揮する伊二七潜はもっとかくかくたる戦果をあげた。同艦はアラビア海、アデン湾方面に作戦したが、一作戦行動で五隻の船舶を撃沈し、連合艦隊司令長官から交通破壊戦としては、最初の感状を授与された。

（注）これまでは、商船を撃沈しても、感状はもらえなかった。

伊二七潜および伊三七潜は、艦の整備、乗員の休養を行ったのち、昭和十九年二月上旬、再びペナンを出撃して征途にのぼった。

艦の整備、乗員の休養は、潜水艦作戦においては、とくに十分考慮する必要のあることは、既に述べておいたが、わが戦隊としても、特にこの点を重視した。そして潜水艦長がその艦と乗員に対して、十分の自信と信頼とをもって、出撃し得るように努めた。休養のため、乗員が作戦から帰ると、その足でペナン・ヒルの潜水艦乗員保健所にいって、静養することをすすめた。

このペナン・ヒルは、読んで字の通りペナンの小高い山で、戦前にはマレー地方の避暑地になっていた。市街地からヒルまではケーブルカーもあり、宿泊設備も整っていた。市街地は、扇風機なしでは寝つかれない暑さなのに、ここでは、毛布を一、二枚かけなければ、眠られないほどの涼しさだった。

全山うっ蒼たる熱帯林におおわれ、猿やリスなどが、すぐ軒先まで遊びにきたり、鳩や熱帯地に見る色どりの濃い奇麗な小鳥の群れが、密林の葉隠れに遊んでいるのが見受けられた。そして、ペナンの街が一望のもとに見おろされ、それに続いて緑の森があり、眼を更に左に転ずると海水浴場になっている浜辺の白砂と青々とした椰子の林が見える。一衣帯水を隔てて、マレーの山々が、濃紺の色彩をくっきりと澄みきった空に描いて、果てしなく続いている。まことに絶好の保養地であった。潜水艦乗員はここで数日間の静養を行ったのち、山をくだって、それぞれ自分の受け持ちの船体兵器の手入れに取りかかったのである。

整備休養の期間は、潜水艦の幹部と検討した結果、約二カ月の作戦行動を行う大型潜水艦ではおよそ四十日間、約一カ月の行動力を持つ伊一六二潜型は約二十日間、およそ三週間の作戦行動に耐える小型潜水艦は十日ないし二週間と、その標準を定められた。なお、出撃の前には必ず訓練を実施したが、その日数は右の期間のうちに含むこととされた。

さて、伊三七潜は、出撃後チャゴス諸島やディエゴスワレズ湾、そしてさらにアフリカ東岸中部にあるモンバサ港の飛行偵察を実施した。また同方面の交通破壊戦を行って、敵の商船三隻を撃沈する戦果をおさめ、無事ペナンに帰投した。この飛行偵察において、チャゴス諸島では特異の敵情を認めなかったが、ディエゴスワレズ湾内には敵航空母艦二隻が在泊しているのを認め、またモンバサ港には多数の商船を発見した。

伊二七潜は、マルディブ諸島を偵察したのち、再びアラビア海アデン湾方面の交通破壊戦を実施する予定であったが、出撃後一回の通信連絡もなく、司令部から発した点呼通信に対しても、遂に応答なく、ようとしてその消息を絶ってしまった。

伊二七潜艦長福村利明中佐は、前にも述べたように、二段進級の栄誉を受けたほどの名潜水艦長であった。かつて昭和十五年から翌年にかけて、私が第三潜水戦隊の先任参謀のときの次席参謀で、同じ司令部に勤務をともにしたが、その剛毅な性格には、私も深い信頼感を覚えていた。

すでに同艦出撃後二カ月の日時を経過しても、遂に伊二七潜の姿をペナンの埠頭に見いだし得なかったとき、私としては耐えられない苦痛であった。戦後の発表では、昭和十九年二月十二日マルディブ諸島の南西海面において、米国駆逐艦の攻撃を受けて沈没となっている。同船が出撃するとき、朝日新聞の平手朗報道員——その名の示す如く極めて朗らかな性格で、われわれの司令部をにぎやかにしてくれたものだったが——と交代した御厨報道員は、潜水艦の実戦記録をとるべく自ら進んでこの殊勲の潜水艦に乗艦したが、惜しむべし、艦と運命をともにしたのだった。

インド内部攪乱工作員の輸送

伊二六潜は、私が司令部に着任して間もなく、太平洋方面からペナンに来航し、昭和十八年十一月中旬、アラビア海、オマーン湾方面への征途にのぼった。この行動は、特殊工作員の輸送や、飛行艇への中継燃料補給などの任務をかね、その予備訓練、打ち合わせ等で、僅かな在泊期間中は、極めて多忙であったが、潜水艦長日下敏夫中佐の有能さと、練度の優秀な乗員とによって、初めて実現することができたのである。特殊工作員というのは、インドの独立や内部攪乱《かくらん》をやらせるため、日本陸軍の「光」機関という部隊で養成し、訓練したインド人のことであった。

「光」機関はペナンに基地があって、小松原陸軍大佐がその長であった。この輸送は大本営の指示にもとづいて南西方面艦隊司令長官の命令により、われわれ潜水艦隊のものが直接、「光」機関と折衝して実施した。

伊二六潜を使って、前後二回にわたって行ったのだが、第一回目は、インド北西方海岸にあるカラチ付近に八名を、第二回目はカラチの西方パキスタン海岸に十名を揚陸せしめた。出発に際しては、潜水艦出撃の前夜に、ひそかに工作員を乗艦させるなど企図の秘匿に努め、また上陸用の舟艇も、インド特有の舟に似たものを使う等いろいろと深い注意をはらった。伊二六潜は目的地の陸岸近くまで潜入して、特殊工作員を小舟にうつし、二回ともうまく上陸したことを確認した。

第三回目は、中山伝七少佐の指揮する伊一六六潜が、インド南西方沿岸にあるコチン付近に、工作員六名の揚陸を試みた。これも成功したが、その後の情報によると、第二、第三回目のものは、上陸後間もなく見やぶられ、目的を達しなかったらしい。

さて、伊二六潜はマルディブ諸島のアドアトール島付近で、セイロン島付近の飛行偵察に向かう予定の味方飛行艇に会合して、燃料の中継補給を行ったが、波浪が高かったため飛行艇は離水のとき大破した。そこで、仕方なくその搭乗員を収容し、そのまま、アラビア海、オマーン湾方面に行動して、大型輸送船三隻を撃沈した。同艦は二月下旬ふたたびペナンを発し、前と同じように、特殊工作員を揚陸させたのち、交通破壊戦を実施して、このたびも三隻の商船を撃沈した。

伊二六潜は四月下旬ペナンに帰投したが、マリアナ、カロリン方面の戦局が緊迫していたので、太平洋方面に回航を命ぜられ、五月上旬ペナンを去った。

伊三七潜も四月下旬ペナンに帰投後、太平洋方面に回航を命ぜられたが、シンガポールに向かう途上、敵艦の敷設したと思われる磁気機雷に触れて、損傷を受けたので、シンガポールのドックに入渠《にゅうきょ》した。同艦は、私がペナンを去る同年八月頃まで、行動を起こすことができなかった。

伊八潜はドイツから帰って整備が終わると、ふたたび戦隊に編入され、昭和十九年の三月初頭、有泉中佐指揮のもとに、ペナンに来航した。同艦は、私がペナンを去る八月までの間に、二回の作戦行動を行い、主としてインド洋中部海域に行動して、合計三隻の商船と二隻の小型船舶を撃沈した。なお敵商船を捜索するため、潜水艦に積んでいた飛行機を洋上で飛ばしたが、全戦争期間を通じて潜水艦飛行機の洋上使用は、これが最初でまた最後の試みであった。

潜望鏡一本だけで出撃

江波戸和郎大尉指揮の呂一一〇潜と中村直三大尉の指揮する呂一一一潜は、昭和十八年の暮れ、相前後してペナンに入港し、ベンガル湾方面の作戦に従事した。第一回目の行動においては、両艦をもって、インドのカルカッタとビルマのアキャブをつらねる敵の増援航路上に、磁気機雷をそれぞれ四個ずつ敷設し、その後ベンガル湾海面の交通破壊戦を実施した。

この行動で呂一一〇潜は、大型輸送船一隻を撃沈したのち、さらに次の商船を攻撃しようとしたとき、余りに敵に肉迫したため、敵の商船に触れて、天蓋の一部を破損し、潜望鏡一本を折って帰ってきた。江波戸艦長は「貴重な艦を傷つけて相すまぬ」と、しきりに恐縮したのであるが、私はこういう肉迫攻撃の敢闘精神があってこそ、戦果をあげ得る所以《ゆえん》であると賞揚したのだった。

潜望鏡を取り替え、十分休養したうえで、再出撃させる予定にしたところ、江波戸君は、損傷した潜望鏡は引き抜いて木栓をあて、破損した天蓋は切り取って水中抵抗に差し支えない程度にしてもらえば、一本の潜望鏡で大丈夫やれるから、それだけの修理ができたら、すぐ再出撃をさせてもらいたいと言ってきかない。

私は「そう頑張らずに、一息ついて、修理も十分やって、出ていったら……」とうながしてみたが、

「損傷したので、戦場を引き揚げる時機も少し早かったのですし、自分はじめ乗員一同みんな元気いっぱいに張りきっているのですから、今度は応急修理だけやって、ぜひ出撃させて下さい。在泊期間を短くして、行動期間を長くするのが、戦果を最大に発揮する近道です」

と、こちらから言うべき筋合いのことを、逆に説得されているような形であった。

その熱心さに動かされて、私はその由を司令官に報告した。司令官も、

「艦長がそれほど熱心だったら、そう取り計ってくれ給え」

という答えだったので、江波戸艦長の希望通りの応急修理を行って、一週間たらずの在泊期間ののち、再びペナンを発して征途にのぼることになった。

江波戸大尉は、身長五尺二寸程度の小柄な、そしていつも微笑をたたえた柔和な顔の持ち主であった。一見どこに、こういう敢闘精神がひそんでいるのだろうと、不思議に思われるくらいであった。一日も長く基地にいて、休養したいのが人情であるのに……。私は、江波戸君の心情を深く敬愛した。

在泊期間中のある日の午後、二人の余暇を利用して、江波戸君を猟に誘ったことがあった。ペナン郊外の森は野鳩や小鳥の類が沢山いて、住民が余り猟をしないせいか、素人の私らでも、相当の獲物を得るのが常であった。

二人は猟銃を片手に、あちらの森、こちらの林と、獲物を求めて馳《か》けまわった。ひとむらの林に、鳩が十羽あまり群がって、とまっているのが見えたので、二人はソッと忍んでいった。

「先任参謀！　一斉射撃でゆきましょう」

という江波戸君の声に、

「よし！　きた」と、二人は狙いを定めた。

「江波戸君、いいかね？」

「よろしい」

「撃て！」の私の合図で、数羽の獲物を一挙に得たこともあった。熱帯の暑さに、汗ビッショリとなって、夕暮れどきに宿舎にたどり着き、獲物を御馳走に、二人で食事をともにしたことなど、江波戸君をしのぶ懐かしい思い出である。

さて、呂一一〇潜は、マドラス付近海域を主要作戦場として、勇躍ペナンの埠頭を出撃していったが、その後なんらの通信連絡をなすことなく、所定の期日になっても、遂にその姿をあらわさなかった。

ただで犬死にするような、江波戸君ではない——きっと大物と刺しちがえて戦死したに違いないと、私は今もなおそう信じ、その人となりを惜しむのである。

戦後の発表を見ると、昭和十九年二月十一日、連合軍スループ（砲艦）の攻撃により、ビザガパタム沖（ベンガル湾）で沈没しているが、敵部隊を攻撃後の災禍と思われる。

戦果の少ない旧式潜水艦

旧海大型潜水艦の伊一六二潜（潜水艦長土居誉重少佐）、伊一六五潜（潜水艦長清水鶴造少佐）および伊一六六潜は、セイロン島付近、インド南西方海面に行動して、おのおの一、二隻の輸送船を撃沈したが、艦齢が古い関係もあって、割合に戦果のあがらない方であった。そして、そのなかの一隻である伊一六六潜は、修理のためシンガポールに回航の途上マラッカ海峡の入り口付近で、昭和十九年七月十七日敵潜の雷撃を受けて沈没し、潜水艦長の諏訪幸一郎大尉（その頃中山少佐と交代していた）と航海長ほか士官兵三名が救助されたのみで、その他の乗員は艦と運命をともにしたのだった。

また、伊一六五潜は、昭和十九年の春、南西方面艦隊司令長官の命によって、スラバヤに回航し、同司令長官の直接指揮下に入って、オーストラリア方面よりする敵の反攻に備え、小スンダ列島南方海面、アラフラ海方面に行動して敵情偵察につとめた。

呂一一〇潜よりおくれて当戦隊に編入された呂一一五潜も、スラバヤを基地として、同海面に行動中であった。

南西方面艦隊司令部は、昭和十九年二月中旬その司令部を、ペナンからスラバヤに移していたが、潜水艦長から「なにも潜水艦のことを知らない司令部に直接使われるのは、心もとないから、先任参謀に一度スラバヤまできてほしい」という意味の私信が届いたことがあった。私は、方面艦隊司令部、潜水艦基地隊などに打ち合わせることもあったので、潜水艦用の飛行機と輸送機を利用してスラバヤに出張し、方面艦隊司令部を訪ねた。

潜水艦に経験のない人は、えてして、紙上にあらわれた性能とか要目通りに使いたがる癖がある。軍隊の統率は、その内容、素質、特性、練度など、あらゆる方面にわたってこれを十分知った上で、それに適合する作戦計画をたてなければ、十分な戦果をあげ得られないばかりでなく、かえって士気のたい廃をきたすものである。孫子曰く「知彼知己、百戦不殆」と。

潜水艦長は私がきたことを、兄貴がたずねてきたように喜んでくれた。

ここで私は珍しい人にめぐり会った。それは従弟の佐々木孝大尉だった。彼は東京高等商船学校出身の応召士官であったが、当時スラバヤ根拠地隊付として勤務していたのである。母一人、子一人の寂しい境遇にあった彼は、私を実兄のようにしたい、私もまた、すなおな彼を愛していた。二人は水交社で食事をともにし、その奇遇を喜び合ったが、彼はその後輪送船に転じて、バンダ海の華と散ってしまった。

さて、昭和十九年五月二十七日、西ニューギニア北方の要衝ビアク島に敵マッカーサー軍が上陸を開始した。スラバヤを基地とする伊一六五潜は、主として人員の救出を目的として、同方面に出動したが、敵の猛烈な爆雷攻撃を受けた。そして、やっと死地を脱することができたが、損傷の程度が大きく、かつ艦齢も古いので、内地に回航を命ぜられ、修理のうえ潜水学校の練習艦に編入されることになった。

また伊一六二潜も、船体老朽のため作戦行動に耐えなくなったので、これと前後して、内地に帰還を命ぜられペナンを去った。

私がペナン在任中のわが潜水艦の作戦概要は、大約以上のようなものであるが、この間に約三十隻、二十数万トンの輸送船を撃沈する戦果をあげたのだった。

一方わが方も三隻の潜水艦を失い、二人の潜水艦長が戦死した。当時第八潜水戦隊麾下にあった潜水艦長のなかで今次大戦を生き延びることができたのは、中川、日下、清水の三氏のみであった。その他の人々は、その後太平洋方面に転戦して、次々に散華してしまったのである。

しかも、生き残った者のうち、かくかくたる戦果をあげ、世が世なら、当然金鵄勲章の栄誉を担うはずの中川、日下の両氏は、軍事法廷に問われ、戦争犯罪人として、巣鴨に幽囚の身を托した。インド洋作戦中余り戦果のあがらなかった清水氏のみが、この戦犯を免れたことは、いかにも皮肉な敗戦の世相と言わねばならぬ。

2　日独両潜水部隊の交歓

さて、ドイツ潜水艦は、私がペナンに着任した昭和十八年の秋頃から、逐次ペナンに来航し、その隻数は、多いときには十余隻に達した。そして、ペナン埠頭にはわが方の潜水艦が三、四隻、ドイツ側の潜水艦が四、五隻ほど繋留して、偉観を呈したこともあった。

ドイツの潜水艦は、わが海軍に譲渡を受けた艦型のほかに、一五〇〇～一六〇〇トン級の大型のものや、補給潜水艦も来航した。この補給潜水艦は、寸法や制式の関係上日本海軍のものではどうしても間に合わない魚雷とか弾薬類をドイツ本国から輸送してきた。

ドイツ潜水艦の作戦に関する指令は、直接、ドイツ本国の海軍中央部から発せられていたが、インド洋の作戦面使用については、前に述べた通り、お互いにその行動を通報し合い、日独両潜水艦の行動が混淆しないように協定した。その協定の相手は、ペナンにおかれていたドイツ海軍の巡遣所長であったが、最初は日本語のよくわかるホッペ大尉がこれにあたり、のちドメス少佐と交代した。

第八潜水戦隊司令部は、南西方面艦隊司令部がスラバヤに移ったのち、そのあと釜を頂戴することになり、広い、元ラニメード・ホテルであったところを占有することになったので、日独海軍の協定とか打ち合わせは、いつもこの場所で行った。協定といっても、こちらは司令官もいることではあるし、幕僚陣も揃っているので、結局はこちらの方で、両国潜水艦の行動海面の割りあてを行うという格好であった。そして、お互いの潜水艦が入港すると、情報交換という議題のもとに、そのつど、在泊中の潜水艦長、潜水艦の主要幹部が、お互いにラニメード・ホテルの司令部に集まって、作戦の概要を説明したり、作戦海面の状況、敵商船交通の状況、作戦実施上特に考慮しなければならないことなどについて話し合った。

　こんな会合の際とか、あるいは面接のときなど、ドイツ武官、潜水艦長の態度は、極めて端正で礼儀正しく、私らに対しても、まず厳格なあのドイツ式敬礼をしたあとで握手を交わし、こちらから着席をすすめなければ、決して椅子につかないというふうであった。東京での打ち合わせのときも感じたことであるが、ドイツ海軍は、わが海軍に対して、相当の尊敬と信頼の念を持っていたように見受けられた。

　ドイツ潜水艦がペナンに入港のときと出撃の際は、わが潜水艦の場合と同様に、われわれはこれを埠頭に送迎した。酒井進参謀の骨折りで、ペナン政庁から楽隊をさし向けてもらって、ドイツ国歌などを吹奏し、その行を盛んにしたものだった。

　ドイツ潜水艦は、撃沈した敵商船の隻数と同じ数の旗旒《きりゅう》を掲げ、乗員は上甲板にキチンと整列して、元気いっぱいという姿で入港してきた。そして、埠頭に繋留が終わると、乗員一同は埠頭前の広場に整列し、ドイツ海軍代表武官に挨拶したのち、潜水艦長は隊列の前方に進み出て、わが司令官に帰着の挨拶を述べるのが例であった。

　入港するどの潜水艦も、その動作がまことにキビキビしていて、さすがはドイツ海軍かなと、気持ちよく感じたものである。

3　鉄十字章と武功徽章

この行事がすむと、ドイツ海軍代表武官は乗員に対してドイツ本国から既に指示されている論功の沙汰を申し渡した。撃沈隻数標示旗旒の多かった潜水艦は、大抵栄誉の鉄十字章を授けられ、ドイツ武官は、この埠頭広場の歓迎の式で、その勲章を潜水艦長の胸につけてやった。

この一件は、当時われわれとしてうらやましく感じたものだった。日華事変以来、戦争を続けること既に七年有余になるのに、潜水艦乗員は一度もこのような栄誉に浴する機会がなかった。日華事変に際しては、陸戦に偏重した局地戦であった関係上、潜水艦関係者は太平洋作戦に備える月月火水木金金の猛訓練に日夜精進するのみで、事変関係の圏外におかれ、およそ勲章とは縁遠いものであった。いよいよ本格的な世界戦争に突入して初めて、潜水艦はその檜舞台に登場したが、よほど抜群な戦功がない限り、紙一枚の感状さえ、なかなかもらえない状況であった。

「勲章は、犬の首飾りにひとしいものだ」つきつめて考える人々にとっては真実のところは、まことにそうであろうが、普通一般の人々の心情からすれば、かく簡単にかたづける訳にいかないものがある。勲章は、軍隊の士気振興策の見地からすれば、至極結構なものと言うべきであろう。

私が軍令部にいる頃に、叙勲方式改正に関する話がもち上がったことがあるが、わが国の叙勲規則は、まことにかた苦しくできていて、簡単に改正の運びにいたらなかった。それをドイツ海軍はちゃんとやっているのを目の前にみることは嬉しかった。

（注）その後、私が今述べている第八潜水戦隊司令部に転任してのち、艦隊司令部の意見として、生存者に対しても、なるべく早く叙勲をやれる方途を考えてもらいたいと、中央当局に意見具申を行ったが、やはり実現困難であるという返答であった。

そこで、艦隊限りのものでよいから「武功徽章」というようなものを制定して、武勲優秀な艦には、これを授与することにしたいと願いでた。この願いがかなって、終戦までの約一年間、第六艦隊では、一作戦行動において、敵の重要艦艇一隻または輸送船三隻以上を撃沈した潜水艦には、その潜水艦長に武功徽章を、潜水艦全体に長官表彰状を授与されることになった。

幾多の戦功をたてながら、潜水艦に身を投じた者は、終生金勲の栄誉にあずかり得なかったのは残念なことであったが戦果をあげた潜水艦長が、その後武功徽章を佩用することができるようになったのは、せめてもの幸いであった。

4　ドイツ潜水艦の乗組員

ドイツ潜水艦は入港すると、わが潜水艦と同様に、その乗員はペナン・ヒルにいって、まず静養した。潜水艦長以上には、独立の宿舎を、またその他の乗員には、それぞれの宿泊施設を設け、建造物の世話は、日本海軍の潜水艦基地隊が受け持っていた。この潜水艦基地隊は、軍隊区分によってわが戦隊の区処下にあったので、ドイツ潜水艦乗員の面倒は、実質上われわれの手によって行った訳である。また、中央からは、ドイツ潜水艦とは、十分意志の疎通をはかり、その面倒を見てやるように訓令がきていたし、私が軍令部をたつときも、この点について、くれぐれも注意があった。

こういう趣旨で、ドイツ潜水艦がペナンに入港すると、両国海軍の融和をはかる意味合いのもとに、その潜水艦長と武官を、司令官がその宿舎に招待して、晩餐を共にするのが例であった。私ら幕僚もその席に加わったが、彼らは日本酒を「ゼアー・グート」と言って、よく飲んだ。リューデン大尉の艦が入港したときであったが、ハリキリボーイのリューデン氏が大いに気焔をあげて祖国に帰ったようだと言いながら、杯をいくらでも傾けて、喜んでくれたものだった。

われわれはときどき、日独海軍の交歓会を催した。場所はおもにペナン市の郊外にある植物園を利用したが、ときには、司令部になっているラニメード・ホテルの庭園と、これに続いている水交社を使った。会場には、オデン屋などの模擬店を作ったり、いろんな趣向をこらしてにぎやかにしたものだった。そして、華僑の良家の婦女子を加えて、なごやかさを増すことなどにもつとめた。こういう社交的なことは、司令部に以前からいて、町の人とも交際の多かった酒井参謀が、いろいろと骨を折ってくれた。

この交歓会には、ドイツ側の潜水艦乗員を招待し、わが方の潜水艦乗員は接待役というような格好で参会した。会場では、独潜の乗員は、潜水艦長がピアノを奏《ひ》き、先任将校がタクトをとり、その他の乗員がこれに調子を合わせて歌ったりした。音楽趣味の豊かな国民であるから、歌の調子など、まことによく揃っていて、気持ちのよいものであった。わが潜水艦乗員もスクラムを組んで、軍歌を歌ったが、ときどき調子はずれの者がいたりして、かえって愛嬌を添え、聞くものを笑わせたりした。

　わが潜水艦の乗員は、潜水艦そのものが高度の技術を必要とする関係上、将校はすべて兵学校または機関学校出身であり、下士官兵はほとんど全部が特殊技術を身につけたもののみで、すべて若々しい現役兵ばかりであったが、ドイツの潜水艦乗員もほぼ同じように見受けられた。そして可憐と思われるような若々しい兵員が多かった。これらの下士官兵のうちには、酔いの戯れに、お互いに軍帽やら軍服を取りかえて着込み、仮装行列のようなことをしたりして、ハシャグ者もあり、まことになごやかな風景であった。

　敗戦の今日、私はときどき想い出すのであるが、万里の波濤を隔てた酷熱の地に、日独両国海軍の精鋭が相つどって、すべてを忘れたかのように、むつみ合い、親しみ合った往時の情景は、まことに感無量なものであった。

5　ペナン余話

ドイツ潜水艦長との珍試合

　ドイツ潜水艦乗員とは、しばしば、ゆききしているうちに、潜水艦長などとは自然に親しくなって、お互いの宿舎に遊びにいって、食事を共にしたことなどもあった。シェファー少佐とピッヒ大尉の艦が入港したときだったが、この二人の潜水艦長と武官のホッペ大尉を、われわれの宿舎に招待したことがあった。

こちらは、伊八潜艦長の有泉龍之助中佐と私との二人で、スキヤキの御馳走をした。彼らは、スキヤキをうまいうまいと言ってよく食べた。そして、ビールよりも日本酒の方がいいと言って、いくらでも杯を傾けた。南洋現地で醸造したビールは泡ばかり立って、うまくなかったのである。

この客のなかで、ピッヒ大尉は、江波戸君を思わせるような、小柄なおとなしいたちで、そう沢山飲まなかったが、シェファー少佐の方は、斗酒なお辞せずという豪のものだった。われわれはお互いにお国自慢の歌をだしたりして、深く興に入ってはめをはずしたことだった。

こんな場合、私は会話のとき、英語を用いるのが常だった。もっともおそろしいブロークンであることはもちろんである。ところが私は兵学校ではドイツ語をかじっていたので、ちょっとだしてみたところ、向こうからペラペラやられて、すっかり弱ってしまった。やはり子供のときに覚えた英語の方がまだましであった。ドイツの士官も英語を心得ていたので、対等のブロークン対ブロークンで、意志の疎通には事欠かなかった。

さて、だんだん夜も更けて、ホッペ、ピッヒの両大尉は辞し去ったが、シェファー少佐は一人で悦に入って、杯を傾けていた。とうとう私一人になって接待につとめたがシェファー

少佐の方で、

「今度はうちの宿舎にきてくれ。一つ、二人でどちらが勝つか、飲み競べをしようじゃないか」

と、言いだした。

私は、いい気持ちに酔っていたので、

「それは面白い。ではさっそくでかけよう」

と、深夜のペナンの住宅街を、自動車でドイツ潜水艦長宿舎の玄関に乗りつけた。そこでは、いろんな洋酒を、シェリーグラスについで飲まされた。いわゆるチャンポンだからたまらない。私は「降参、降参」と、言いながら、辞し去ろうとしたが、シェファー艦長は、なかなか聞き入れない。

「ぜひ帰るなら、そのまえに相撲をとって、勝負をつけよう」と、言いだした。

私もやむを得ない破目になって、とうとう立ち上がった。先方は六尺に近い二十数貫の偉丈夫だし、私は五尺三寸二十貫の小兵だから、勝敗の数は決まっていると覚悟して身構えた。ところが、どうしたはずみか、私が勝ってしまった。西洋人の常として、腰が弱いためであったのだろう。

その晩は、司令部の従兵長が心配して、ついてきてくれていたので、翌朝目がさめてから、

「昨晩はすっかりお世話になったね」と、その労をねぎらったのだが、

「いいえ、なんでもありません。あの艦長は全く酒樽ですね。酒の方では、先任参謀の方が

あやしかったですが……、最後に相撲で勝たれたから安心しました」

彼は、昨晩の試合？　には、よほど気をもんだらしい様子であった。

私は余り失礼したので、ドイツの武官室に電話をかけてことわりを言うつもりだったが、通訳の西川さんが電話口に出てきて、

「お早ようございます。まだ艦長連中やすんでいるとみえて、顔が見えませんよ。……シェファーさんですか？……まだです。よく言っておきます。先任参謀の方がお目ざめが早いから、昨夜のは、あなたに軍配ですな。ハハ……」

こんな珍試合をやったことも、今は思い出の一つである。

その後武官がドメス少佐に代わってからも、お互いに往復したが、シェファー艦長のときのような脱線ぶりはなかった。

関ケ原のノルマンジー

ドメス少佐が武官になってしばらくして、ケルンという日本語の専修をしていた中尉が、ドイツ武官室付になって赴任してきた。この中尉は、よくわれわれの司令部にやってきて、話をした。日本語はなかなか流暢で上手だった。日独交歓会のときであったが、皆で大笑いをしたことがある。それは、潜水艦基地隊司令の高橋栄吉大佐がケルン中尉に話しかけたところ、全く方角の違った返辞をしたことにはじまる。

酒井参謀がそばで聞いていて、苦笑しながら、

「ケルンさん、高橋司令は、こんなことを言っておられるんですよ」と、注意した。

　ケルン中尉は、

「ああ……そうですか。大変失礼しました。高橋司令せいが低いです。私、せい高いです。距離が遠くて、高橋司令の言葉、よく聞こえませんでした」

なかば笑いながら答えた。五尺ちょっとの高橋司令と、六尺一寸の中尉の対照と、その言葉が、全くユーモアそのものだったので、付近にいた私らは、思わず吹き出してしまった。当の両人も一緒に爆笑したのだった。

　昭和十九年六月初めのある日、ケルン中尉が深刻な顔をして、司令部にやってきた。

　そして、だしぬけに、

「先任参謀！　ドイツはいよいよ関ケ原の戦いです」と、きりだした。

「どうしたんです？」と、問いただすと、

「米英軍がノルマンジーに上陸してきたのです。天下分け目の戦いです。ドイツ軍きっと敵を追い落とします。ドイツ軍頑張りますから安心して下さい」

と、言うのであった。

　当時太平洋方面においても、敵の反攻は次第にその歩度を早めつつあった。昭和十八年の暮れ、マキン、タラワは敵の手に帰し、昭和十九年の一月には、敵はマーシャル諸島方面に上陸を開始し、四月にはホーランディアを奪取され、刻々として戦況は緊迫しつつあった。欧州方面においても、ドイツ軍は昔日《せきじつ》の面影なく、昭和十八年九月八日にはイタリアがまず降伏し、ソ軍はその勢いを挽回して、十九年の四月には、オデッサを奪回し、連合軍は六月初めローマを解放するという状況で、わが枢軸軍は東西ともに戦勢不利であった。

私はケルン中尉の話を聞いて、情勢極めて重大であることを感じたが、自分らの当面の使命としては、ペナン方面の防衛態勢を確立して、潜水部隊策源地としての価値を、十分に維持発揚するようにせねばならぬと考えた。

この考えを実現する方策としては、ペナンに根拠地隊を新設し、ペナン地区の海軍諸部隊と施設を統轄指揮する必要がある。そして、第八潜水戦隊司令官が根拠地隊司令官を兼務して、指揮系統を単一化することが、当面の状況として能率的であると考えた。なお潜水艦基地隊は、日独両潜水艦の作戦に直接影響するところが大きいので、同隊は司令部の直轄部隊にすることが好ましいことであり、先任参謀である私自身が、基地隊司令を兼務するのを最良策と判断した。

以上の案は、司令官の承認を得たので、その詳細を書きつづり、これを航空便に托して、海軍省に設けられた潜水艦部の首席部員勝田治夫大佐に送り、中央関係各部にその実現の斡《あっ》旋《せん》を依頼したのだった。

ペナン地区においては、第九根拠地隊がスマトラのサバンに進出してからのちは、第八潜水戦隊司令官が一番上級の指揮官であったが、海上部隊を指揮しているだけで地上部隊である警備隊等に対しては、指揮権がなかった。

入港した潜水艦乗員が、陸上で気持ちよく休養することは、潜水艦の戦力を発揮するうえから見て、大きな要素であることを痛感する当戦隊としては、極力部隊との融和をはかることに努めたが、右のような指揮系統の関係もあって、シックリとまではゆかないところがあった。しかし今や戦況がこのようにひっ迫してきたので、ペナン方面の海上および地上諸部隊の指揮系統を統一することは、即刻着手すべき緊急事であると感じたのであった。

六月中旬になって、軍令部から、六月二十日付をもって、第十五根拠地隊をペナンに新設し、第八潜水戦隊司令部がこれを兼任する旨の内示があった。私は、われわれ戦隊側の希望がただちに採用されたことを心から喜んだ。そこで、すぐ着手すべきことは、ペナン島の防衛であった。司令部の内示があるとすぐ、高橋警備隊司令の案内で、司令官と酒井参謀、私の四人は、島内要所の視察を始めた。その頃、ペナン島の防衛は、実質的にはほとんどカラッポといってもいいはずであったのである。

視察のとき、飛行場に近い旧砲台に立ち寄った際であったが、廃墟のようになって、草ぼうぼうと生えた壁に、誰が書き残したのであろうか「最強国大日本帝国」と、いかにも得意げに刻みこまれているのを見て、ペナン島占領当時の、あの旭日昇天のようなわが帝国の威勢と、現在のひっ迫した戦況とを思い合わせて、まことに感慨無量なものがあった。

異国に知る純情

私がペナンに着任した昭和十八年の暮れ頃は、まだ物資も内地に比べて豊かであったし、物価も低かったが、この頃はようやく物資の欠乏をきたし始め、物価はうなぎのぼりに上昇しつつある状況で、煙草のようなものは、市中ではなかなか求められないありさまとなった。

私は、宿舎として、もと英国人のある技師長が住んでいたという家をあてがわれていたが、そこには、華僑の五十歳ばかりのアマと三十歳あまりのボーイと、それから三十四、五歳ぐらいの現地人のドライバーとがいた。隊の職員や、ドイツ士官との会食のとき、あるいは休養のために、ときどきこの宿舎にいったが、私はこんなときには、これらの使用人に煙草を与えるのを例にしていた。

アマは、とても煙草が好きで「マスター、ありがと……」と、言って、煙草を持った手を額にあてて、幾度もお辞儀をして喜んだものだった。

彼らはよく私の世話をしてくれたし、人情に洋の東西、人種の差別はないもので、私はできるだけの親切心をもって、彼らに接した。たとえばのちに私が第六艦隊司令部に転勤の辞令を受けて、ペナンを去らなければならないことを彼らに告げたときなど、この三人は、わざわざ私のところへきて、日本語のよくわかるドライバーのシャリーフが、

「これ、私たちの記念あります。マスター、日本かえっても、忘れないで下さい」

と言って、小さな箱包みをくれた。開いて見ると、なかにはカフスボタンが一組入れてあった。

離任のときには、このシャリーフに乗用車を運転させて隊を出発し、途中寄り道をして、宿舎に彼らとの最後の別れをしにいった。アマとボーイとが門まで見送ってきたが、老婆の涙もろさであろう「マスター！　さ……よう……」あとが言えなくて、アマはその場に泣き

くずれてしまった。

私はこみ上げる胸をおさえて、車上の人となった。そして水上飛行基地でシャリーフと別れた。別れぎわに、煙草と紙幣の幾枚かを運転台において、

「では……。シャリーフ、元気でやってくれ。随分お世話になったね……。これ、宿舎に帰ったら、みんなで分けてくれ」

こう言って、隊の人たちが見送りの位置についている桟橋の方へ足を運んだ。ふり返ると、シャリーフは運転台からおり立って、

「マスター、元気願います。わたし、いつまでもマスター忘れません……。またペナンきて下さい」

色は黒いが、目鼻立ちの整った顔に、澄んだ黒の瞳はうるんで見えた。シャリーフは、柔順で正直忠実ないい運転手だった。

ペナンの防衛

さて、話をペナン防衛のことにもどそう。司令官と私は、ペナン島防衛に関する打ち合わせのため、マレー半島のタイピンにある陸軍の第二十九軍司令部を訪れた。途上のたんたんたる舗装道路の両側は、ゴム林になっていて、気持ちよく走る自動車のなかは、熱帯の酷暑を忘れさせた。タイピンはすぐ近くに山を控え、清流が流れていて、古典的ともいいたい風光明媚な町であった。

軍司令部で打ち合わせの結果、陸軍としては、目下のところ一兵もペナンに兵力を分派する余裕がないので、ペナン島は取りあえず海軍の方で、しかるべく防衛計画を立てて欲しいとのことであった。

そこで、われわれは、警備隊、潜水艦基地隊および司令部付要員の全員を含めても、総計一千名に達しない少数の陸上兵力をもって、ペナン島を防衛する計画を立てなければならないことになった。

六月二十日、中央から予定の通り、正式の辞令が通達された。司令官は第八潜水戦隊司令官兼第十五根拠地隊司令官となり、各幕僚もそれぞれ兼職を命ぜられた。私はそのほかに第十一潜水艦基地隊司令を拝命することになった。

第十五根拠地隊の下には、警備隊、潜水艦基地隊などが編入され、ペナンの病院長は根拠地隊軍医長に、ペナン経理部支部長は根拠地隊主計長に、それぞれ辞令が出たので、今までゴタゴタと割拠していたペナンの各部隊施設は、初めて統一された指揮系統に入ることになった。

根拠地隊の編成によって、ペナン、アンダマン、カーニコバル方面の対潜掃蕩、海上護衛任務をおびていた駆潜艇、掃海艇なども麾下に入ることになり、司令部の仕事は急激に多忙を極めるようになった。この任務は、これまで警備隊で矢吹大尉が主任となってやっていたものを、同大尉に司令部付兼任の辞令を出してもらい、酒井参謀が主務になって、作戦を実施した。

根拠地隊の新設と同時に、ペナンの陸上各部隊に、陸戦隊の編成を命ぜられ、その後間もなくブルゴスの旧英国兵営のあとで、司令官の閲令式、それに続いて対抗陸上演習が行われた。潜水艦基地隊などは、携行武器が十分でないので、内地でもそうであったように、応急武器の急速製作を命じた。

空襲など今まで一度もないし、平和の夢をむさぼっているかのように見えていたペナンの町も、色めきたつかに思われた。

ペナン島は、陸軍の軍政地区になっていたが、前に述べたように、陸軍守備兵の駐屯を期待し得ないので、ペナン政庁とも連絡をとり、ペナン全島の機密保持その他住民の動向調査などについても、万遺憾《ばんいかん》のないように処置した。

厄介な慰安所

それから、今まで警備隊が受け持っていた慰安所関係の世話も、根拠地隊司令部で面倒をみなければならないことになった。この慰安所という代物は、なかなか厄介な存在であった。もともと生命を的に働く前線将兵の慰安休養を目的として、公然と中央の方針として設けられたものであったが、種々の弊害もあって、その取り扱いには相当悩まされたものである。

ドイツ潜水艦乗員のためには、第九根拠地隊司令部時代に、その手はずで、華僑のダンサーを主体とするもので慰安所ができていた。しかし、これだけでは満足しかねるとみえて、ドイツの士官など、ときどき、

「華僑のダンサーはブリキを抱いて踊るようなもので面白くない。日本のゲイシャガールが見たい」

などと言って、暗に日本側の料亭にゆきたい意向をもらしたこともあった。しかし、日本人同士でさえ面倒なのに、これ以上ゴタゴタしたのでは、両国海軍の間にわずらわしいことが起きても困ると考えたので、ていよくそのつど断ったものだった。

今次の戦争における日本婦人の慰安隊なるものは、結果論になるが、功罪相半ばすると言うよりも、むしろ弊害の方が多かったように思う。日本人同士だと、どうしても情がうつって、こと面倒になりがちである。この慰安所での男女関係については、醜態場面の話をよく耳にするのであるが、私らの部隊でも、妖婦とでもいうのであろう、二人の部隊長を手玉にとって、それが部隊の公務にまでおよんで、困らされたことがあった。

人間は生物だし、釈迦《しゃか》やキリストのような人は別として、一般の人々には、適当に精力のはけ口を設けてやることは、必要なことであったであろう。しかし、か弱い女性を危険な海面を冒して、万里の異域に送ること自体が、可哀想なことだし、現地では面倒なトラブルを起こす始末ときているのだから、むしろ現地人で間に合わせた方が得策であったと考えるのである。現地人のなかには、相当希望者もあったようだし、人道上の思いやりを十分かけてやり、衛生上の考慮も万全を期すれば、あとくされもなく、さっぱりして、かえって士気もあがったであろうと思う。

6　日独潜水艦の戦果比較

戦果に優劣なし

ドイツ潜水艦がペナンに入港するとき掲げてきた撃沈隻数を標示する旗旒《きりゅう》は、多い時には、四つ、あるいは五つのものがあったが、潜水艦長が説明した状況から検討してみると、その戦果は、わが潜水艦の場合と、ほぼ大同小異であった。

軍令部にいたときは、ドイツの潜水艦は大いに戦果をあげているのに、わが潜水艦はどうして戦果があがらないのかと、あちこちから随分責められたものだった。私は、

「ドイツの潜水艦は、数が多いから沢山戦果があがったように見えるのだ。だいたい艦隊戦闘の思想にこだわった使い方をするところに、戦果のあがらない大きな原因があるのだ。御覧の通り、潜水艦独自の作戦をやった場合は、十分戦果をあげているじゃないか。それに、水上艦ではできない、輸送まで背負わされているんだから……」

など、応酬したものだった。

ペナンに来て、まのあたり、日独両潜水艦の協同作戦の状況をみることによって、その成果がはっきりわかったので、私はその状況の詳細を書きつづって、中央当局に郵送し、わが潜水艦の真価を証明したものである。

兵器機構の長短

戦果問題に関連して、潜水艦自体の機構その他の観点から、さらに一言所見を述べてみよう。

ドイツ潜水艦は、埠頭繋留中に、艦内くまなく見学させてもらった。新しい型のものが来航した場合も、そのつど見学したが、潜水艦を主力とするドイツ海軍だけに、なかなかよくできていた。交通破壊戦を主目的としてつくられているので、わが潜水艦とは、その趣を異にしていて、一長一短はあったが、全般的に見て、わが潜水艦よりもよくできていると思った。また電探も装備していた。

それだからといって、日本の潜水艦はまずくて、ドイツ潜水艦がうらやましくてたまらないほどの感じは起きなかった。インド洋方面では、わが潜水艦をもって、十分作戦ができる自信があった。それは、敵側の警戒が割合に手薄であることによるのであった。ただ当時日本海軍ではなお電探関係兵器が、完全な域に達していないことが残念であった。

米国潜水艦については、私が軍令部在任中の昭和十七年に、情報部アメリカ班の無着仙明中佐と大船にあった俘虜収容所にいって、米国潜水艦乗り組みの潜水艦長や士官から、その状況を聴取した。初めは、なかなか口が固かったが、手をかえ品をかえして聞いているうちに、本当のことをしゃべってくれた。もっとも、それとても欲しがっている煙草をやったりした程度のことで、もちろん、拷問とか脅迫などは絶対にしなかった。極力、紳士的に応対したつもりである。

そのときの感じでは、アメリカの潜水艦は電気関係兵器については、わが海軍よりまさっていると思ったが、その他については、特に優れた点は認められなかった。実松譲中佐が無着仙明中佐と交代してからも、いろいろと情報をとってもらったが、日米海軍はおのおの一長一短があって、目新しく優れているところはなかった。

終戦後、この実松中佐は、俘虜を扱ったことについて虐待もしていないのに、あれこれとナンクセをつけられて、四十年の刑に処せられ、無着中佐は戦犯問題にからんでであろう、終戦後ついに自殺するという実にお気の毒なことになった。

こんな関係で、実松元大佐とは巣鴨でまた一緒になったので、アメリカの潜水艦と日本潜水艦との優劣についてもう一度問いただしてみたが「いいところもあり、悪いところもあって、総合的にいえばどちらがどうと言いかねるね」という返事だった。

また十九年十月下旬、新南群島に擱座《かくざ》した米国潜水艦を、艦政本部の専門家が調査にいったことがあったが、このときの調査報告を聞いた場合も、同じ感じだった。ただ電波関係兵器方面において、アメリカの方が優れていたことを記憶している。しかし、潜水艦の主兵器である魚雷だけは、前述したように、わが海軍が断然優秀であった。

隠忍健闘のわが潜水艦

日本潜水艦が戦果をあげなかったとすれば、それはレーダー兵器が連合軍より立ちおくれていたことが、最大の原因であるが、戦術戦略的に見れば、日本海軍の首脳部、特に連合艦隊司令部が、開戦当初からその後相当期間にわたって、従来の艦隊戦闘の思想にこだわった使いかたをしたこと、そして、ガダルカナルの戦闘以後は、補給輸送などという潜水艦本来の目的とは全然方角の違った任務に従事しなければならなかったことなどに、由因《ゆいん》するものと考えるのである。

また、対敵状況から言えば、米英側は第一次世界大戦にドイツ潜水艦から攻撃された深刻な体験にもとづいて、十分な対潜掃蕩方法を考究していて、対潜航空機や哨戒艦艇などをもって厳重、巧妙なる攻撃方法で、わが潜水艦の行動を封殺したところに、大きな原因がある。これに比較して、米国潜水艦の戦果が相当あがったように見えたが、それは、日本海軍が艦隊戦闘一点張りの思想にとらわれて、対潜掃蕩についての研究、準備が、米英ほどに十分でなかったし、また対潜掃蕩兵力そのものも少なかったことに起因するものであろう。

モリソン博士の著書の一節に、

「日本潜水艦乗員は、素質において、またその技術において、アメリカ海軍と同様に、よく教育されていた。潜水艦の構造とかその乗員の技倆については、お互いに優劣はなかった。ただ、日本潜水艦の大きなハンディキャップは、レーダーのないことであった」

と、記してあるが、まことに公平な見かたであると思う。特にわが潜水艦乗員は粒よりの精兵であった。そして、私が軍令部にいたとき、人事局の猪口力平中佐は、

「今度の戦争で一番重要なのは飛行機と潜水艦だから、潜水艦には優秀な人を入れますよ」

といって、乗り組みの士官は特により抜きのものを配員していた。また、乗り組みの下士官兵も、ほとんど特別の技術を修業したパリパリの現役兵であったことは、前に述べた通りである。

なお、モリソン博士は、

「日本潜水艦乗員は、急速潜入秒時のおそいこと、潜航深度の浅いこと、それから艦内の蒸し暑いことなどをこぼしていた」

と、記載してあるが、新造の中型潜水艦の潜入秒時は三十秒程度に短縮していたし、最大安全潜航深度も新造の各型潜水艦は一〇〇メートル、水中高速潜水艦は一一〇メートルまで増大していた。また新型の潜水艦は冷却機も完備していて、熱地行動でもなんとか耐えられるまでになっていたので、この所見は、旧式潜水艦のことについて述べられたのではあるまいか。米国潜水艦の潜入秒時、潜航深度などについては、機密保持のためか、記録がないので、比較検討の資料がないが、これらの点は、さしたる問題とはならないであろう。

また、この書物には、こうも書いてある。

「戦争前の潜水艦の使用方針については日米両海軍とも同様であって、米海軍も水上戦闘艦隊の補助艦艇として敵の戦艦、巡洋戦艦、航空母艦を攻撃撃沈するのを第一目的とし、次いで重巡にその目標をおいていた。戦争が始まってから間もなく、日本の交通破壊戦に作戦方針の重点を転換して、日本が保有する商船総トン数の六三パーセントを、潜水艦によって撃沈する戦果をあげた。

一方日本海軍の潜水艦使用方針はどうであったか？　真珠湾に米戦艦部隊の大部を覆滅し、かつ生き残った航空母艦を基幹とする機動部隊は、なかなか捕捉することがむずかしい状況では、日本潜水艦は当然その全力を、商船の攻撃にふり向けるべきであった。われわれは潜水艦がミッドウェー作戦において、いかに振るわなかったかを見せつけられた筈である。それを、なお艦艇の攻撃のみに執着したことは、大きな誤りであったと言わねばならぬ。云々」と。

わが潜水艦の使用方針について、痛烈な批判を加えたものであるが、結果から見て、まことにしかりと言わなければならない。

ただし、これは潜水艦関係者が、自ら好んで選んだものではなく、むしろ連合艦隊司令部首脳部の思想が古かったことと、戦略態勢が反攻阻止の窮屈な戦況に追い込まれてしまったことに、大きな原因があったと思うのである。

このようないろいろな困難や不合理があったにもかかわらず、潜水艦乗員達は平素から養成されてきたネバリの一手をもって、忍苦忍従の戦いを続けてきた。

航空機は現代戦闘の花形であって、大いに戦果をあげたが、その戦果には、戦時中にその報告にもとづいて発表されたものと、戦後になってわかったものとを比較してみると、そこには相当の開きがある。これは決して誇張した戦果を報告したものではなく、乱戦の常として、やむを得ないことであったであろうが、南太平洋海戦でたしか敵空母二隻を撃沈したと推定されていたものは、実際はホーネット一隻のみであったし、また台湾沖の海戦では敵空母は一隻も撃沈したものはなかった。

なお、水上艦艇、航空機の場合は、僚艦僚機がその戦果を見届けてくれる機会が多いのであるが、潜水艦の場合は、水中の戦闘であるから、大きな戦果をあげた場合にも、そのまま自らも沈没してしまったり、戦果の確認ができなくて、ソロモン群島方面戦闘の場合のように、われわれ海軍の者も、国民も、戦時中は全然知らなかった例を見いだすのである。戦後になって、ただ感じだけで、戦果の如何、艦種の優劣などを云々した書物を見受けることがあるが、これはけだし当を得たものとは言えないであろう。

私は、インド洋上におけるドイツ潜水艦との協同作戦によって知り得た日独両潜水艦の戦果発揚状況からみて、わが潜水艦は、極めて不遇な環境下におかれながらも、よく隠忍健闘し、その戦果は見るべきものがあったと信ずるのである。

第5部　太平洋正面の死闘

第1章　敗勢に苦闘す

1　ギルバート方面戦闘の前後

説明の都合でインド洋方面の話を昭和十九年夏頃まで語ったが、この辺で眼を太平洋方面に再び転ずることにしよう。そして私がインド洋方面の作戦に専念している間に、太平洋の戦場ではどのような活動を潜水部隊はしたのであろうか。

米軍のヒシヒシと押し寄せてくる攻勢に、わが海軍は空海兵力のすべてをあげて、防戦につとめたが、太平洋正面における大勢は、昭和十八年の末頃になると、急速にわが方に不利となりつつあった。

私は、昭和十八年末に、軍令部を去り、ペナンというインド洋の一隅で、局地作戦に従事する身となったのであるが、その僻遠の地にありながらも、暗号電報により、またはラジオ放送などによって、太平洋戦局の推移を見つめていた。ことに潜水艦のことについては、どうしても、念頭から離すことができなかった。

前に述べておいた伊三六潜搭載機の片道飛行偵察ののち、しばらくたった昭和十八年の十一月十九日、敵の機動部隊がギルバート諸島方面を襲い、マキン、タラワの両島に猛烈な空襲をかけ攻略を開始してきた。この敵の機動部隊に取りあえず対処し得るものは、わが海軍としては、もよりの基地航空部隊と潜水艦のみであったが、第六艦隊司令長官は、同方面に行動中の潜水艦のほか、トラックにあってすぐ出動できる潜水艦を同方面に急行せしめて、この攻略部隊の阻止攻撃にあたらせた。この間に、田端直少佐の指揮する伊一七五潜は、輸送船団を護衛する敵航空母艦に魚雷三本を発射して全魚雷の命中音——潜水艦長は、魚雷が命中したときの音を、よく、カーン、ドーンと言って表現していた——を聞き、そして、沈没の騒音を確実に聴取した。その後の爆雷攻撃が猛烈であったことは勿論であるが、幸運にも大きな被害を受けることなく生還することができた。

　しかしながら、この作戦中に、艦隊司令部の発した点呼通信に応答してきたのは、このほかに伊一六九潜と伊一七四潜があっただけで、あとの伊一九、伊二一、伊三五、伊三九、伊四〇、呂三八（注）の六隻の潜水艦は、なんの応答もなく、ついにトラックの基地に帰ってこなかった。しかも、生還した潜水艦は、いずれも三、四十発の爆雷攻撃を受け、相当の損害をこうむったのだった。

（注）潜水艦長は、それぞれ、小林茂男少佐、稲田洋中佐、山本秀男少佐、田中万喜夫少佐、渡辺勝次少佐、野村俊治少佐であった。

　この災厄に対しては、第六艦隊司令部があまりに功をあせりすぎて、水上進撃を強行させたこと、行動日数がきれかかって、疲労しきっている潜水艦を、敵の警戒が厳重をきわめている局地戦に投入したことなどについて、とかくの批評があった。しかし、わが潜水艦にレーダーが完備していなかったことも、この熾烈な攻防戦に、大きなマイナスとなったことは事実であった。なおこの悲しい現実は、また、アメリカ海軍の対潜掃蕩方法が、至極巧妙となったことを物語る証拠でもあった。

私が軍司令部を去るちょっと前、伊三四潜、伊二九潜がドイツに派遣されるときに、ドイツ海軍から知らせてくれた大西洋方面の対潜掃蕩状況は、潜水艦にとっては、ゾッとするほどのものすごいものだった。すなわち、水上艦艇の巧妙な水中測的兵器を利用する爆雷攻撃のほかに、レーダーをもってする哨戒機の夜間攻撃が、徹底的となってきたので、開戦当初に潜水艦が常套手段としていた夜間に水上航走をしながら充電して、昼間潜航する方法は、かえって危険となり、昼間の視界のいい時機を見計らって、レーダーの利用と眼鏡による見張りを厳重にすることによって、敵艦、敵機の近接を警戒しながら充電を行い、夜間は潜航しなければならないような状況となっていたのである。

ギルバートの作戦が始まる前頃のわが潜水艦兵力は、第二線兵力である練習用潜水艦、防備部隊付属の旧式潜水艦を除き、大型潜水艦四十一隻（内八隻は新造で訓練中）、中小型潜水艦十九隻（内六隻は新造その他で訓練中）で、精鋭潜水艦の総計六十隻を数え、相当の増勢をみていた。しかしながら、この作戦で一挙に多くの精鋭潜水艦を失い、作戦可能の潜水艦は急激にその数を減ずる結果となってしまった。

昭和十九年一月末には、米軍はマーシャル諸島方面の攻撃を開始し、その要衝は次々に奪取されていった。

わが潜水艦は、これらの苦難に屈することなく、引き続き、南部および中部太平洋方面における敵輸送路の攻撃敵艦隊の邀撃、ラバウル、エニウェトク方面への輸送敵情の偵知など、多種多様の任務をおびて作戦したが、可動の潜水艦も少なく、組織的な作戦を行うことはできなかった。

次いで、二月十七日には、わが南方の最大策源地であるトラックが、敵機動部隊の大空襲を受け、在泊艦船は甚大な損害をこうむった。わが潜水艦はただちにこれに備えたが、遂に攻撃の機会を得ず、第六艦隊旗艦平安丸——香取はこれより以前に、他に転用されていた——は、この空襲で沈没し、同司令部はトラックの潜水艦基地隊に将旗を移さなければならない、みじめな状況となってしまった。

この頃には、ラバウル方面も敵の空襲がひどくなって、潜水艦基地としての利用価値がなくなったので、第七潜水戦隊所属の小型潜水艦は、トラックにその基地を移し、第六艦隊司令長官の直接指揮のもとに、付近海面の防衛、敵要地の偵察などの任務に従事することになった。

この間にあげた戦果として知られているものは、和田睦雄大尉の指揮する呂四二潜が、ソロモン方面で輸送船一隻を撃沈し、また司令清水太郎大佐乗艦、館上陸太少佐指揮の呂三九潜が、巡洋艦を撃沈したことであった。

この呂三九潜は、ウオッゼ方面に残留している飛行機搭乗員を収容する目的で、二月初め同島付近に達し、そのまま消息を絶ったのであるが、陸上から巡洋艦一隻が雷撃によって沈没するのを望見したことによって、その戦果を知ったものである。戦後わかったところによると、呂三九潜は、二月三日ウオッゼ沖で、米国駆逐艦の攻撃を受け沈没となっている。
なおこの頃、左ページC表に掲げるような精鋭潜水艦を失った。

2 「あ」号作戦の頃

昭和十九年三月末になると、パラオ方面も敵機動部隊の空襲に見舞われるようになった。いや、二月十七日、十八日のトラックの大惨害にすぐ引きつづいて、二月二十三日にはマリアナにも敵機動部隊が空襲をしかけたのである。

わが潜水部隊は、前に述べたような任務をおびて、中南部太平洋およびソロモン群島方面に作戦したが、寺本巌大尉の指揮する伊三六潜は、四月十六日敵の大型航空母艦に対して、魚雷二本を命中せしめる戦果をあげた。しかし、三月から四月にかけて、わが方は左ページD表に掲げるように、五隻の潜水艦を失った。

四月、五月と暦がめくられていった頃には、ソロモンおよびビスマーク諸島に戦略要点を獲得した敵は、強力な基地航空兵力を展開して、同方面の制空権をその掌中におさめつつ、ニューギニア北岸ぞいに西進を始め、またその艦隊の主力をマーシャル方面に集中して、わが本土防衛線を突破する態勢を整えてきた。

これに対応して、わが連合艦隊は、西カロリン、またはマリアナ方面に敵の進攻兵力を迎え、全兵力を集結して、決戦に転じ、一挙に敵を撃滅して、頽勢を挽回せんことを期し、

C

艦名	期日	場所	相手	艦長名	記事
伊　一一潜	一九・一〜三	マーシャル東方	米駆逐艦	伊豆寿市中佐	十八年十二月廿一日トラック出撃撃沈日時等は米側公表による。
伊一七五潜	一九・二・一七	マーシャル	同　右	田端　直少佐	ウオッゼ、マロエラップ方面の敵攻撃中。
伊　四三潜	一九・二・一五	サイパン南方	米潜水艦	遠藤　忍少佐	新造のもので訓練を終わってトラックに進出中。
呂　三七潜	一九・一・二二	ソロモン東方	米駆逐艦	遠藤作馬少佐	
呂　四〇潜	一九・一・二〇	マリアナ東方	同　右	城戸保雄少佐	敵機動部隊邀撃行動中。

D

艦名	期日	場所	相手	艦長名	記事
伊　三二潜	一九・三・二四	マーシャル	米艦隊	井元正之少佐	ウオッゼへ輸送の途上。
伊　四二潜	一九・三・二三	パラオ南西	米　潜	小川綱喜中佐	トラックからラバウルへ輸送の途上。
伊一六九潜	一九・四・四	トラック	空襲時事故	生存 篠原茂夫少佐	沈座の際事故のため。
伊一七四潜	一九・四・一三	トラック南方	米飛行機	鈴木勝人少佐	四月三日内海西部発。
伊　二潜	一九・四・七	アドミラルティ東方	米駆逐艦	山口一生少佐	四月五日ラバウル発トラックへの途上。

「あ」号作戦と称して、着々とその準備が進められた。そのため、潜水艦は要地の偵察、敵動静の偵知、敵艦隊の奇襲攻撃にあたることになり、大型および中型潜水艦は、マーシャル方面に、小型潜水艦は西カロリン諸島の南方、すなわちアドミラルティの北方海面に配備されることになった。この間にも、ラバウル、ブイン、エニウェトク等のソロモン、ニューギニア方面およびマーシャル方面に対する潜水艦の作戦輸送は、依然として続けなければならない状況であった。

一方、小型潜水艦七隻は六月二十五日までに、散開線につくようになっていたが、その後トラックに帰還したのは、呂一〇九潜、呂一一二潜のみで、あと呂一〇四、呂一〇五、呂一〇六、呂一〇八、呂一一六の五隻の潜水艦は、遂に消息を絶ってしまった。これは、わが散開線を敵に察知され、いもづる式に攻撃制圧を受けたものと想像されていた。

潜水艦長は、それぞれ出淵愈大尉、井上順一大尉、宇田恵泰大尉、小針寛一大尉、岡部猛少佐の諸氏であったが、戦後になって、米駆逐艦の猛烈な制圧掃蕩により、沈没したことがわかった。

そうしているところに、六月中旬、待ちに待った「あ」号作戦の火蓋がきられた。それは、あの太平洋防衛の要衝サイパンの攻防をめぐる決戦として人も知るところである。

この決戦の頂点は六月十九日、二十日にマリアナ、フィリピン間の洋上に戦われた彼我の機動部隊の激烈な航空戦闘であったが、不幸、わが方の敗北におわった。

サイパンの守備軍も死力をつくして勇戦敢闘したが、七月七日刀折れ、矢つきて、玉砕の悲運に逢着してしまった。第六艦隊司令部は、それまで将旗を筑紫丸にひるがえし、瀬戸内海西部にいたのだが、「あ」号作戦参加のためサイパン陸上に進出して、潜水艦戦を指揮した。そして、七月七日、守備軍とともに、「われ今より敵陣に突入す」という電報を最後に、司令長官高木武雄中将をはじめとして、司令部職員全員は、サイパン戦場の露と消えたのである。

以上のように、この海戦で、わが連合艦隊は、海上戦闘の主兵力である有力な航空母艦の多くと、母艦搭載空軍のほとんど全部を失い、事実上堂々の海上制覇を争う機能を失った。また、日本本土は、サイパン島の失陥によって、戦略上重大な危機に直面することになったのである。

さて、わが潜水艦は、敵のサイパン攻略の企図が明瞭となるのがおくれたため、これに即応する配備をとることはできなかったが、各方面から急ぎサイパン、テニアン方面に集合して、敵攻略部隊の攻撃にあたった。この間に、伊三八潜、伊六潜をもって、第六艦隊司令部の救出を試みたが、敵の制圧を受けて失敗に終わり、また、三隻の潜水艦で、運砲筒をグアム島に輸送することを計画したが、これに成功したのは、日下敏夫中佐の指揮する伊三六潜のみであった。

そして、この戦闘であげた戦果は、帰ってこなかった潜水艦が多いので（注）、推定ではあるが、およそ次ページの表のようなものであった。（ただし、この戦果については、後の調査によるとかなり疑わしく、特に大型艦船沈没の事実はない）

艦名	戦果
呂一一一または呂一一七と推定	空母（エンタープライズ型）油を引く
呂一一四と推定	アイオワ型戦艦大爆発轟沈
伊一八五または呂三六	空母らしきもの一隻撃沈
呂一一五	空母（ワスプ型）一隻撃沈と推定
呂三六と推定	空母一隻撃沈
伊六潜	空母らしきもの一隻撃沈
伊一〇潜	軍艦一隻を大爆発せしむ
記事	陸上、味方潜水艦の確認と称するものや、通信隊、特務班の敵信傍受状況より考察した。ただし、真相は不明。

（注）この戦闘に参加したわが潜水艦は、約二十隻であったが、そのうち一挙に十二隻の潜水艦が未帰還となった。各艦と艦長は、

伊五潜	土居誉重少佐	呂三六潜	川島立男大尉
伊六潜	普門正三少佐	呂四二潜	工藤芳之助大尉
伊一〇潜	中島清次少佐	呂四八潜	一富清太少佐
伊五五潜	井筒紋四郎少佐	呂一一一潜	中村直三少佐
伊一八四潜	力久松次少佐	呂一一四潜	阿多義弘大尉
伊一八五潜	荒井淳少佐	呂一一七潜	榎本康夫少佐

であって、米海軍の対潜掃蕩方法がいかに巧妙となってきたか、そしてわが潜水艦は、猛烈な敵の制圧をおかしつつ、いかに近迫攻撃を行ったかを、物語るものであった。なお、この頃上杉貞夫少佐の指揮する呂四四潜が、マーシャル方面で米国駆逐艦の攻撃を受けて沈没したことは、戦後になってわかった。

第2章　潜水艦隊の死闘

1　潜水艦隊司令部に転ず

見張りに協力する輸送機

昭和十九年八月一日、突然、私は第六艦隊司令部付の辞令を受け、僅かに九カ月の勤務で、ペナンを去ることになった。後任として、海軍省教育局局員であった丸山範三中佐が、ペナンに赴任してきたので、同月十九日ペナンをたって、シンガポールに向かった。

直接部下である司令部付の下士官や、潜水艦基地隊の諸員に訣別の言葉を述べ、ペナンの関係各部にも別れの挨拶をして、ペナンの水上基地から、潜水艦用の飛行機に乗って出発した。

離水すると、操縦の高橋兵曹長は機転をきかせて、低空でペナンの市街の上空を飛び、司令部庁舎の上を一旋回したのち、機首を南に向け、一路シンガポールに飛んだ。機上から模糊として消えてゆくペナン島は、私にとっては、思い出多いところだった。

私を乗せてくれた高橋兵曹長は、各所の偵察に成功して偉勲を立てた名パイロットであったが、私がシンガポール方面に用件があって出かけるときは、いつも自ら進んで機を操縦してくれたもので、彼はその後、少尉に進級し、潜水空母に転じて、ウルシー泊地に対する特攻攻撃に参加した勇士であった。マレー半島の上空は、幾度かこの飛行機に乗って縦断したが、この行が最後であると思うと、名残り惜しい気持ちで、ジッと、走馬灯のように変化してゆく、熱帯の山野を、町を、眺めたのである。

クアラルンプール、マラッカ、ジョホールの町々は、みな夢の国のように平和に横たわっていた。三年前には、わが皇軍の精鋭が進撃を続け、勇戦奮闘したところなのだ。この平和そのもののように見える町にうち立てられた日章旗が、いつの日までひるがえることであろうか、そう考えると、感慨無量なものがあった。

輸送機がシンガポールに着くと、水交社に投宿したが、輸送機の座席の都合がつかないので、三日ばかり待たされた。以前は申し込みさえすれば、すぐに便乗を許されたものだったが、今度はそう簡単にゆかなかった。すでに航空輸送の方にも支障をきたし始めたことを感じた。

輸送機がシンガポールを出発してしばらくすると、

「乗客の皆さんも、敵機の見張りに協力して下さい」と機長から注文があった。敵の制空権は、輸送機の航路まで脅かしているのか。覚悟はしていたものの、ある種の不安感を覚えた。

サイゴンで一泊し、台北では、また三日ばかり待たされたので、同行のドイツ潜水艦長を北投温泉に案内したりして、暇をつぶした。この行で、敵機来襲の心配もなく、なんらの事故もなかったことは幸いであった。

羽田飛行場へ着くと、その足で軍令部にゆき、ペナン方面の状況を報告し、そこで私の今度の配置は第六艦隊の先任参謀であること、第六艦隊は目下山口県の油谷湾において訓練中であることを知ったので、航空本部に連絡して、福岡行の輸送機搭乗券を貰い、ひとまず逗子の家に帰ることにした。

私が通った東京の目抜きの場所、それから逗子付近は空襲の被害らしいものを見受けなかったが、それでも、以前と違って、なんとなく落ちつきを失っていることを感じさせられた。

懐かしき轟沈の歌

一日おいて、私は再び羽田飛行場から福岡へ向かった。出発の前夜、おそい電車で第一ホテルに着き、予約してあった東側の通りに面している部屋に案内されたときは夜も更《ふ》けて、街は森閑と静まり返っていた。ちょうど窓の下を、一人の青年が「轟沈々々、凱歌があがりゃア……」と、インド洋の潜水艦作戦映画「轟沈」の主題歌を、声高らかに歌いながら通り過ぎていった。私は、ペナンで聞き慣れたこの調子のいい、潜水艦乗りの労苦を描写した歌を聞いて、戦況の重圧に抑えつけられていた胸が、自然にひらけるような懐かしさを感じたものだった。

潜水艦作戦映画を撮影することについては、私が軍令部にいるときに、報道部の方から相談があった。このとき、私は比較的敵の警戒が厳重でないインド洋方面に撮影場所を選定するのが、適当だろうと答えておいた。私が軍令部を去って、ペナンに着任した頃は、映画の大体の撮影はすんで、すでに仕上げの段階に入っている頃であった。撮影関係の人々は、作戦に出かける潜水艦に乗船し、インド洋の酷熱と戦い、潜水艦乗員と労苦をともにしたのだった。潜水艦に慣れた乗員でさえ、その苦痛は相当なものであるのに、今まで、なに一つ体験を持たない、これらの人々の労苦は、察するに余りあるものがあったであろう。そして、爆雷や爆弾の洗礼も受けたのである。この危険と労苦を乗りこえ、耐えしのびつつ、数回にわたって潜水艦に乗船して出撃し、貴重な実戦記録映画を完成したことは、賞讃に価するものと言えよう。

またこれらの人達は、よく潜水艦乗員と融和し、無趣味なわれわれに、なごやかさを添えてくれたものだった。

どちらかと言えば、インド洋方面の作戦は、敵の反撃の少ない楽な作戦であったが、今度は苛烈な太平洋正面の作戦なのだ。わが本土南方の要衝であるサイパン、グアムを既に手中におさめた敵は、進攻のテンポを日ごとに加えつつあった。

わが潜水艦部隊は、その特性を極度に発揮して、落日の悲運に傾きつつある祖国日本を護り通さねばならぬ。死の最期まで残って戦い抜くぞ！　こう固く決心の臍を決めたのである。

輸送機が福岡飛行場に着くと、すぐ列車に乗り、下関海峡を本土側に渡って、山口県の日本海に面した油谷湾に向かった。目的地に着いてみると、艦隊は私と入れちがいに、油谷湾を発して、呉軍港に回航したばかりのところであった。また列車に乗って呉に向かったが、山陽本線に入ると、乗客が雑沓していて、二等も三等もゴッチャで秩序のない混雑ぶりだった。私はかえって混雑していないように見える三等車に席を求めた。

広島駅に列車が着くと延着していたので、呉行の最終列車に間に合わず、やむなく下車して駅前の旅館に一泊を求めたが、どの旅館も超満員で断られてしまった。その夜は、多くの人々と一緒に、駅前で野宿をした。

今まで経験したことのない列車内の混雑さや、秩序の乱れているところなどを見せつけられて、もんぺ姿や垢じみた衣服をつけて、疲れきったように眠りこけている人たちの姿を見ると、インド洋方面に出ていた僅か十カ月ばかりの間に、かくも世相は急激に変わるものかと、驚かされたのだった。そして、戦況の深刻さに、慄然としたのである。

痛撃に立ちあがらんとす

翌日、旗艦筑紫丸の艦隊司令部に着任した。時は、昭和十九年九月一日であった。筑紫丸は大連航路用として起工された八〇〇〇トン級の優秀客船であったが、開戦後、特設潜水母艦として完成し、艦隊の魚雷調整班なども乗り組んでいた。

当時、作戦にただちに使用できる精鋭潜水艦は、約二十隻であって、これらの潜水艦は、艦隊司令長官の直率下にあった。すなわち、ずっと前に第三潜水戦隊が解隊された上に、この年の初めには第一潜水戦隊も解隊され、最精鋭の戦闘潜水艦は潜水隊に編成されたままで、艦隊司令長官の直接指揮を受けるようになっていた。私が軍令部にいる頃やかましく言われていた、屋上屋を重ねる指揮系統は、実戦の体験から、こういう簡単な形にならざるを得なかったのである。

もっとも、第六艦隊の麾下には、これら戦闘潜水艦のほかに、第七、第八および第十一潜水戦隊があった。第七潜水戦隊は横須賀に基地をおき、輸送潜水艦をもって、ウェーク島、トラック島、南鳥島などに対する作戦輸送に従事していた。第八潜水戦隊は、前にも述べたように艦隊編制のなかには入っていたが、軍隊区別によって、南西方面艦隊の作戦指揮下にあり、第十一潜水戦隊は新造潜水艦の訓練を任務とし、瀬戸内海西部を基地としていた。

潜水艦は、航空機および航空母艦とともに、最優先的に建造されることになっていたので、前に述べたようにギルバート方面の戦闘が始まる前頃には、相当数の増勢をみていたが、同方面の作戦以来、米軍のレーダーおよびその他の新式兵器をもってする巧妙至厳な対潜掃蕩にあい、次々と被害が増大し、サイパンの「あ」号作戦は、わが潜水艦にとって、まことに悲痛この上もない打撃であった。そして、残存戦闘第一線兵力僅かに二十隻という悲境に追い込まれてしまった。

そこで、サイパン方面の戦闘が一応終わると、潜水艦の作戦を一時中止して、電探、逆探の整備や交換、または防探塗料の塗布などを行い、これに関連する諸訓練を実施することになった。油谷湾方面における訓練は、すなわちそれであった。

私が呉軍港に在泊中の旗艦筑紫丸司令部に着任したとき、各潜水艦は最後の整備を行い、出動準備にとりかかったところであった。

2　回天兵器の誕生

兵器出現の経緯

ここで、私の最も関心を引いたことは、回天兵器を潜水艦に使用して、戦勢を挽回すべく計画が進められていることであった。

回天兵器とは、いわゆる人間魚雷であった。真に必死必殺の体当たり攻撃をもって、頽勢の挽回をはからなければならない祖国日本の運命は、まことに悲痛と言わねばならない。航空部隊には、機自体をもってする神風特攻、母機からする人間ロケットの神雷特攻があり、軽快艇としては、震洋艇と称する類のものが生まれつつあった。

回天兵器は、そもそも、いかなる経緯をたどって出現したものであろうか？

私が軍令部にいるとき、昭和十八年に入ってからだと思うが、潜水艦乗り組みであった竹間忠三大尉が、人間魚雷の構想を描き、戦勢を立てなおして勝利を得る方途は、新兵器をもってする肉弾攻撃によるほか、良策なしという意味のことを力説した手紙をよこしたことがあった。私は、艦政本部の魚雷兵器担当部員と潜水艦関係の造艦官のところに、その構想を持ってゆき、実際に実現できるかどうか検討してもらったが、当時の回答では、「ちょっと、むずかしい」ということだったので、そのまま立ち消えの形になっていたものである。また、軍令部の首脳部としても、当時、必殺の兵器を使う意図はなかった。

ところが、私が東京を去って、ペナンにいる間に、敵の進攻は急速にその歩度を早め、戦況は刻々として、われに不利となってきた。世乱れて義人いずと言うが、祖国の危機に臨んで、愛国の純情に燃ゆる義人を生じた。黒木博司大尉と仁科関夫中尉の二人が、すなわちそれである。

二人は祖国の危急を知るや、人間魚雷の出現によって戦勢を一挙に挽回して祖国を泰山の安きにおかんことを決意し、自らこれを考案して、中央当局にその採用を迫ったのである。このとき、血書の意見書を出したとも聞いている。しかも、自ら人間魚雷を操縦して、先頭第一陣を承らんとする殉国の至情にいたっては、鬼神といえども慟哭するところであろう。

特殊潜航艇の使用にあたっても、搭乗員収容の可能性あることを認めて、これを許された。人間魚雷は、壮士ひとたび去ってまた還らざる必死必殺の体あたり攻撃なのだ。生還はもとより期することができない。とは言え、戦勢は急激にわれに不利になりつつあるのである。

若き人々の純情に動かされて、遂に人間魚雷は出現することになった。回天の事業に殉ぜんとする若きもののふの純情にちなんで、この兵器は回天と名づけられた。

私は、巣鴨拘置所に収容されてからも、これらの人達のことについて、念頭を去ることができず、毎晩その冥福を祈ったのであるが、拘置所のブリュー地区老人組の居住区の散歩場で、その当時の軍令部総長であった嶋田さんと散歩のときに、談たまたま回天のことに及んだことがあった。

嶋田さんは、

「軍令部にきたのは、たしか黒木君だったよ。黒木君の話は作戦室で聞いたんだが、そのとき、生命は捧げているんだから、救命装置とかいうものは考えずに、できるだけ攻撃威力（注）を大きくするようにしてもらいたいと、熱烈な口調だったよ」

と、感慨深い言いぶりだった。

これら殉国の勇士は、目下のところ地下に埋もれたままになっている。なんとかして、これを世に顕彰して、その霊を慰めたいというのが、回天に関する二人の話のむすびであった。

海軍の大御所、海軍大将と一大・中佐では、往時であったならば、余りものも言えなかったのだが、裸一貫の巣鴨では、「嶋田さん」――ここでは「さん」が通り言葉になっている――と呼べば「おお、一緒に歩こうか」と、肩をならべて、巣鴨製のオカシナ下駄をガラガラいわせながら、青年士官時代の馬鹿話などに、ワハ……と笑ったこともある。嶋田さんの人格には、接するたびに自然と頭がさがる。

（注）回天製作の当初は、救命装置が考えられていたが、実戦では用いなかった。

回天の双璧黒木大尉、仁科中尉

さて、黒木大尉は海軍機関学校出身であり、仁科中尉は海軍兵学校出で、ともに潜水艦畑の出身であった。

仁科中尉は、長身白皙の精悍な顔をした青年士官であったが、身を持すること極めて厳であり、出陣の直前まで、回天兵器の操縦訓練に精励刻苦し、同僚とよくはかり、また下級者の面倒をみ、遊里などには、一度も足をふみ入れなかったという。彼の訓練中の直接上官であった板倉光馬少佐や彼の親友は、その純真無垢にして、祖国愛に燃えた闘魂を絶讃したのであった。

黒木大尉は紅顔の美青年で、温容人を魅するものがあり、うちに烈々たる闘魂を持ち、仁科中尉とともに、回天の双璧であったが、樋口大尉と同乗して指導訓練中に愛器故障のため海底に没し、百方捜索に努めて、器を揚収したときには、惜しむべし、既に絶命していたのである。幾尋の海底にあって、殉国の闘志に燃えた彼が、敵に一矢をも酬ゆる機会なくして死に直面したとき、そもいかなる心境であったか！　想うだに、痛恨の極みと言わねばならぬ。

殉国の熱情に燃え、わが神州不滅を信ずる若人は、黒木大尉、仁科中尉を筆頭に、続々として集まった。これらの志士をもって、昭和十九年九月初め、特攻部隊を編制し、その基地を徳山湾口のすぐ近くにある大津島におき、司令官には徳望のある潜水艦畑の長井満少将が任命され、板倉少佐が訓練ならびに一般隊務の処理に当たっていた。その後回天要員の増加にともなって、徳山に近い光海軍工廠と、山口県の柳井に近い平生とに、新たに基地が設けられることになった。

回天兵器は、機密保持の見地から〇六《マルロク》と呼ばれていたが、特殊潜航艇の場合と同じく、極秘中の極秘とされ、艦隊司令部でも、主務参謀のほかは、これを公開されなかったし、中央当局、呉海軍工廠および潜水艦においても、関係者以外には極秘とされた。

兵器の状況

さて、回天兵器はいかなる構造性能のものであったかその概要を説明してみよう。簡単に言えば、魚型水雷を大型とし、その中央部に操縦席を設け、特眼鏡と称する短小な潜望鏡を装備して、体当たり攻撃を行う兵器である。

全長一五メートル弱、全重量約八トン、本兵器は九三式六一センチ魚雷の頭部を撤去し、後半部はほとんどそのまま利用した。最前端に炸薬約一トン半を有して、一名の搭乗員は中央部に位置し、特眼鏡で目標を観察して、人間自ら操縦するのである。

魚雷は、転輪の原理を応用した縦舵機によって、定められた針路を馳走するのであるから、魚雷発射時の測的要素に誤観測があれば、命中しないわけであるが、この回天兵器は、人間自ら目標を観測して針路を定めるのでその確度は極めて大である。しかも、潜水艦用五三センチ魚雷の炸薬量は、四七〇キロ程度に過ぎないが、この兵器の炸薬量はその三倍以上になるので、いかなる巨艦といえども、回天兵器の攻撃を受ければ轟沈確実である。馳走能力は一二ノットで約八〇キロの航続力を持ち、相当遠距離の目標に対しても攻撃することができた。

この回天兵器を大型潜水艦の上甲板に搭載して敵地深く侵入し、在泊中の敵重要艦船を撃沈するのが、当初の計画であった。しかしながら、私が第六艦隊司令部に着任した九月頃には回天兵器の整備状況は、まだ作戦の要求をみたすまでになっていなかったし、また搭乗員の練度もなお訓練の途上にあった。そして、潜水艦との連合訓練も、今度に課せられた問題であった。

大型潜水艦は、油谷湾における訓練が終わって、呉軍港に回航すると、さっそく回天兵器搭載施設の工事に取りかかった。

軍令部および連合艦隊司令部はこの作戦を重視し、一日も早く、この作戦の実現を要望してきていたので、呉工廠の関係当事者と数度にわたって協議をかさね、回天兵器の整備と潜水艦工事の促進をはかった。また、軍令部から藤森参謀がわざわざ当艦隊司令部にきて、呉工廠の関係者と工事促進についての打ち合わせを行ったこともあった。

３　パラオおよびレイテ沖の潜水艦戦

われわれが、この回天をもってする攻撃計画を実行に移すまでにゆかない昭和十九年九月十五日、米軍はパラオ諸島の航空基地であるペリリュー島およびモロタイ島方面に、優勢なる海陸両部隊をもって、攻撃を開始してきたのである。

わが潜水艦隊に対して、連合艦隊司令長官から、ただちに一部の兵力をもって、この敵を攻撃すべき命令がくだった。当時大型潜水艦は、以上述べたように、回天兵器搭載施設の工事に取りかかったところであったし、第三十四潜水隊である伊一七七、呂四一、呂四三、呂四六、呂四七の五隻の潜水艦を、同方面に急行せしめることになった。潜水学校教官から、この隊の司令に着任してきたばかりの松村寛治大佐は、伊一七七潜に搭乗して、勇躍呉軍港を出撃していった。

作戦行動中の潜水艦は、緊急重要な事項以外は、絶対の無線封止を行っているので、司令部では計画にもとづいて、戦場到着期日などを予想するのであるが、出撃した潜水艦からなんらの通信を接受しないことは、くる日くる日が気がかりの連続であった。入手した情報は、そのつど、出動潜水艦に放送した。

計画としては、呂四一潜をモロタイ島付近に、その他の四隻の潜水艦をパラオ諸島周辺に配備し、相当広範囲の受け持ち海面を適宜行動して、敵艦船の攻撃にあたらしめるにあった。が、戦場に到着したと予想される日から相当の日数がたっても、伊一七七潜、呂四七潜からは、なんらの通信もなかった。私は、対潜掃蕩手段の至厳を極めるにいたった現状では、長期にわたる行動は、疲労困憊のため十分な戦果をあげ得ないばかりでなく、かえって被害の大きいことを考慮し、参謀長、長官に進言して、予定の行動期日よりも早目に、すなわち十月の初めに戦場を引き揚げることを電報した。そして、伊一七七潜と呂四六潜には、その帰途ウルシーの偵察を命ぜられたが、呂四六潜のみがその任務を果たし、伊一七七潜と呂四七潜の二隻の潜水艦は、遂に呉軍港に帰ってこなかった。点呼通信に対して応答がなかったとき、私は、通信装置かまたは機械故障のためではあるまいかと、一縷の望みをかけていたが、それも空しくなってしまった。この犠牲は、私が艦隊司令部に着任して最初のものであり、当時耐えられない苦痛であった。

伊一七七潜の艦長は渡辺正樹少佐で、松村寛治大佐が司令として乗艦し、呂四七潜は石川長男大尉が指揮していたが、パラオ陸上部隊は、ペリリュー島の西方海面において、駆逐艦一隻、輸送船一隻がそれぞれ轟沈するのを確認しているところからみて、陸地に近く肉迫して攻撃を敢行した、両艦の戦果と推定される。すなわち、両艦は敵艦を雷撃したあとで、制圧艦艇の猛烈な攻撃を受け、パラオ近海において、帰投命令を打電する前に沈没したものと思われるが、戦後になっても、沈没期日、交戦相手などが、はっきりしないのは遺憾である。

なお、この作戦行動で、モロタイ島付近海面に配備されていた椎塚三夫大尉の指揮する呂四一潜は、十月三日空母三隻を基幹とする機動部隊を襲撃して、魚雷の命中音四を聞き、空母一隻撃沈、一隻撃破の戦果をあげたという報告を打電してきた。

さて、ペリリュー島のわが守備軍は、最後の一兵にいたるまで頑強に抵抗したが、後援が続かず、遂に敵の手中に帰してしまい、この年の十月十八日には、米軍の大部隊は、比島のレイテ湾に上陸を開始してきた。敵はいよいよわが帝国防衛線の身辺に迫ってきたのである。

わが海軍は、戦艦武蔵をはじめとして、可動の全兵力をもって、これを迎え撃ち、いわゆるレイテ沖海戦を現出するにいたったが、航空兵力が劣勢であるため、戦いわれに利あらず、戦艦武蔵のほか多くの有力艦艇を失い、事実上わが海軍は海上戦闘を行うことができない状態となってしまった。

潜水艦部隊は、この艦隊列車ともいうべき敵の反攻大部隊に対して、可動の全潜水艦をもって攻撃を集中したのである。すなわち、大型潜水艦をレイテ湾方面に配備して、西カロリン群島方面よりする敵補給路の遮断にあたらしめ、航続力の少ない中小型潜水艦はルソン島東方洋上に配して、マニラ方面を航空奇襲する敵の機動部隊に備えた。その兵力は、大型潜水艦八隻、中小型潜水艦七隻で、回天攻撃を準備中の伊三六、伊三七および伊四七潜などは、この作戦に加えられなかった。

艦名	期日	場所	相手	艦長名
伊二六	一九・一〇～一一	レイテ沖	米駆逐艦	西内　正一少佐
伊五四	一九・一〇・二八		同右	中山　伝七少佐
伊四五	一九・一〇・二八		同右	河島　守少佐
伊四六	一九・一〇・二四		？	山口幸三郎少佐
伊四一	一九・一一・一八		？	近藤　文武少佐
伊三八	一九・一一・一二		米駆逐艦	下瀬　吉郎少佐

わが大型潜水艦五隻は、連合艦隊命令にもとづいて、米軍がレイテに上陸を開始する少し前に、南西諸島方面に出現した敵機動部隊を捕捉攻撃すべく、呉軍港を出撃して、一路南下を続けていたが、いよいよ米軍のレイテ方面攻略の企図がはっきりしてきたので、中部比島の距岸およそ六〇海里に散開線をはり、味方水上艦隊の戦闘に呼応して、敵の大部隊を迎え撃つように配備を変更された。

そして、水上艦部隊の戦闘が終わると、潜水艦の配備をレイテ湾を基点とし、ウルシー環礁、西カロリン群島方面にいたる航路上に、相当広範囲の海域に区分した哨区に変更し、各潜水艦は敵の対潜掃蕩を適宜回避しながら、敵の輸送船舶または有力艦艇を攻撃することとされた。当艦隊司令部としては、その後の作戦においても、対潜掃蕩手段の至厳なる状況からみて、各潜水艦の行動は、つとめて自由ならしむる方針をとった。この比島方面の危急に際会して、その他の潜水艦も、次々に呉軍港を出撃して、戦場に急行していった。

この作戦で、森永正彦少佐の指揮する伊五六潜は、まず敵の輸送船一隻をほふり、次いで航空母艦および駆逐艦各一隻を撃沈し、さらにその後、敵の大輸送船団に遭遇して、輸送船三隻を一挙に撃沈する戦果をあげ、全魚雷を発射しつくしたとの報告があったので、呉に帰投することを命ぜられ、無事帰還することができた。

また、呂五〇潜（潜水艦長木村正男少佐）はラモン湾の北東海面で、空母一隻、駆逐艦一隻を撃沈した旨の報告をよこしてきた。

なお、下瀬吉郎少佐の指揮する伊三八潜も戦果をあげた入電があり、出撃後相当の日数を経過していたので、これ以上作戦行動を続けることは、かえって疲労のため被害を受ける公算が多いとみて、戦場を離脱して、呉軍港に帰投するように、打電されたが、惜しいかな、その後消息を絶ってしまった。そして、近藤文武少佐指揮の伊四一潜は、航空母艦および輸送船各一隻を撃沈したとの報告をよせたが、遂に帰らなかった。

結局、わが方は、この作戦において、六隻の大型潜水艦を失う結果となり、まことに悲痛なものがあった。

（注）戦後にわかった状況は、右ページの表の通りである。

4　回天の第一陣「菊水隊」

さて、その整備ならびに潜水艦との連合訓練を急いでいた待望の回天兵器は、十月下旬には、作戦に出かけることができるようになったので、私は、その作戦計画の立案にとりかかった。そして、軍令部と連合艦隊の主務参謀に連絡をとり、第一次攻撃場所は、レイテ方面反攻の敵の大策源地と目せられる、ウルシー環礁に指向することに、方針が一決した。攻撃期日は、行動の秘匿を顧慮して、月明の夜をさけ、暗夜の期間を選ぶ必要がある。この見地から十一月二十日の黎明時を、奇襲決行の日時と定められた。

攻撃隊は、伊三六潜、伊三七潜および伊四七潜の三隻をもって編成し、忠臣大楠公の古事にちなんで、「回天特別攻撃隊菊水隊」と命名された。

菊水隊！　滅死奉公、殉国の若人が、ひとたび征ってまた還らざる決死行にふさわしい隊名と言わねばならぬ。この隊名は、鳥巣建之助水雷参謀（作戦参謀）の提唱によるものであった。

同隊の司令揚田清猪大佐が菊水隊の指揮官として、伊三六潜に乗艦して出撃することになった。潜水隊司令の潜水艦に乗艦することは、一般に適当と認められていなかったし、司令潜水艦になることになっていた伊三六潜の少佐寺本巌艦長も、再三私のところへきて、司令がいなくても十分作戦ができるのだから、従来の方針通り単独艦として行動させてもらいたいと申し入れてきた。

その当時、整備訓練中の麾下潜水艦も相当数あったので、私は、揚田大佐に、一応は乗艦を思いとどまってもらうことを願い出た。そして、潜水隊司令は艦隊司令部付兼務にもなっているので、基地にとどまって、他の潜水艦の整備訓練に、力をそそいでもらいたいと語ったのである。長官、参謀長も同意見であったが、揚田司令は、第一次の攻撃ではあるし、特殊作戦だから、ぜひ、乗艦のことに取り計ってもらいたいとの切なる希望であった。そこで、長官、参謀長にその意を通じ、第一次攻撃のときだけ、司令は潜水艦に乗艦することになった。

菊水隊の各潜水艦は、十一月上旬大津島基地に回航して、回天兵器を搭載し、最後の出撃の準備を急いだ。

回天搭乗員、仁科中尉ほか十一名の勇士は、これより以前に、第六艦隊司令部付を命ぜられ、配乗区分に従って、それぞれの潜水艦に乗り組んでいたが、出撃の前日、すなわち十一月七日の晩は、基地の庁舎で、これらの勇士を中心に、別離の壮行会が催された。艦隊司令部からは、長官と私と鳥巣参謀、副官の四人が、出撃潜水艦の壮途を見送るべく、大津島基地に赴いた。

壮行会の場所は、急造バラック庁舎の士官食堂に設けられ、質素ながらも、心のこもった料理が用意されていた。勇士の人達が中央の座席につき、これと向かいあって長官、長井少将、揚田司令、潜水艦長、私らが並んで着席し、部隊の士官も加わって、陸上における今宵かぎりの酒を酌みかわしたのだった。酒は忠勇の銘酒を、盃は振武杯を用いられた。長官の前には、仁科中尉が着席し、私の前には、学徒出身の佐藤章少尉が端然と座っていた。

　これら勇士の人々は、海軍兵学校、海軍機関学校出身の将校を主体とし、学徒出身の士官もまじっていた。――その後の出陣のときには、予科練や練習生出身の下士官も加わった。私は、祖国の危急に際会し、決然身を挺して、殉国の難事に赴かんとする、これらの勇士と相対座したとき、粛然たる感に打たれざるを得なかったのである。死以上のものを求めて、祖国の危難を泰山の安きに置かんとする殉国の至情にいたっては、まさに神であり仏であり、真の菩薩行と言わねばならぬ。

　これら殉国の志士の父母は、そしてそのはらからは、今頃なにをなし、また、なにを考えているであろうか？　この悠容迫らざる紅顔の姿を、ひと目でもよいから、見せてやりたいと思った。また、わが祖国日本の同胞に「殉国の義人ここにあり」と、絶叫したかったのである。

　さりながら、機密を守らねばならない作戦であれば、それも所詮できないことであった。盃を傾けるにつれて、若人のかんばせは、ほんのりと紅をおび、ほがらかな歌も出た。死という人生最大の厳粛なものに直面した気ぶりはどこにも見いだし得なかった。

　私の席の前にいた佐藤少尉は、

「自分がいなくても、家の方はなんの心配もありません。私の一死によって、戦争の一局面でも打開することができれば、望外とするところです。先任参謀には、今後とも健康に注意して、お国のために最後まで頑張って下さい」

と、なんら誇張した態度もなく、ただ、祖国の将来を念じつつ、後事を私に托したのだった。

翌朝午前八時の軍艦旗掲揚が終わると、基地の広場に部隊の総員が集合し、その前で、長官から直接十二人の勇士に対して、それぞれ、短刀一振りを授与された。

それから仁科中尉を先頭に、十二名の勇士は、桟橋に通ずる道の両側に整列した部隊総員の、熱意あふるる見送りを受けながら、内火艇に移乗して、それぞれの母潜に向かった。私らは内火艇に便乗して、出撃の潜水艦にゆき、ここで長官から、回天搭乗員および潜水艦乗員に対して「回天特別攻撃隊菊水隊に与うる訓示」があり、回天搭乗員に最後の訣別のかたい握手をかわしつつ、見送りの位置についたのであった。

各潜水艦は、それぞれ回天兵器四基を上甲板に積載し、マストには、楠公の旗印「非理法権天」を大書した旗旒を掲揚していた。

回天搭乗員は、おのおの、その愛器の上に立ち「七生報国」と染めぬいた白鉢巻をしめ、左手に愛刀を握り、右手を高くふりながら、われわれの見送りに応えた。潜水艦乗員も上甲板に規則正しく整列して、帽をふった。

晩秋の空は、碧く澄みわたり、徳山湾口の島々は、盆石のような姿を点々と横たえて、あたかも、これらの壮士を見送るかのように見えた。

訓練をともにした基地部隊幹部の人々、回天兵器の整備に従事していた工廠関係員は、数隻の内火艇や水雷艇に分乗して、錨を上げ、徐々に行進を起こした潜水艦のあとを追いつつ、ふる手も、ちぎれよとばかり、帽をふりながら、名残を惜しんだ。訓練に協力した偵察機は、潜水艦の上空を低く旋回しながら、訣別の飛行を行ったのだった。

　十二名の壮士をのせた潜水艦は、次第にその姿を小さくし、やがて内海の島々は、その艦影を隠してしまった。私は粛々として南下するこれら精鋭部隊の成功を祈って、行く手に向かい、脱帽してしばし黙禱を捧げ、そして、自分自身の最後をも決意したのである。

比島方面反攻に対する敵の大策源地ウルシー環礁には、回天進入航路の関係から、伊三六潜および伊四七潜の両潜水艦を指向し、伊三七潜はパラオ本島の北東方にあるコスソル水道に向かう計画であった。そして、ウルシー環礁に対しては、航空部隊協力のもとに、当時の最新最鋭の偵察機である彩雲をもって、攻撃期日の数日前に、事前偵察を行い、航空母艦、戦艦を含み、輸送船など約二百隻の在泊中であることを確認し、またコスソル水道には多数の敵艦船入泊中なる旨の、パラオ守備部隊からの通報を受け、すぐさま、前もって規約されていた略語符号によって、その停泊位置、隻数などを、出動潜水艦に放送した。そして、私は、これらの大部隊が、攻撃の当日も出動することなく、そのまま在泊することを仏天に祈った。

　奇襲決行日である十一月二十日の未明、艦隊司令部職員と旗艦筑紫丸乗員は、上甲板に整列して、南のかた、ウルシーおよびコスソル水道方向に向かい、やがて南溟の海に硝煙とともに、その肉弾を爆砕するであろう、仁科中尉以下殉国の若人に対して、黙禱を捧げたのである。

ウルシー攻撃のとき、伊三六潜は同環礁の南西方から、伊四七潜は環礁の北東方にあるマガヤン島の南方地点より、午前三時頃から五時頃にかけて、それぞれ、回天を発進する計画であった。そして、戦場より離脱したと思われる頃、伊四七潜からは「回天全基発進」、伊三六潜からは「回天一基発進」、それぞれ「命中とおぼしき火焔を認む」という意味の成功の電報が入ったが、神本信雄中佐指揮下の伊三七潜からは、なんらの報告もなく、そして、帰還すべき期日になっても、遂にその姿をあらわさなかった。その壮志を想うとき、まことに長恨の極みであった。戦後の発表によって、伊三七潜は昭和十九年十一月十八日、米国駆逐艦および哨戒飛行機の攻撃を受け、パラオの北方海面で沈没したことがわかった。すなわち攻撃決行の直前であったわけである。回天の搭乗員は、上別府宣紀大尉、村上克己中尉、宇都宮秀一少尉、近藤和彦少尉であった。

さて、ウルシー環礁に対しては、偵察機彩雲をもってさらに事後の写真偵察を行い、戦艦、航空母艦の欠如していることを確認した。この事後偵察の結果と、潜水艦帰還後、司令、潜水艦長の報告したものとを総合して、各搭乗員のあげた戦果は、およそ次のようなものであると推定された。

伊三六潜
　第二号基　今西太一少尉　正規空母一隻轟沈
　吉本健太郎中尉、豊住和寿中尉、工藤義彦少尉の回天は故障のため発進せず。

伊四七潜
第一号基　仁科関夫中尉　正規空母またはワシントン型戦艦一隻轟沈
第二号基　渡辺幸三少尉　ワシントン型戦艦一隻轟沈
第三号基　佐藤　章少尉　ワシントン型戦艦一隻轟沈
第四号基　福山　斎少尉　ワシントン型戦艦または正規空母一隻轟沈

（注）これら回天攻撃の成果およびこの頃の作戦については、まだアメリカ側の詳細な史料が入手できず、これを裏書きし得ないのを遺憾とする。しかし、実際には損傷を与えたかもしれぬが、一隻も沈没していないと見るのが当たっているであろう。

菊水隊が呉軍港に帰還すると、作戦事後研究会が催され、私はその状況の詳細を知ることができたが、回天搭乗員の母潜から出発する前後の模様は、私らの終生忘れることのできない印象である。これらの勇士は、いずれも、ふだんの訓練のときと、なんら変わった態度もなく、従容として愛器に搭乗して出発したのだった。

仁科中尉は、折田善次少佐の指揮する伊四七潜に乗艦して出発したが、潜水艦についていた潜望鏡によって、敵艦船の大集団が在泊していることをあらかじめ確認し、快心の笑みを浮かべつつ「やり甲斐があります」と言いながら従容として回天に搭乗したのであった。

このとき、彼は黒木大尉の遺影を、内ポケットに入れてゆくことを忘れなかった。ともに先頭第一陣をと誓った戦友の遺志を、忘れなかったのである。

いよいよ発進のまぎわに、折田艦長が電話連絡によって、

「しっかり頼むぞ！　なにか言い残すことはないか？」と、話しかけたのに対して、仁科中尉は、

「お世話になりました。航続艇をよろしく願います。あとを頼みます――。出発します」

「あと」という言葉に余韻を残し、淡々とした返辞を最後に、発進の合図によって、回天兵器の固縛装置がとかれると、主機械発動の響きを残し、電話連絡線のガリッと切断する音を名残に、環礁内深く突入していったのである。

その他の各搭乗員最後の言葉も、皆ひとしく自らの死を忘れ、祖国を想う純情のほとばしりだった。壮士征《ゆ》いてまた還らず、その肉体は硝煙とともに、南溟の海深く爆砕したが、その魂魄は、とこしえに、わが祖国を守りつつあることを信じて疑わないのである。

回天の決死行は、まさに真珠湾奇襲の九軍神以上のものであった。特殊潜航艇の九勇士は、東京において、軍神としての盛大な葬儀を催され、厚く国民の敬意を受けたが、仁科中尉以下の回天搭乗員は、次期作戦の関係から、機密を保持する必要があり、遂に終戦となるまで公開されなかった。

この回天をもってする作戦は、菊水隊の攻撃を手はじめとして、終戦のその日まで続行されたが、回天の各搭乗員および潜水艦乗員は、かたく神州不滅を信じ、屍を踏みこえ踏みこえ、闘志満々として戦ったのであった。

5　西太平洋を震駭した「金剛隊」

この菊水隊の攻撃が終わると、第二次の回天攻撃計画に取りかかった。楠公が孤軍奮闘した古戦場金剛山にちなんで、その隊名を金剛隊と名づけられた。

金剛隊は伊三六、伊四七、伊五八、伊五六、伊五三および伊四八潜の六隻の大型潜水艦をもって編成し、その攻撃目標をそれぞれウルシー泊地、ホーランディア泊地、グアム島のアプラ港、アドミラルティ泊地、コスソル水道およびウルシー泊地と定められた。当時、これらの泊地が、比島方面敵反攻の補給基地と目せられていたのである。

攻撃期日は伊四八潜を除き、昭和二十年一月十一日と決定した。伊四八潜は、訓練と整備がおくれ、この期日までには、どうしても出撃することができなかったのである。

奇襲攻撃を主眼とするこの種の作戦においては、各艦は同時攻撃を行うのを理想とする。一度攻撃を行ったあとは、敵の警戒は厳重となり、成功の算が少ないとみなければならぬ。伊四八潜をこの作戦に充当するか、更に次期作戦まで延長するかが問題となった。だが、戦況はひっ迫している。悠長なことは言っておられないのである。そこで、敵の警戒が一時ゆるんだと思われる時期に、追い打ちをかけることに一決した。

攻撃目標は、最も近い距離にあり、かつ敵の重要基地であるウルシー泊地に、攻撃期日は、各艦の攻撃後約十日を経過した一月二十日と定められた。

各潜水艦は、昭和十九年の暮れから翌年正月の初めにかけて、所定の期日に攻撃を決行し得る如く、逐次大津島基地より出撃していった。

基地における行事は、菊水隊の場合と同様に、極めて厳粛に取り行われた。

金剛隊の各潜水艦は、それぞれ予定の計画にもとづいて進撃を続けたが、森永正彦艦長の指揮する伊五六潜は目的地付近の警戒が厳重であるため、所定の期日に攻撃を決行することができないかも知れぬ状況であることがわかったので、攻撃期日を一日延期することになった。

伊48潜による回天特攻・金剛隊の出撃

伊三六、伊四七、伊五八および伊五三潜の四艦は、一月十二日の黎明を期し、時を同じくして、予定の地点に回天を発進し、特攻攻撃を敢行した。

決死行の回天搭乗員は、愛器とともに爆砕し、その肉体は護国の華と散った。われわれは菊水隊の場合と同様に、筑紫丸艦上において、黙禱を捧げたのである。

伊三六潜は、攻撃直前ウルシー環礁のリーフに触接して、相当の危険に陥ったが、幸い敵に発見されることなく、回天全基を発進することができた。今度は事後の飛行偵察を行うことができなかったので、その戦果を確認できなかったのは残念であったが、伊三六潜では、回天の命中予想時刻に、それぞれ四つの大爆音を聴取したこと、および同時刻頃に、空襲警報が発せられたことなどによって、確実に敵の有力艦船——航空母艦、戦艦、巡洋艦、大型輸送船など四隻を轟沈したものと推定した。

回天搭乗の勇士は、加賀谷武大尉、都所静世中尉、本井文哉少尉、福本百合満上等兵曹の四名であった。

伊四七潜の攻撃目標ホーランディア泊地は、ニューギニア方面のわが偵察機をもって事前偵察を行い、巡洋艦を含む輸送船多数が在泊するのを認め、これに向かって、回天四基を発進した。そして、沖合洋上で、同湾方面に大火焔の上がるのを望見し、在泊部隊のS連送を発信するのを傍受したことによって、巡洋艦、大型輸送船など四隻を轟沈したものと判断した。

回天搭乗員は、川久保輝夫中尉、原敦郎中尉、松村実上等兵曹、佐藤勝美二等兵曹の四勇士であった。

祖国を隔たること二千数百海里、赤道直下の海上からスタンレー山脈の雄大な姿を望んだ回天搭乗員の感懐は、そもいかなるものであったろうか？

この回天搭乗員の先任者は川久保中尉であったが、彼の兄は三人とも今次の戦争において戦死し、ともに海軍少佐であることを聞いていた。彼等三人の兄弟は、身を海軍将校に奉じ、一死殉国の熱情に燃えて、護国の鬼となった。そして今また、川久保中尉を祖国の護りに捧げた遺族の人々の心境やいかに？

さて、伊五八潜は橋本以行少佐がこれを指揮し、グアム島のアプラ港に向かって、回天全基を発進した。そして、沖合から黒煙二条が天に冲するのを認め、また救難作業関係の電話を傍受したことによって、全基攻撃に成功したものと推定された。

なお、この攻撃では、偵察機彩雲をもって、アプラ港の事前偵察を実施し、特設航空母艦、浮きドックその他、輸送船数十隻の在泊中であることを認め、これを伊五八潜に放送したのだった。戦果としては、特設航空母艦一隻、大型輸送船三隻を轟沈したものと判断されたが、回天搭乗員は、石川誠三中尉、森稔二等飛行兵曹、工藤義彦中尉、三枝直二等飛行兵曹の順に発進し、その肉弾を敵艦もろとも爆砕したのであった。

豊増清八少佐の指揮する伊五三潜は、パラオ本島守備部隊（第三十根拠地隊）より、コスソル水道内に多数艦船在泊中という通報を受け、水道外から回天を発進したが、第一番基、久住宏中尉の搭乗する回天は、無念にも発進後まもなく爆発を起こして炎上沈没し、第二番基有森文吉上等兵曹の回天と、第三番基、伊藤修少尉の搭乗する回天は、異常なく航進を続け、水道内深く突入していった。そして、伊五三潜では、大爆発音二を聴取し、第三十根拠地隊から「敵艦船の轟沈するのを認む」という電報が受け取ったことによって、敵の有力艦船二隻を轟沈したものと考えられた。この回天発進のとき、久家稔少尉の搭乗する回天は、漏気と筒内ガスのため、同少尉が人事不省となったので、発進を中止し、搭乗員を艦内に収容して、回天は海中に投棄したのだった。

伊五六潜は、アドミラルティ諸島のセアドラー港沖に達し、敵哨戒部隊の間隙を狙って、攻撃の機会を求めたが、警戒が極めて厳重で、遂に十二日の黎明攻撃を決行することができなかった。

各方面の回天攻撃に刺戟されて、敵の警戒はいよいよ厳重を極むることが必至であると考えられたので、伊五六潜あてに「十四日までに攻撃の機会を得ざる場合は、戦場を離脱して呉に帰投すべし」という電報が発せられた。

森永艦長は、レイテ沖作戦のときの殊勲者ではあるし、万手違いはあるまいと思いながらも、その安否を気づかっていたが、伊四七潜と相前後して、二月の初め頃、無事呉軍港に帰ってきた。同艦に乗艦していた回天搭乗員は、柿崎実中尉、前田肇中尉、古川七郎上等兵曹、山口重雄一等兵曹の四名であった。

最後に出撃した伊四八潜については、前にも述べたように、計画においてすでに無理があったので、私の最も気がかりになっていたところであるが、出撃後一回の通信連絡もなく、遂に消息を絶ってしまった。戦況の緊迫していた当時としては、やむを得ない計画であったとはいえ、作戦を直接担当する私としては、深く自責の念にかられたのである。潜水艦長遠山全信少佐以下の潜水艦乗員と回天搭乗員は、不帰の客となってしまった。

しかしながら、その後の飛行偵察で、攻撃の予定地点とされていた中部泊地に、油槽船一隻が沈没していることを確認したことによって、回天搭乗員、吉本健太郎中尉、豊住和寿中尉、塚本太郎少尉、井芹勝美一等兵曹は、それぞれ油槽船、巡洋艦その他の有力艦船を轟沈したものと判断された。

戦後わかったところによると、伊四八潜は、一月二十三日ウルシー付近で米国駆逐艦の攻撃を受けて、沈没したとなっているが、回天を発進したのち、敵制圧艦艇の執拗な攻撃を受けたものと想像され、私は、当時を想い起こして、なんともいいようのない悲痛な感じに打たれたのだった。

6　比島の戦闘および硫黄島方面の回天作戦

潜水艦を比島方面に集中

米軍が比島方面に大攻勢を展開するにいたった戦局では、潜水艦をもってする交通破壊作戦の思想は、すでにこれを放棄しなければならない状況になっていた。すなわち昭和十八年頃までは枢軸軍の撃沈する敵商船隻数は、米英の造船量を上回っていたが、それ以後は、敵側の対潜掃蕩方策の急速な向上と、商船の大量建造とによって、次第にその商船保有隻数を増加し、交通破壊戦をもって、戦争目的の達成をはかることは、おぼつかない状況となっていた。

戦局が危急を告ぐるようになったので、潜水艦もその総兵力を、太平洋正面に集中することになった。従って第八潜水戦隊に配属されていた呂一一三潜、呂一一五潜も太平洋方面に進出を命ぜられ、第七潜水戦隊に所属する輸送潜水艦は、離島方面の輸送に必要な最小限度の隻数を残し、その他のものは艦隊長官の直率として、作戦にふり向けることになった。す

部隊		兵力
第六艦隊	直率	ロ41 ロ43 ロ46 ロ49 ロ50 ロ55 ロ109 ロ112 ロ113 ロ115
		イ36 イ47 イ53 イ56 イ58 イ44 イ368 イ370 イ8 イ13 イ14 イ400 イ401
	第七潜水戦隊	イ361 イ363 イ366 イ367 イ369 イ372 ハ101
	第十一潜水戦隊	ロ56 ハ102 ハ103 ハ104 ハ105 ハ106 ハ107 イ351

なわち、大型の輸送潜水艦は、回天を搭載する設備を急ぎ、これとの連合訓練を開始し、小型輸送潜水艦は、その後、日本近海の哨戒任務につくことになった。

さて、小型潜水艦は、昭和二十年の一月初頭、米軍がリンガエン湾方面に上陸を開始するにおよび、この方面の敵艦船を攻撃すべく、ペナン方面から出撃を命ぜられた。

その当時、比島方面の地上作戦は、逐次敵の制圧するところとなり、陸軍の主力部隊は、ルソン島の北部山岳地帯に集結をよぎなくされる状況にたちいたっていた。そして、ツゲガラオ方面に集まった航空搭乗員を、潜水艦で内地に送ってもらいたいという要求があったので、これら作戦中の潜水艦をその帰途、ルソン島の北端にあるアパリ港に寄港せしめて、その任務を行うことになったが、徳永正彦大尉の指揮する呂四六潜だけが成功したほか、三隻の小型潜水艦は、消息を絶ってしまった。この小型潜水艦呂一一五に潜艦長として、回天の最初の着想を提案した竹間忠三大尉がいたのであるが、惜しいかな、艦と運命をともにしたのだった。

戦後の発表によると、この方面に行動した呂一一五潜（艦長湯地惇大尉）、呂一一三潜（艦長原田潔大尉）は、それぞれ昭和二十年二月十日、十一日、十三日、ルソン島の北方海面で、米国潜水艦の攻撃を受けて沈没したとされている。

リンガエン湾方面には、呉および佐世保を基地として中、小型潜水艦が敵艦船の攻撃に当たったが、萱昌徹照少佐の指揮する呂四九潜は、アイダホ型戦艦を雷撃し、撃沈おおむね確実という報告をよこし、徳永正彦大尉指揮下の呂四六潜は輸送船二隻を、呂五〇潜（艦長木村正男少佐）は輸送船一隻を撃沈する戦果をあげた。

また、増沢清司艦長の指揮する呂一〇九潜は、航空母艦、巡洋艦、駆逐艦各一隻に魚雷を命中させ、撃沈または大破せしめた。

この頃のわが潜水艦の作戦兵力は、右ページのようなもので、このほかに、練習用の潜水艦など老朽のものが二十隻ばかりあった。

硫黄島に向け「千早隊」「神武隊」の出撃

さて、昭和二十年二月十九日になると、米軍はわが小笠原諸島に近い硫黄島に、海陸の大部隊をもって、上陸を開始してきた。敵はいよいよ、わがのどもとに迫ったのである。そこで、当時、大津島基地で回天との連合訓練を実施中であった輸送潜水艦伊三六八潜、および伊三七〇潜に回天を搭載して、これを攻撃すべく急派することになった。

受け身の作戦ではあり、急を要するので、潜水艦長との作戦打ち合わせは、大津島基地で行った。回天搭乗員ならびに潜水艦乗員は、勇躍して征途にのぼった。が、出撃後一回の通信連絡もなく、両艦とも遂に帰ってこなかった。私は、性能のよくないこの種の潜水艦をも、作戦に投入しなければならないわが海軍の苦境を想うとともに、無念であったであろう回天搭乗員と潜水艦乗員の心境を察し、輾転として一夜を明かしたのだった。

米国側の記録によると、入沢三輝少佐指揮の伊三六八潜は、硫黄島南方海面において米国駆逐艦の攻撃により、藤川進大尉指揮の伊三七〇潜は、同島北西海面で米艦載機の爆撃を受け、いずれも攻撃決行予定日の翌日、すなわち二月二十六日沈没となっている。

回天の搭乗員は、

伊三六八潜

川崎順二中尉、石田敏雄少尉、難波進少尉、磯部武雄二等飛行兵曹（予科練出身、以下同じ）、芝崎昭七二等飛行兵曹

伊三七〇潜

岡山至少尉、市川尊継少尉、田中次郎少尉、浦佐登一二等飛行兵曹、熊田孝一二等飛行兵曹

の十勇士であったが、無線諜報によって、伊三七〇潜は硫黄島付近で、敵の有力艦船を攻撃し、多大の戦果をおさめたものと判断された。この回天特別攻撃隊は千早隊と命名され、

伊四四潜がその一艦として急派されたが、敵の警戒が厳重であるとの理由で、呉に引き返してきた。その行動は、艦隊司令部の意図に沿わないものがあったので、潜水艦長の更迭《こうてつ》が行われ、リンガエン湾方面の殊勲者増沢清司少佐が新潜水艦長として着任した。

次いで、伊三六潜、伊五八潜をもって、回天特別攻撃隊神武隊を編成し、千早隊に続いて、三月初め光基地を出撃して、硫黄島に向かい進出したが、その途上で、連合艦隊から、航空作戦の無線誘導艦になるように命令があったので、伊三六潜は呉に帰投せしめられ、伊五八潜がこの新任務につくことになり、本攻撃は中止されることになった。

母潜とともに、再び基地に帰った回天の搭乗員は、

伊四四潜
土井秀夫中尉、亥角泰彦少尉、館脇孝治少尉、菅原彦五二飛曹

伊五八潜
池淵信夫少尉、園田一郎少尉、入江雷太三飛曹、柳谷秀正三飛曹

伊三六潜
柿崎実中尉、前田肇中尉、古川七郎上等兵曹、山口重雄一等兵曹

の諸氏であった。

なお、硫黄島方面には、このほかに中型潜水艦も進出していったが、月形正気大尉の指揮する呂四三潜は、ついに帰ってこなかった。時は二月の下旬であるが、戦後になっても、交戦相手などがつまびらかでないのは、残念なことである。

特殊潜航艇の殊勲

この頃の作戦で記録にとどめておきたいことは、特殊潜航艇が比島方面で、大いに活躍したことである。

開戦の当初頃、奇襲攻撃兵器として使用され、国民の耳目をひいた特殊潜航艇は、戦況がわが方に不利となるようになってからは、これを局地の防御用に転用することになり、この比島方面には、セブに六基、サンボアンガに二基、ダバオに二基を配備されていた。そして、セブとサンボアンガの特潜は、セブ方面の根拠地隊司令官で、開戦当初頃の千代田艦長として、特潜搭乗員の育ての親であった原田覚少将の指揮下にあった。

いよいよ米軍が比島方面に大反攻を開始するようになると、この特潜は、ミンダナオ海、スル海方面に向かう米輸送船団を、その途上に奇襲し、次のような大戦果をあげた。

すなわち、輸送船十隻、大型巡洋艦二隻、護衛駆逐艦四隻、水上機母艦一隻、船種不詳一隻を撃沈したと推定された。

わが方は、この作戦で一隻未帰還となり、二隻を座礁などによって廃棄したが、米軍がセブ島を攻略するにおよんで、五隻の特潜はこれを自沈し、搭乗員はセブ島各地を転戦して、終戦となった。

回天の洋上攻撃

さて、金剛隊の各潜水艦は、最も遠いところに行動した伊四七潜、伊五六潜を最後として、二月上旬までには呉に帰投したので、潜水艦乗員の一応の休養がすむと、作戦事後研究会が行われた。

この研究会の結論は、次のようなものであった。

すなわち、回天をもってする停泊艦の奇襲は、敵側の対応策によって、今後の実施が極めて困難な状況となること必至であるから、むしろ洋上の航行艦船攻撃に移行するのを、妥当とするというにあった。

作戦に参加した各潜水艦長の所見がそうであったし、回天兵器作戦の担当である鳥巣参謀は、航行艦襲撃の熱心な提唱者であった。

これまでのにがい経験もあるし、私はこの結論にもとづき、東京と電話を通じて「当艦隊としては、従来の停泊艦攻撃の方法を中止し、今度は洋上の航行艦船襲撃にその方針を変更することにしたい」という連絡を行った。

これに対する上級司令部の意見は「回天による航行艦船の襲撃は、未知数のものであって、その成功の算が少ないと認められるから、最初の方針通りに、停泊艦攻撃を続行すべきである」と言うにあった。

しかしながら、停泊艦の攻撃は、敵が泊地付近の哨戒網を厳重にし、また停泊地に固定の防潜網などを設置するときは、いたずらに母潜の被害を多くするばかりでなく、たとえ回天を発進することができても、目標に突撃する前に、自爆する公算が多いと考えなければならぬ。しかも、敵側はすでにこの対応策を十分に講じているとみるのが至当であり、わが方としては、戦法を転換すべき時機であると考えた。

金剛隊の研究会が終わると、鳥巣参謀はただちに大津島基地にゆき、航行艦襲撃の件について、基地隊と打ち合わせを行った。基地部隊の板倉光馬参謀も、この方針に同意であったし、二人は真剣になって、回天をもってする航行艦船襲撃方法の研究とその訓練に当たった。そして、成功の算ありという結論に達した。

私は、鳥巣参謀の所見を聞き、さっそく東京に電話をかけて「回天による航行艦船の攻撃は実現性があり、当艦隊としては、今後この方針のもとに、作戦を進められる予定である」ということを連絡した。ところが、東京の方では、まだ停泊艦船の攻撃方法に執着のいろが見えたので、鳥巣参謀と電話を代わってもらって、実際の状況をくわしく説明し、ようやく上級司令部を説得することができた。

しかし、回天による航行艦船の攻撃は、停泊艦船攻撃のように、固定した目標に対するものではなく、移行する目標の攻撃であるから、回天搭乗員は優秀な腕前にならなければ、その実効を期待し得ないのである。そこで瀬戸内海西部において、訓練戦隊の旗艦を目標にして、潜水艦と回天との猛烈な連合訓練を始めることになった。

艦隊旗艦であった筑紫丸は、輸送船が欠乏したため、他に転用されることになり、艦隊司令部は昭和二十年の一月末、やむを得ず、呉潜水艦基地隊に移転しなければならないことになったので、艦隊司令部としては、直接この連合訓練に関与することができなかったのは、残念であった。

それからしばらくして、すなわち三月十八、十九日の両日には、呉軍港に対する敵機動部隊の大空襲があり、在泊の水上艦船の多数は、甚大な被害にあったが、潜水艦は避退潜航などの手段をとったので、伊四〇〇潜が弾片を受けたほか、なんらの損害もなかった。その後七月に入ってからも、敵機動部隊の空襲を受け、水上艦船はこのときほとんど潰滅状態になったが、潜水艦は、竣工寸前の伊三五二潜が沈没した以外は被害もなく、不死身であった。

7　沖縄の作戦

「多々良隊」の挫折

さて、米軍は三月二十四日には、沖縄島の南東岸を砲撃し始め、四月一日大規模の上陸作戦を開始したまま祖国日本の運命は、まさに危急存亡の岐路に立ったのである。

わが海軍航空部隊は、全力をあげて来航艦船に攻撃を集中し、また、体当たりの特攻攻撃を敢行して、三百隻に近い敵艦船を撃沈または損傷せしめた。

戦艦大和を基幹とし、巡洋艦、駆逐艦を含むわが高速の精鋭部隊は、沖縄攻略輸送船団を、その泊地に求めて攻撃すべく瀬戸内海西部を出撃したが、途上において敵航空部隊の攻撃を受け、戦艦大和をはじめとして、多くの艦艇は、沈没の悲運にあい、かつての軍令部次長であった伊藤長官以下多数の戦死者を出した。ここにおいて日本海軍水上艦部隊は、事実上その姿を消したのであった。

今や、帝国海軍としての祖国最後の守りは、航空部隊とわが潜水艦部隊の双肩にかかることになったのである。わが艦隊は、可動の全潜水艦兵力を、沖縄攻略敵艦船の攻撃に集中した。

まず、伊四四、伊四七、伊五六および伊五八潜の四隻をもって、回天特別攻撃隊多々良隊を編成して、沖縄方面に急行せしめることになった。多々良隊の名は、蒙古軍を撃退した多々良浜にちなんだものであった。

回天搭乗員は「七生報国」の白鉢巻をしめ、多くの戦友の熱誠あふるる見送りを受けながら、四隻の潜水艦に分乗して、三月末から四月の初めにかけて、それぞれ基地を出発した。各潜水艦の搭載基数は、このたびから六基に増加し、その攻撃威力の増大をはかった。

各搭乗員の熟練士は、航行艦船の爆撃には、なお訓練の余地があったので、このたびは、停泊艦の攻撃を主目標とし、航行艦船に対しては、大船団に遭遇するなど、特に状況がいい場合に、攻撃を決行する計画であった。停泊艦の攻撃は、既に採るべき時機ではないと思いながらも、さし迫った戦況と回天搭乗員の練度から、この方針をとらなければならなかったことは、作戦計画の立案に当たり、私の最も苦痛とするところであった。

伊四七潜は、有能な千軍万馬の折田善次中佐が指揮していたが、豊後水道を出て日向灘にさしかかると、敵小型機の奇襲を受けた。これを危機一髪の間にかわしながら、種子島西方海面を航過して、沖縄西方海面に突入の態勢をとった。

ところが、不幸にも敵駆潜艇数隻に発見されるところとなり、その執拗な追尾攻撃を受け、爆雷の至近弾によって、燃料タンクの鋲がゆるみ、重油が漏り始めた。絶体絶命の窮地に追い込まれながらも、巧みに離脱運動を行い、ようやく危地をきり抜けて、種子島の島かげに漂泊しながら、損傷個所の応急修理を行った。

伊56潜による回天特攻・多々良隊の出撃

重油が漏ることは、潜水艦自体のありかを示すようなもので、致命的なものである。艦隊からの帰還命令によって、呉に引き返すことになった。

母潜とともに、再び基地に帰った回天搭乗員は、柿崎実中尉、前田肇中尉、古川七郎上等兵曹、山口重雄一等兵曹、新海菊雄二飛曹、横田寛二飛曹の六名であった。

次に橋本以行中佐の指揮する伊五八潜は、沖縄西方海面に進出することに成功したが、敵の警戒が厳重で、那覇の泊地には、どうしても進入することができない状況であることが、艦隊司令部の方にもわかったので、そのまま作戦行動を続行することは、いたずらに被害を受け、成功の算が少ないとみて、いったん太平洋方面に出て、それから呉に帰るように打電された。

再び母潜と一緒に、基地に帰った回天搭乗員は、池淵信夫中尉、園田一郎少尉、入江雷太二飛曹、柳谷秀正三飛曹の諸氏であった。

残念だったことは、増沢清司少佐指揮下の伊四四潜と正田啓治少佐の指揮する伊五六潜が、出撃後一回の通信連絡もなく、消息を絶ったことである。米国側の記録を調査してみると、伊四四潜は四月十八日沖縄東方海面で、伊五六潜は同月五日沖縄西方海面において、いずれも米国駆逐艦の攻撃を受けて沈没と発表されている。

母潜と運命をともにした回天搭乗員は、

伊四四潜

土井秀夫中尉、亥角泰彦少尉、館脇孝治少尉、菅原彦五二飛曹

伊五六潜

福島誠二中尉、八木寛少尉、川浪由勝三飛曹、石直新五郎三飛曹、宮崎和夫二飛曹、矢代清二飛曹

の諸勇士であった。

また増沢少佐は、私が練習艦隊候補生指導官当時の可愛い候補生であり、正田艦長は短い交わりではあったが、ともに最期を誓った戦友であった。

回天搭乗員、潜水艦乗員ともに征いてまた還らず。「戦争に哀愁の感情は禁物なのだ。進むべきところは、断々乎として突進してゆかなければならぬ」そうは覚悟しながらも、人間

である以上、次々に散華してゆく親しい戦友のことを、そして、その遺族のことを想うとき、断腸の思いなきを得なかった。

　ペリリュー島に敵が反攻を開始してから以後は、昼夜の区別のない生活であった。夜間の方が緊急を要する電報の発受信が多いので、むしろ忙しかった。さりながら、決死行の人々のことを想うとき、多忙なことぐらいは、ものの数ではなかった。

決死行の歌

　さて、中、小型潜水艦は、それぞれ呉あるいは佐世保を基地として、沖縄南東方海域に出撃して、敵輸送路の遮断ならびに敵艦船の攻撃に当たった。

　琉球諸島は、わが本土防衛の最後の拠点である。これを失うことは、ただちに日本帝国の運命を決するものと言わねばならぬ。潜水艦部隊の全員は、よくこれを認識し、決死の覚悟をもって、敵陣に向かって突進していったのである。

　呉軍港を出撃する潜水艦は、菊水隊などの場合と同様に「非理法権天」とか「神州不滅」、あるいは「南無八幡大菩薩」など、潜水艦長の所信を披瀝した旗旒をマストに高く掲げ、潜水艦長以下全乗員は、白無垢の、あるいは「七生報国」と染め抜いた鉢巻をして「決死行」の歌を合唱しつつ出撃していった。

　多くの場合、海軍工廠の潜水艦桟橋から出発したが、工廠の関係諸員、それに女子挺身隊の紅一点をも加え、心からなる声援を送った。在泊の水上艦船は、ほとんど総員のものが上

艦名	場所	期日	相手	潜水艦長名
呂五五	ルソン島北東海面	二〇・二・七	米潜水艦	諏訪幸一郎少佐
呂四九	豊後水道沖	二〇・三～四	米潜水艦	郷　康夫少佐
呂四一	沖縄東方海面	二〇・三・二三	米駆逐艦	本田　義邦大尉
呂四六	同　右	二〇・四・二五	米空母機	木村　正男少佐
呂五六	沖縄付近海面	二〇・四・九	米駆逐艦	永松　正輝大尉
呂一〇九	沖縄東方海面	二〇・四・二五	米艦隊	中川　博大尉
伊八	沖縄南西方海面	二〇・三・三一	米駆逐艦	篠原　茂夫少佐

甲板に上がって、帽をふりながら、その征途を見送った。出撃する潜水艦乗員はもちろんのこと、見送る人々も、祖国の危難を思い、必死であった。この涙ぐましい情景は、六年後の今日になってもありありと眼前に浮かぶのである。

米軍が比島に上陸して以後、決死の覚悟をもって、雄々しくも出撃していったこれらの中、小型潜水艦のうち五隻はついに帰ってこなかった。佐世保から出撃した呂一〇九潜も、ようとしてその行方を絶った。またペナンから帰って整備を完了した伊八潜も、篠原茂夫少佐指揮のもとに、沖縄方面の海域に向け呉軍港を出撃していったが「敵機動部隊見ゆ。われこれを追尾中」の報告を最後として、消息不明となってしまった。にもかかわらず、わが潜水艦乗員は、戦友の屍を乗りこえつつ、敵陣に突入していったのである。

散華した潜水艦の状況によって調査してみると右ページの表の通りである。

これらの雄々しく出撃して行った潜水艦長以下乗員の姿は、今もなお、ありありと眼に浮かんで、胸のふさがる思いであるが、なかでも、本田義邦大尉のことは、私的のつながりが多かっただけに、悲しい追憶である。

本田君は、海軍兵学校の恩賜組で、インド洋作戦のときは、伊八潜先任将校として活躍し、内地に帰還して、川畑正治少将の令嬢と結婚した。私はその結婚式に参列して、前途の多幸を祝福したが、間もなく呂四一潜艦長となって、沖縄戦場に出撃して行った。

りりしく白鉢巻をしめ、

「先任参謀！　しっかりやってきますよ」

と、高く手を挙げて、艦橋から挨拶をかわした姿、全乗員の緊張した態度！　その面影は、彷彿として眼前に浮かんでくるが、往時の猛く雄々しかった情景は、今いずくにかゆきにし、たずねんとするもその由なく、ただ心の乱れるばかりである。

名長官醍醐中将

このころ艦隊司令長官は、侯爵醍醐忠重中将に代わっていた。上長の人をとやかく言うのは本意ではないが、前長官は性格的にみて、決死的の潜水艦作戦を統率するには不向きのように見受けられた。

醍醐中将が親補されたことは、わが潜水艦部隊に大きな光明を与えた。そして、部隊の気分がすっきりしてきた。指揮官の人格とその統率力とが、いかに士気に影響するかを、このときほど痛切に感じたことはなかった。そして、参謀長佐々木半九少将は、かつての特殊潜航艇特別攻撃隊の指揮官で、歴戦の勇者であり、かつ温厚な人だったので、艦隊司令部の陣容は申し分のないものとなった。

洋上攻撃の「天武隊」「振武隊」

さて、回天搭乗員の航行艦船襲撃についての熟練さも向上し、実戦に出かけることができるようになったので、大型潜水艦は回天六基を搭載し、自艦魚雷を併用して、洋上航行中の敵艦船攻撃を決行することになった。

回天による航行艦船に対する襲撃要領は、およそ次のようなものであった。

回天には、それぞれ交通筒を設けて、艦内からいつでも乗り移れるようにし、敵を発見したならば、搭乗員はただちにこれに移乗する。潜水艦長は回天搭乗員に、敵の針路速力を電話で通知する。

回天が母潜から発進したならば、搭乗員は潜水艦長から指示された進路方向に一定時間航走したのち、自分の潜望鏡をもって目標を見定め、敵艦船に命中の進路を決定する。それから全没して敵艦船に突入撃突する。一撃で命中しなかったならば、その高速を利用して、敵艦船を確認しつつ、二撃三撃を繰り返し試みて、最後のとどめをさすのである。

この頃潜水艦は、対空レーダーの性能が向上したので、暗夜でも対空警戒ができるようになったし、水平レーダーは逆探装置と相まって、夜間においても、敵の艦船を早目に発見することができるようになった。

これによって、魚雷の有効射程外にある目標に対しては、回天をもって攻撃することが可能となり、敵の大輸送船団に対しては、回天と魚雷との同時攻撃によって、一挙に大量の船舶を撃沈することができるようになったのである。また、潜水艦にとって、最もにが手とする浅吃水の対潜制圧艦艇に対しては、最後の切り札として、回天で打ちとることもできることになった。

大型潜水艦は、以上のように、極めて大きな攻撃威力を持つ有力なものとなったのである。

伊四七潜は、呉軍港において、燃料タンクの修理が終わると、間もなく、伊三六潜とともに回天特別攻撃隊天武隊を編成して、洋上攻撃の最初の試みとして、四月下旬内海西部を出撃し、沖縄とマリアナ諸島との中間海域に向かって出撃した。

この攻撃のとき、伊三六潜艦長は菅昌少佐に代わっていたが、同艦はその配備点に着くと間もなく、すなわち四月二十七日、敵の大輸送船団に遭遇したので、回天と魚雷とを併用する同時攻撃を決行して、一挙に多くの輸送船および艦艇を轟沈し、無事呉に帰ってきた。

敵艦もろとも爆砕した回天の搭乗員は、八木悌二中尉、安部英雄、松田光雄一飛曹、海老原清三郎二飛曹の四勇士で、金剛隊の伊五三潜に乗艦して、コスソル水道の在泊艦攻撃の際に、愛器故障のため出発しなかった久家稔少尉は、このたびも回天が冷走したので発進せず、野村栄進二飛曹の回天は、時機がおくれて間にあわず、母艦とともに帰ってきた。

伊四七潜は、まず、自艦の魚雷をもって、輸送船一隻を撃沈し、五月二日には、柿崎実中尉、古川七郎上等兵曹、山口重雄一等兵曹の回天を発進して、それぞれ大型駆逐艦、輸送船等三隻を轟沈した。次いで五月七日、前田肇中尉搭乗の回天は、巡洋艦一隻を轟沈する戦果をあげた。

この攻撃で、新海菊雄二飛曹、横田寛二飛曹の回天は電話連絡不良のため発進しなかった。

次いで、輸送潜水艦である伊三六六潜、伊三六七潜をもって振武隊を編成し、伊三六七潜（艦長武富邦夫少佐）は五月初旬内海西部を出撃して、搭載回天五基のうち二基を発進し、大型輸送船二隻を轟沈した。

南溟の海深く爆砕した回天搭乗員は、千葉三郎二飛曹、小野正明二飛曹の二勇士で、藤田克己中尉、吉留文夫二飛曹、岡田純二飛曹の回天は、故障のため発進しなかった。

なお伊三六六潜は、回天との連合訓練中に、米基地沖で敵機の敷設した機雷に触れ、損傷を受けたので、この攻撃に参加することができなかった。

この頃は、わが電探兵器も十分使いこなせるようになり、またその兵器も完備したので、潜水艦としては、相当の自信をもって、作戦ができるようになったし、米軍の猛烈な大進攻に対して、次々にあげる回天の殊勲に、わが回天搭乗員ならびに潜水艦乗員は、これからだ！と、敵陣に突撃していったのである。

8　ただ戦うのみ

頼むは飛行機と潜水艦

五月の末、海軍総隊（注）司令部から「作戦打ち合わせを行うにつき、各部隊司令部の代表者参集すべし」という意味の電報があった。

（注）この頃、連合艦隊司令部は海軍総隊と改称され、内線部隊である各鎮守府などをも含め、海軍総司令部として、権限機構ともに大きくなっていた。

私は潜水艦隊を代表して、この打ち合わせに参加するため、呉から東京行きの急行列車に乗った。

三年前のこと、真珠湾攻撃から帰って、呉より上京したときの車内の状況は、秩序整然としていて、乗客の顔には生気がみなぎり、笑声があちこちで聞こえていた。ところが、このたびの様相はどうであろうか。車内は雑然としていて、しかも秩序もなく雑沓している。乗客の人々の面には、焦燥の色がきざまれていて、戦況の深刻さに、国民のあえいでいるさまが見られるような気がした。

私は、陸軍中尉の軍服をつけた、三十歳余りの陸軍将校と隣りあわせに席をとっていた。旅のつれづれなるままに、よも山の話にふけったが、この人は外務省の事務官であったが、応召を受けたのだと話していた。そして、

「これ以上戦争を続けるのは、無意味です。なんとか、日本国土と同胞を、これ以上傷つけないですむようにできないものですか？」

と、真剣になって話しかけてきた。

「全く同感です。しかし、僕は軍人ですから、戦争をやめろと言われるまでは、最後まで戦う決心です。戦争を続けたり、やめたりするのは、為政者のやることですから、僕は軍人という自分の職分を最後まで守ってゆくつもりです」

こう、私は答えたのだった。

昭和十八年もなかばを過ぎる頃には、国際情勢に一大変動がない限り、あるいは、特殊の大きな威力のある新兵器が出現しない限り、勝敗の決がいずれにあるかは、ほぼ見当がついていたのである。私はそれ以後も、最善をつくして戦うことが自己の使命であると考えて、戦い抜いてきた。今や大勢は既に決まっている。しかし、私は軍人である天職を最後まで守り、死の最期まで戦うことを誓ったのである。

早朝新橋駅につくと、東京はB－29の爆撃で惨憺《さんたん》たるものであった。軍令部にまず出頭したが、海軍省の建物はただ赤煉瓦だけを残し、昔の面影もない廃墟となっていた。大臣官邸の焼け跡のすぐ前にある水道栓に手を当てて、汽車の煤煙ですすけた顔を洗って一息ついた。そこには古ぼけたカンバスが張ってあった。この焼け跡に勤務している人たちが、その場しのぎに使っているものらしかった。軍令部の部員連中は、その前の地下壕に入って執務していた。この情景を見て、私は悲壮な気持ちにならざるを得なかった。

第一部長は私が軍令部在任中の作戦課長だった富岡定俊少将であったし、作戦課長は当時の第二課長の田口太郎大佐であった。また部員の人達も、知り合いの仲だった。

私の顔を見て、

「しっかり頑張ってくれ。頼むは飛行機と潜水艦だ」

これが、私に対する最初の挨拶であった。

それから、日吉台にある海軍総隊司令部にいった。軍艦大淀を旗艦としていた同隊司令部は、その頃日吉台にある慶応大学の学生宿舎あとに移転していた。

作戦打ち合わせの議題は、沖縄作戦に関することであったが、結局は、航空部隊と潜水艦隊とをもってする、作戦方針の検討にほかならなかった。

軍艦長門以下の水上艦部隊は、戦艦大和以下精鋭部隊の出撃を最後として、各軍港または付近の港湾にちっ居している状態であって、圧倒的な敵空軍の制圧下においては、身動きもできない状況であった。また作戦行動をするだけの燃料も十分でなかったのである。そして、敵の航空機から発見されるのを避けるため、島かげまたは陸岸ぞいに停泊、あるいは繋留して、松の枝とか竹笹などで擬装し、ただ生存しているに過ぎないあわれさだった。

水上艦部隊の某先任参謀が、

「今度出動したら、間違いなくお陀仏ですわい」と、私にそっと語ったことを記憶している。すでに水上艦部隊の士気は、沮喪《そそう》しているな！　と、感じたのであった。

沖縄地上作戦の状況は、わが航空部隊の猛攻と、潜水艦部隊の敢闘ならびに地上軍の頑張りによって、一時はもり返すかに見受けられたが、連合軍のぼう大なる物量の前には、必死必殺の体当たり戦法も、わが伝統の大和魂も、効を奏することができず、逐次圧迫されつつある状況であった。

　沖縄地上作戦の現状がかくなった戦局において、航空兵力をこれ以上つぎ込むことは、その消耗と生産力とから考えて、今後の作戦を続けることができなくなるおそれがあり、遺憾ながら涙をのんで、沖縄地上軍の援護作戦は、これを打ちきるほかなしという、航空艦隊がわの所見であった。沖縄の陥落必至とみて、本土決戦に備えなければならない苦境に追い込まれた祖国日本の運命に想到するとき、断腸の思いなきを得なかったのである。

　沖縄島は、わが海軍と地上軍の死闘にもかかわらず、守備軍の玉砕を最後に、六月二十一日遂に米軍の手中に帰してしまった。硫黄島は、既に三月中旬には陥落していた。こういう状況で、敵の航空部隊は、B－29および小型機の多数をもって、わが本土上空を、わがもの顔に乱舞し始めたのである。

　わが航空部隊は、それ以後は、本土決戦にそなえて地下にもぐり、少数機の攻撃に対しては、やむを得ず、これを見逃さなければならなかった。わが国民は、日本の飛行機はどうしているのかと、くやしく思ったであろうが、本土決戦に備えて、じっと歯を食いしばって、辛抱しなければならぬ飛行機関係員の方が、もっと耐えられない苦痛であったであろう。

「轟隊」の苦闘

さて、わが潜水艦部隊は、天武隊の出撃に引き続いて、回天による洋上攻撃を続行した。すなわち、伊三六潜および伊三六三潜をもって、回天特別攻撃隊轟隊を編成して、五月下旬から六月初旬にかけて、それぞれ瀬戸内海西部を出撃し、マリアナ諸島と沖縄島との中間海域に進出して、敵艦船の攻撃にあたった。そして、伊三六潜は敵の輸送船団を捕捉して、回天を発進し、駆逐艦、輸送船等を轟沈したが、敵制圧部隊の猛烈な反撃を受け、爆雷の至近弾によって艦内電灯が消え、一時舵機の故障をおこすなど、全くの危地に陥った。が、さすがは歴戦の偉勲者菅昌艦長である。巧みに艦を操縦し、危地を脱過して、無事呉軍港に帰還したのだった。

この攻撃で散華した回天搭乗員は、池淵信夫中尉、久家稔少尉、柳谷秀正三飛曹の諸氏であった。

木原栄少佐の指揮する伊三六三潜は、自艦魚雷をもって敵の輸送船を撃沈したが、海上が次第にシケとなってきたので、遂に回天による攻撃は、断念しなければならなかった。

回天の搭乗員は、上山春平中尉、和田稔少尉、小林重幸、石橋輝好、久保吉輝二飛曹の五名であった。

残念だったのは松浦正治大尉の指揮する伊三六一潜が、出撃後一回の通信連絡もなく、消息不明になったことで、痛恨の極みであった。戦後になって、同艦は沖縄の東方海面で、昭和二十年五月三十日、米国駆逐艦の攻撃によって、沈没したことがわかった。同艦と運命をともにした回天搭乗員は、小林富三雄中尉、金井行雄、斎藤達雄、田辺晋、岩崎静世各一等飛行兵曹であった。

「多聞隊」の活躍

次いで、伊五三、伊五八、伊四七、伊三六七、伊三六六、伊三六三潜の六隻をもって、回天特別攻撃隊多聞隊を編成し、七月中旬から八月の初めにかけて、内海西部を出撃し、沖縄東方海面に活躍した。

すなわち、大場佐一少佐の指揮する伊五三潜は、回天の攻撃によって、次のような戦果をあげた。

勝山　淳中尉　大型輸送船轟沈
関　豊興少尉　駆逐艦轟沈
川尻　勉一飛曹　駆逐艦轟沈
荒川正弘一飛曹　大型輸送船轟沈

高橋博一飛曹、坂本雅刀一飛曹の回天は、故障のため発進しなかった。

この作戦で、折田善次中佐指揮の伊四七潜は、このたび会敵の機会なく、荒天のため攻撃を断念して帰ってきた。

回天搭乗員は、加藤正中尉、桐沢鬼子衛少尉、久本晋作、河村哲、石渡昭二、新海菊雄一等飛行兵曹であった。

また、伊三六七潜（艦長今西三郎大尉）も、会敵の機会を得ず、回天の発進を中止して、搭乗員、藤田克己中尉、安西信夫少尉、岡田純、吉留文夫、井上恒樹一等飛行兵曹を乗せ、再び大津島基地に帰った。

次いで、八月初頭に光基地を出撃した伊三六六潜（艦長時岡隆美大尉）は、成瀬謙治中尉、上西徳英一飛曹、佐野元一飛曹の搭乗する回天の体当たり攻撃によって、八月八日それぞれ、大型輸送船一隻を轟沈した。このとき、鈴木大三郎少尉、岩井忠重一飛曹の回天は、故障のため発進しなかった。

また、上山春平中尉、園田一郎少尉、石橋輝好、久保吉輝、小林重幸二飛曹の各回天搭乗員を乗せた伊三六三潜は、沖縄東方海面作戦中に、敵機の機銃掃射を受け、回天が損傷したので、基地に引き返してきた。

さて、この作戦で特記すべきことは、七月中旬、伊四七潜などと時を同じくして、平生の基地を出撃した、有能練達な橋本以行中佐の指揮する伊五八潜が、七月下旬マリアナ諸島の西方海面において、自艦魚雷をもって、敵の重巡一隻を撃沈したことであろう。

艦隊司令部への報告では、戦艦らしい、とのことであったが、終戦後間もなく、橋本艦長がこの撃沈された艦長の裁判に、証人として米本国に招致されたことによって、重巡インディアナポリスであることがわかった。橋本艦長は、米国から帰ると、わざわざ私の寓居《ぐうきょ》を訪ねて、いろいろと話をしてくれたが、この重巡には、第三発目の原子爆弾を積んでいたそう

橋本以行中佐

だという、大きなニュースをもたらしてくれた。

艦隊司令部としては、こんな重要任務が行われていることは、全然知らずに潜水艦の配備を定めたものだったが、この原子爆弾を抹殺することによって、幾十万のわが同胞を事前に救ったことを思えば、橋本艦長の功績は極めて大きいと言わねばならぬ。

伊五八潜は、さらに回天によって、次のような戦果をあげた。

伴　修三中尉　油槽船轟沈
水井淑夫少尉　輸送船轟沈
小林一之一飛曹　駆逐艦轟沈
中井　昭一飛曹　輸送船轟沈
林　義明一飛曹　水上機母艦轟沈

白井一郎一飛曹の回天は、故障のため発進を中止した。

同艦帰投後、橋本艦長の報告を聞いたが、インディアナポリス攻撃のとき、回天の搭乗員たちは「そんな大ものだったら、なぜ自分を出さなかったのか」と、切歯扼腕して、くやしがったという。その闘魂と殉国の熱情を想うとき、私は血涙のいずるのを禁じ得なかったのである。

伊58潜により撃沈された米重巡インディアナポリス。昭和20年７月10日の撮影で、その後間もない７月30日に撃沈された。最終改装を終えた直後で、防御が強化され、上部構造も新造時とは大幅に変わっている。

1945年７月29日夜、テニアン‐レイテを結ぶ航路上で米重巡インディアナポリスを撃沈した伊58潜

このときは、すでに終戦になっていたが、わが日本が無条件降伏を承諾すると、アメリカ海軍から「〇六を積んでいる潜水艦は、すぐ、もよりの港湾に寄港せよ。〇六の攻撃は、絶対にやってはならない」と、再三わが艦隊司令部に申し入れてきた。

私らは、その当時、アメリカ海軍は回天の威力に、恐れを抱いているなと感じたのだった。

また、終戦後になって、特攻基地部隊の参謀であった板倉光馬元少佐は、アメリカの調査団から、回天搭乗員のことについて、質問を受け、

「どうして、あんな必殺の戦法をとったのか？」

「搭乗員は、いやいやながら、出て征ったのではないか？」

など、しつこく聞かれたそうである。

これに対して、

「いや、彼らは、祖国のことを真から想って、率先して死地に飛び込んでいったのだ」と、説明したが、どうしても理解しないので、呉工廠水雷部で撮影していた一六ミリのフィルムを実写して、彼らが、悠揚迫らず、莞爾《かんじ》として出征するありさまをみせたところ、「ワンダフル」と言いながら、なにがしか納得した様子であったと話してくれた。

潜水艦で体当たり計画

さて、沖縄の作戦が終わりをつげ、本土決戦を予期しなければならない状況となったので、練習艦などに当てられていた約二十隻の潜水艦のうち、作戦に耐え得る潜水艦は、第六艦隊

司令長官の直率下に編入され、戦闘準備を整えることになった。

そのなかで、艦齢は古いが比較的整備のできていた大野保四少佐の指揮する伊一六五潜は、轟隊の一艦として、回天二基を搭載し、六月中旬光基地を出撃して、後方攪乱と補給路遮断の目的で、警戒の手薄と思われるマリアナ列島の東方海面に行動したが、出撃後一回の通信連絡もなく、消息を絶ってしまった。

しかしながら、この頃の敵信傍受によって、水知創一少尉、北村十二郎一等飛行兵曹の回天は、有力艦船を攻撃して、多大の戦果をおさめたこと確実であると判断された。

大野艦長は、増沢少佐と同じく、私の愛育した候補生であったが、深刻な戦況とはいえ、こういう老朽潜水艦をも、と、まことに悲痛なものがあった。

この伊一六五潜は、戦後になって、昭和二十年七月サイパンの東方洋上で、沈没したことがわかったが、攻撃艦種が何であるかつまびらかでない。

この頃、前に述べておいた小型の輸送潜水艦は、敵機動部隊の来襲を予報するため、九州東方洋上の哨戒に従事していた。

この輸送潜水艦の艦長は、木内、村山の両大尉であったが、ある日のこと、二人で図面を手にしながら、私の部屋に訪れたことがあった。

話の要点は、この潜水艦には対空兵器のほか、攻撃用の武器がないので、敵艦船攻撃の兵器を取りつけてもらいたいと言うのであった。そして、手にした図面というのは、具体的な計画書だった。一つは、艦外発射管を装備する案であって、もう一つは、艦首に爆薬を取り

つけるものであった。私は、この図面を見て、

「君たちの艦は、哨戒任務につくことそれ自体が、重荷と思っているんだが……」と、ちょっと渋ると、

「先任参謀、なにを呑気なことを言うんです。この戦況になって、一艦一艇といえども、やっつけるべきときです。自分達の艦には、なにも敵を攻撃する兵器がないので、乗員一同みな残念がっています。なんとか実現するようにして下さい。最後の案は、艦首に炸薬を詰め込んで、体当たりをくらわせることです」

図面を示しながら、二人の潜水艦長は、真剣になってその実現を要望した。

私はその意気に感じて、海軍中央部に連絡をとり、また工廠側にもこの計画の具体化を依頼したが、実現の運びとならないうちに、終戦となった。

ほかに航空燃料補給用潜水艦である伊三五一潜が昭和二十年度に完成して、岡山登少佐指揮のもとにシンガポールからの燃料輸送に従事したが、第一回目は成功し、第二回目のシンガポールへの往途、消息不明となってしまった。戦後になって、同艦は昭和二十年七月十五日ボルネオ島の北西海面で、米国潜水艦の攻撃を受けて、沈没したことがわかった。

（注）航空機に対する燃料の中継補給用として、開戦当初から三隻を建造する計画であったが、工事が次々にあと回しにされていたものである。

本土決戦に備う

さて、沖縄島が陥落して間もなく、海軍総隊司令部において、本土決戦作戦に対する最後の打ち合わせがあった。私は、沿道の大部分が廃墟と化した東海道線を、暑さに蒸されながら上京したが、各都市の惨憺たる情景を眺めて、ひしひしと祖国の危急を感じたのである。このたびの会合には、海軍の全部隊の代表者を網羅するほか、三笠宮をはじめとして、陸軍の人々の姿も見受けられた。

海軍総隊情報参謀の中島親孝中佐から、連合軍のとるべき方策に関する情況判断の説明があり、次いで作戦主任参謀から、これに対応するわが軍の方策について説明があった。なおわが海軍地上部隊の配備ならびにそのとるべき方針についても、説明をつけ加えられた。

この本土決戦におけるわが海軍の主役は、なんと言っても航空部隊である。そして、万やむを得ないことであるが、特に特攻攻撃に重点をおかれていた。次が潜水艦である。そして、わが沿岸水際戦闘における海面防御の立役者は、各要所に配備されていた「蛟龍」であった。この「蛟龍」というのは、特殊潜航艇の改良型で、搭乗員五名、重量約六〇トンばかりのもので、開戦当初頃の特殊潜航艇に比べると、相当進歩したものであった。

敵がとるであろう方策に関する情況判断の大要は、

「連合軍の第一次攻撃地点を九州南部と予想し、その時期を、この年の秋と判断する。次いで敵は四国を攻略して、九州および四国方面に航空基地群を整備したのち、関東平野において、最後の決戦を挑むであろう」

と、言うにあった。

終戦後、米軍から発表された日本本土の攻略作戦計画は、このわが統帥部が行った情況判断と、寸分違うところがなかった。

私はこの会議から帰ると、その状況を長官、参謀長に報告し、作戦行動中のものをのぞき、老朽潜水艦を含めた麾下の全潜水艦に対して、本土決戦に備えるべく戦備を急ぐことを提案発令した。そして、作戦計画の立案に取りかかったのである。

9　潜水空母の作戦

パナマ運河の攻撃計画

これより以前に、わが潜水艦は、伊四〇〇潜型のいわゆる潜水空母をもって、パナマ運河を攻撃することを計画していた。

その目的とするところは、連合軍交通の要衝パナマ運河を破壊して、一時的にせよ、太平洋方面への敵の兵力移動を阻止しようとするにあった。特に昭和二十年の五月初旬にヒトラー死し、ドイツ軍が連合軍の軍門に降るにおよんで、その必要を痛感したのである。

潜水艦建造計画の項で述べておいた潜水空母は、当時伊四〇〇潜および伊四〇一潜が完成しているに過ぎなかった。他に四〇二潜が進水はしていたが、まだ作戦に使用し得るまでになっていなかった。このほかに旗艦潜水艦として計画建造中であったものを、この目的のために改造した伊一三潜、伊一四潜の二隻が完成していた。

話は大分前にさかのぼるが、伊一三潜の姉妹艦伊一二潜（攻撃機搭載施設なし）は、昭和十九年十月上旬に、第十一潜水戦隊での訓練が完了したので、上級司令部の要求にもとづき、敵の後方攪乱を目的として、米本土西岸方面からサモア、フィジー諸島にいたる海域に行動せしめられたことがあった。

同艦は、呉軍港を出撃したのち、およそ三カ月間の作戦行動を行って、翌年の正月、内地に帰投する予定であった。そして、同艦がサンフランシスコ沖に到着したと思われる頃、敵の商船がS・O・Sを発信する無線を傍受して、大いに戦果をあげつつあることを知り、同艦の成功を祈ったのであるが、タヒチ島付近で消息不明となってしまった。

潜水艦長は、工藤兼男中佐であった。海軍大学出身の俊才で、私が昭和十四年に伊号第三潜水艦長であったときの先任将校として、勤務をともにした間柄であったがまことに惜しいことであった。なお、米国側の記録を調べてみても、その最期が明らかでないのは残念である。

さて、伊四〇〇、伊四〇一、伊一三および伊一四潜の四隻は、昭和十九年の末までには工事を完成して、第一潜水隊を編制し、有泉龍之助大佐が司令に任命された。

この四隻の勢揃いが終わると、第一潜水隊は、瀬戸内海西部を基地として、猛訓練を始めた。この頃搭載攻撃機「晴嵐」をもって、一個航空隊が編制され、有泉大佐がその司令を兼務した。同航空隊は、広島県の福山海軍航空隊を基地とした。

さて、第一潜水隊の個艦訓練は、三月末に終了し、晴嵐機との連合訓練を開始する域に達した。この連合訓練を行ったのち、出撃準備を完了して、六月頃には日本本土を出撃し、連合軍交通の要衝パナマ運河に向かう予定であった。

私は、有泉司令とパナマ運河の攻撃計画について、研究を進めた。軍令部の潜水艦主務参謀藤森康男中佐や、パナマ運河の兵要地理にくわしい軍令部情報部の実松譲大佐などが、われわれの研究に援助を与えてくれた。攻撃場所を、パナマ運河の太平洋に面する閘門《こうもん》とし、晴嵐攻撃機十機をもって、魚雷と爆弾を併用する体当たり攻撃を敢行する計画であった。体当たりの特攻攻撃は、われわれの本意とするところではないが、警戒の厳重な陸地付近の海面で、潜水艦が浮上して、飛行機を収揚する可能性はないと認められたし、また命中の確度を百パーセントにして、作戦目的を達成するためには、この方法よりほかに手段がなかったので、搭乗員もまた、祖国の危難に直面して、自らこの壮挙を申し出たのであった。この晴嵐機の搭乗員は、生き残りの航空搭乗員のなかから、最優秀な者を選抜した勇士揃いであった。

さて、この作戦を実行するに当たって必要とする燃料が問題となった。当時、呉軍港で貯蔵する燃料は、僅かに二〇〇〇トンという貧弱ぶりだったので、とうてい四隻の潜水艦に燃料を満載することはできなかった。伊四〇〇潜型は、一隻だけでも、一六〇〇トン以上の重油を必要としたのである。そこで、伊四〇一潜は四月上旬呉軍港を出港して、大連まで重油を取りにいくことになったが、山口県宇部沖の姫島付近で敵機の敷設した磁気機雷に触れ、損害は軽微であったが航海に支障があるので、呉に引き返してきた。で、これと交代に、伊四〇〇潜が出かけることになった。同艦は下関海峡に入る前に、自艦の前後を航海していた二隻の商船が、およそ一時間のうちに、相前後して触雷沈没するのを目撃しながら、幸運にもその難所を切り抜けて、無事大連から燃料を満載して、呉に帰ってくることができた。

こういう状況で、今まで訓練海面として、理想的と考えられていた瀬戸内海西部も、この頃から敵機の敷設する磁気機雷の危険に直面することになり、いろいろと困難な状況が起こってきた。呉鎮守府の掃海部隊は、日夜を分かたず、機雷処分に努力したが、次から次へと敷設される機雷の危険は、日一日と増加していった。

こういう状況であったので、訓練戦隊である第十一潜水戦隊は、内海西部を基地としての訓練ができなくなり、その訓練基地を、舞鶴軍港に近い若狭湾方面に移動することになった。

この頃、潜水学校の練習潜水艦であった呂六四潜は、訓練中に触雷沈没し、南太平洋方面の作戦で、その豪胆ぶりをたたえられた司令安久大佐以下の潜水艦乗員と練習生は、艦と運命をともにする不幸事を生じたのだった。また回天との連合訓練に従事中であった伊五三潜も触雷し、相当の被害を受けて、当分の間作戦行動ができない状況となった。

こういう危険な状態となったので、第一潜水隊は、訓練基地を能登半島の七尾湾に移動して、ここで搭載機との総合訓練を実施することになった。

訓練の主目的は、パナマ運河閘門の攻撃法であった。そして、問題になっていた燃料も、伊一三潜、伊一四潜の両艦は、鎮海に回航して補給を受け、伊四〇一潜は、呉軍港中の燃料をかき集めて、用を弁じたのである。

サンフランシスコ空爆の企図

さて、いよいよ搭載機との総合訓練を始めたが、晴嵐機の故障が多いうえに、僅か十機ばかりの飛行機が、どうしても揃わないという難問題が生じた。

晴嵐機は水上機ではあるが、速力は陸上戦闘機に匹敵し、攻撃機としては優秀な性能を持っていたが、新しい設計であり、性能に重点をおいた関係上、それだけ故障も多かったのである。また、製作方面においても、前年の濃尾地方の地震によって、名古屋にあった晴嵐機の製作所は被害を受け、しかも、その後は空爆のため予定の工程が進まない状況であった。従って、最初に計画した六月の出撃は、とうてい望み得ない状況にたちいたった。

パナマ運河までは、伊四〇〇潜型から伊一三潜型に燃料を補給することなど考えると、内地を出撃して、少なくとも一カ月の日時を必要とする。余りに時期を延ばしたのでは、さし迫った現下の戦況において、実効を収めることができない。この状況を海軍総隊司令部と軍令部に報告し、パナマ運河の攻撃は、中止されることになった。

しからばいずこにその攻撃目標を指向すべきや？　パナマ運河のような遠大距離でないところに選ばねばならぬ。

私は、訓練部隊との打ち合わせもあったので、舞鶴まで出張し、有泉司令にも七尾湾から同地までもらって、今後の攻撃地点について、打ち合わせを行った。

戦局の大勢は、既に決まっているのだ。サンフランシスコ、またはロサンゼルスのいずれかに空爆を決行しようということに、私ら二人の意見は一致した。このことは、参謀長ならびに長官の内諾も得た。

当時、わが本土は、米空軍の無差別爆撃と、焼夷弾の仮借なき攻撃とによって、都会という都会は、次々に廃墟と化しつつあった。そして、幾十万の国民は、惨死しつつあったのである。

僅か十機をもってする空爆は、米空軍がわが本土に加えつつある攻撃の、何千分の一、あるいは何万分の一に過ぎないかも知れない。とは言え、私らは、わが潜水艦の搭載攻撃機をもって、米本土に一矢をむくい、米国民の頭上に、爆弾および焼夷弾を浴びせ、わが潜水艦部隊の意気を米国民衆に知らせたかったのである。私は、東京に電話連絡をして、強硬にこの意見を主張した。

これに対する上級司令部の所見は、

「その意見には共鳴するが、取りあえず、さし迫った戦局を打開するのが先決問題である」

と、言うにあった。

私らの攻撃地点に関する意見は、潜水艦部隊の最期を飾りたいという感情をまじえたところがあった。理論では結局負けである。遂に上級司令部の意見に従わざるを得なかった。

当時、海軍総隊司令部の潜水艦主務は、渋谷龍稺参謀であったが、司令部陣容も開戦の当初時代とは変わり、参謀長は人格識見ともに海軍の与望を担った矢野志加三提督であったし、軍令部、海軍総隊司令部と当艦隊間の意志は、よく疎通していたことを付言しておきたい。

目指すは敵の大策源地ウルシー

結局、攻撃地点としては、最も手近な有効目標を選ぶことに、意見がおちつき、敵進攻の大策源地である、ウルシー環礁に決定されることになった。

一、伊四〇〇潜、および伊四〇一潜搭載の晴嵐六機をもって、環礁泊地に在泊中の敵機動部隊に対して、特攻攻撃を敢行する。

一、伊一三潜、伊一四潜は偵察機おのおの二機をトラックに輸送し、同機をもって、ウルシー泊地の偵察を実施する。

一、伊四〇〇潜、伊四〇一潜の両艦は、偵察の結果、敵の機動部隊がいない場合は、攻撃を中止し、シンガポールに回航のうえ、燃料を補給して、再挙をはかる。

さて、訓練整備に苦心した晴嵐機も、実戦に充当することができる域に達したので、伊四〇〇潜、伊四〇一潜は、七月初め最後の整備を完了するため、舞鶴軍港に入港した。

醍醐長官と私と通信参謀坂本文一少佐の三人は、この壮途を見送るべく、舞鶴まで出張した。私としては、有泉司令と最後の作戦に関する打ち合わせを行いたかったし、通信参謀にも、通信、情報などについて補足的な打ち合わせ事項があった。

舞鶴に着くと、旅館白糸で、特攻攻撃を決行して、愛機とともに爆砕するであろう勇士のなかに、司令、潜水艦長をまじえて、壮行会が催された。粛然たるなかにも杯をかさねるにつれて、慷慨悲憤の詩吟やら歌が出た。醍醐長官は、勇士の一人ひとりに盃をかわされた。

皆の面には、最後まで戦って戦い抜くという意気に燃えているのが、見受けられた。私は、これら勇士の心懐に想到するとき、涙のにじむような厳粛な気持ちに打たれざるを得なかった。そして、自らもいずれそのあとを追うぞ！　と、かたく決心の臍を固めたのである。

当時潜水艦は、出港を控えて、軍港から遠く隔たったところに仮泊しているので、潜水艦の出撃を直接見送ることができないのは残念であった。長官から攻撃に向かう飛行機搭乗員に授与される短刀は、司令が代行して、潜水艦に帰ってから授けることになった。
私らが出張の往復の汽車は、秩序もなく混乱していて、二等車、三等車の区別もなかった。窓から出入りするものもあるし、海軍中将の軍服をつけた長官の座席のひじ掛けに、尻をもってきて、断り一つ言わず、平気の平左で腰かける労働者風の男もいた。祖国の運命も末期に近づいたことが感ぜられて、慨歎に堪えなかった。

七月中旬、伊一三潜および伊一四潜は、予定の計画にもとづいて大湊を出港し、偵察機の輸送任務に従事したが、伊一四潜のみがその目的を果たし、伊一三潜は往途において消息を絶った。同艦は、この頃本州北部太平洋岸に行動中の敵機動部隊の攻撃を受けて、七月十六日被爆沈没したことが戦後になってわかった。

伊四〇〇潜および伊四〇一潜は、予定の如く舞鶴から大湊に回航し、準備万端を整えて、八月十七日を期し、ウルシー泊地に対して航空奇襲を敢行すべく、七月末に同地を出撃した。

有泉司令は、伊四〇一潜に搭乗して、これを指揮した。この作戦は特殊作戦であるし、司令の乗艦を必要としたのである。また、艦にはそれだけの余裕もあった。

潜水空母の要目

ここに潜水空母の要目について、その細目を説明してみよう。

排水量は、満載状態のとき五七〇〇余トンで、吃水七・五メートル、全長一二〇余メートルというのだから、実質的には、軽巡洋艦とほとんど同じ大きさである。最高速力は一九ノットで、速力一四ノット付近ならば、地球を一周半以上回れる三七〇〇〇海里の航続力をもち、四カ月間補給しないで航海できる能力を持っていた。搭載攻撃機は、最初二機の計画であったが、三機を搭載できるように改正された。この三機を格納筒から引き出して、組み立てを終わり、発進するまでに、およそ十分を要した。上甲板にある格納筒は、艦内からも出入できるようになっていたが、ちょっとした宴会でもやれそうな、潜水艦としては割合ひろびろとした余積を持っていた。

潜水艦自体の攻撃兵器としては、発射管八門、一四センチ砲一門、対空防御用三連装二五ミリ機銃三基、二五ミリ単装機銃一基を装備し、魚雷は潜水艦用二十本、航空機用四本程度を搭載し、ほかに八〇〇キロ爆弾三個と二五〇キロ爆弾数個を積んでいた。乗員は、潜水艦自体の定員百三十名、航空機関係員二十余名であった。安全潜航深度は、他の大型潜水艦と同じく、一〇〇メートルであった。

計画当初に心配されていた潜航性能は、公試をやってみると、結果が極めて良好で、急速潜入も、六〇〇〇トンに近い潜水艦でありながら、一分以内（他の大型潜水艦と差異なし）に秒時を短縮することができたし、潜水艦長は、よくできた潜水艦だと言って満足していた。

この潜水艦には、水中充電装置（シュノーケル）を装備し、十数日間あるいはそれ以上、潜航のまま行動することができるように改造されていた。その目的とするところは、敵の対潜掃蕩方法が巧妙を極めるようになったので、これに対応して、一切浮上することなしに行動し、潜水艦の被害を少なくすると同時に、奇襲の効果を大にするためであった。この装置は、資材とか工数の関係で苦労しながらも、他の潜水艦にも、逐次装備されつつあった。

ドイツ海軍では、シュノーケル型と言って、わが方よりもやや以前に、この種の装置を採用していた。

この水中充電装置の機構は、簡単に言えば、水中から昇降自由な煙突様のものをだし、その一方から大気を吸い込み、他方から排気を出して発電機を運転し、その発生電流によって艦を推進するのである。波浪が煙突をこしたり、急に潜水艦の深さに変化がある場合には、自動的に吸気口を閉鎖するように計画されていた。

佐久間艦長の第六号潜水艦は、ガソリン・エンジンの吸気口を閉鎖する手動装置のチェーンが潜航の際に切断することによって、生起した事故であったが、技術の進歩した今日、この充電装置には、こういう心配は絶無であった。

伊一三潜型も、基準排水量三〇〇〇トン程度の大型のもので、攻撃機二機を搭載するようになっていた。これらの潜水艦は、特別の機密保持を行い、海軍部隊でも、関係者以外には絶対公開されなかった。

話は、終戦直後のことになるが、この伊四〇〇潜型と水中高速潜水艦は、アメリカ海軍としても珍しかったとみえて、わが潜水艦乗員の操艦のもとに、その操縦方法を習得して、アメリカ海軍の手で、その本国へ回航されていった。

水葬の礼

この潜水空母の潜水艦長は、伊四〇〇潜、日下敏夫中佐、伊四〇一潜、南部伸清少佐、伊一三潜、大橋勝夫中佐、伊一四潜、清水鶴造中佐の諸氏であった。

有泉司令の直率する伊四〇一潜、伊四〇〇潜は、七月末大湊を出撃して、八月十四日には定められた配備点につき、両艦相策応して、ウルシー泊地に在泊中の敵航空母艦に、体当りの巨弾を浴びせるべく準備中であった。

有泉司令は、自分の龍之助の頭文字をとって、この隊を神龍隊と名づけられていたが、私に、艦隊命令には「神龍特別攻撃隊」の名称をつけてくれと、頼んだのであった。私らは固唾を呑んで、この「神龍特別攻撃隊」壮挙の快報を待っていたのであるが、八月十五日の詔勅によって、鉄拳をふりあげたまま、内地に帰還しなければならないことになった。

ほとんど一年に近い期間を、この潜水空母と晴嵐機の育成に、粉骨砕身してきた有泉司令の無念さは、想像に絶するものがあったであろう。

彼は、横須賀入港を間近に控え、指令室において拳銃をもって、自らの生命を絶った。南部艦長は、その遺骸を海軍の慣例にならって、厳かに水葬に付した。彼は天保銭組の勇猛果敢な武人であった。そして、一意殉国の精神に燃えていた。私にも遺書を一通書き残していたが、終戦後その隊の庶務主任が私のもとに届けてくれた。文中には、最後まで日本海軍を思う切々たる文章が書きつらねてあった。そして、最後に、祖国の敗戦によって、自己の生命をこの世にながらえることは、無意味なるが故に、自刃する旨のことがしたためてあった。敗戦の深刻なる現実に直面した私は、この遺書を受け取り、長い間の彼との友情を偲んで、男泣きに涙を絞ったのである。

（注）伊二〇一潜型水中高速潜水艦は、昭和十八年の六月に藤森康男少佐が軍令部に着任してきたとき、二人の間で話し合ったのが、事の起こりであった。

当時、潜水艦の戦果が思うようにあがらないという声が、海軍部内ばかりでなく、国民の間にも、ときどきあるのを耳にして、私は、なんとか画期的ないい方法はないものかと、腐心しているときであった。藤森少佐がこれに対して水中高速潜水艦をつくったらどうかという提案をした。従来の潜水艦の水中速力は、九ノット程度が最高で、水中の機動力が極めて少なく、いわゆる移動機雷のようなもので、潜航中に敵艦船を発見しても、敵の航路がそれたり、転舵とか回避されたりすると、襲撃の機会がなくなってしまう場合が多かった。

水中速力を一六ないし二〇ノットにすれば、艦船というものは、普通の航海では高速力を出していない場合が多いので、一度潜望鏡で発見したものは、大抵襲撃することができ、必中射点に占位し得る公算が多い。そして、低速力の商船であれば、ほとんど確実に、しとめることができるわけである。

この話の少し前に、潜水学校教官であった清水太郎中佐が軍令部にきたとき、片山さんが水中高速潜水艦のことについて研究を進めているという話をしていたので、呉海軍工廠の造船実験部長に転出していた片山技術少将を訪ね、その実現の可能性を聞いてみることにした。同少将の返答では、大丈夫できるとのことだったので、軍令部、海軍省首脳部の裁可を得て、同少将の設計にもとづき、建造にとりかかることになった。

この潜水艦の計画は、排水量一〇〇〇トン、水中最高速力二〇ノット（完成後の公試成績一八ノット）で、昭和二十年の初めにその第一艦が完成し、三隻の水中高速潜水艦が訓練を終わって、いよいよ作戦に出かけようとするとき、終戦になり、遂に実戦には使用することができなかった。

なお、この水中高速潜水艦は、ドイツ海軍もほとんど時を同じくして設計し、量産にかかり、その性能は優秀なものであった。

第3章　終　戦

1　原子爆弾投下さる

八月六日の午前、私は黒の防空遮蔽幕をかけ、電灯をつけた私室で、暑さに蒸されながら、作戦命令の起案に夢中であった。こうした方がおちつけて、頭脳がはっきりするように思われたからである。

と、突然司令部庁舎のバラックが大きく揺れて、遮蔽幕がバフッと大きく動いた。その隙間から、眼を射るような閃光が、ピカリと室内を過ぎていった。それから恐ろしい爆発音が轟然と鳴り響いた。

ただ事ではないぞ！　と思いながら、室外に出て見ると、潜水艦基地隊の建物には、なんの異状も認められないし、軍港の方をひとわたり見回しても、焼夷弾攻撃と爆弾の洗礼を受けた廃墟のような呉の街と、鉄骨のみが残る呉海軍工廠の荒涼たる姿が見えるばかりで、特別に変わった様子も見うけられなかった。

ところが、やがて広島方向に当たって、むくむくと黒みをおびた入道雲のような奇怪なものが、地上から盛り上がるのが眼に映った。この入道雲は、その量と高さとをぐんぐん増していって、しまいには、雲の頂上が松たけ型にひろがって、その裾から南洋で見られるスコールのようなしゅう雨が降り始めた。そして地上からあがる火の手が、ま昼間なのに、あかあかとこの怪異な雲の裾下を色どった。なに事だろうか？　不吉な予感がした。

私はそばで見ていた鳥巣参謀の方に向きながら、

「疎開した火薬庫でも爆発したのかなあ――」

と、問わず語りのひとりごとをつぶやいた。

鳥巣参謀は、深刻な表情をして、この怪奇な現象を見詰めていたが、やがて、

「先任参謀！　あれは確かに原子爆弾ですよ」

こう沈痛な口調で語った。

わが軍においても、破壊力の威大な原子力について、研究が進められていることは知っていたが、アメリカがこれを既に完成して、実戦に使用し得るまでになっていることは知らなかったのである。

剛毅で、いつも私に力添えをしてくれていた鳥巣参謀も、

「先任参謀！　日本の運命も、とうとうくるところまできましたね」

と言いながら、両手をこまぬいて、考え込んでしまった。

翌々日の八日には、ソ連が対日宣戦を布告し、九日には、長崎に第二の原子爆弾が投下された。祖国の危急、いよいよ迫るの感を深くせざるを得なかった。

2　よく戦えり

が、艦隊司令部をはじめ潜水艦乗員は、この状況においても、士気沮喪することなく、祖国のため、最後まで頑張り抜くぞと誓ったのであった。

ぼう大な物量の前に、なお戦闘を続けんとするわれわれの行動を、あるいは「蟷螂が斧を取りて隆車に向かう」と評する人があるかも知れないが、吾人は、祖国のために戦い抜くことこそ、大和男子の本懐であると決心していたのである。

昭和二十年八月十五日ラジオを通じて、終戦の詔勅がくだった。

当時わが海軍が保有する潜水艦隻数は、三〇〇トン級の潜小型潜水艦（注）および老朽潜水艦を含めて、およそ五十隻であった。

（注）潜小型潜水艦は小型の水中高速潜水艦であって、昭和十九年の末から急速建造にとりかかったもので、わが日本本土近海の防衛を主任務として計画されたものである。潜水艦本来の使用目的からすれば、余りに小型すぎたが空襲下の、資材方面が、窮乏していた当時としては、やむを得ないことであった。そして、終戦頃には十隻ばかりが完成し、多数が建造中であった。

すなわち開戦後百十余隻を建造し、百二十隻余（交戦によらず、事故のため沈没したもの九隻を含む）の潜水艦が失われたのだった。

水上艦艇の場合は、艦が沈没しても、乗員は救助される機会が多いのであるが、潜水艦は水中における被害が多いので、乗員のほとんど全部が艦と運命をともにしたのである。

回天および特殊潜航艇の殉国的熱情に燃ゆる肉弾攻撃をはじめとして、今次戦争末期頃の潜水艦の戦闘は、まさに日露戦争当時の旅順閉塞隊以上の決死行であった。

わが潜水艦は、南北両極洋を除く、世界の各大洋を行動し、遣独潜水艦の如きは、往復三万海里に近い大航海を行った。

戦いわれに不利となるや、ますます闘志に燃えつつ、屍を乗り越えて、敵陣に突入していった。そして最後まで軍の統制を守り、一糸みだれることなく、終戦のその日まで戦い抜いたことは、敗れたりといえども、吾人潜水艦乗りの本懐とするところである。

3　無念の涙

終戦の詔勅がくだった八月十五日は、焼けつくような炎天の日であった。司令部員は、醍醐長官をはじめ下士官兵にいたるまで、庁舎前の広場に集合して、終戦の詔勅を聞いた。音波が不明瞭で、よく聞き取れなかったがただ「今次の戦争を終止する」との大御心だけは、了解することができた。

わが祖国日本は、遂に連合軍の軍門にくだったのだ！　そう思うと、名状することのできない悲痛な感に打たれざるを得なかった。

私は、下士官兵の解散を命ずると、黙々として私室に引きこもったのである。

「嗚呼《ああ》！　万事休す」

夜を日についで戦い通してきた四カ年間の奮闘も、空しくなってしまった。戦って戦い抜いてきた緊張しきっていた気分が、宙に浮いたような空虚な感じを、どうすることもできなかった。私は呆然として、椅子に腰をかけたまま、手をこまぬいた。ややしばし。

「これではいかぬ。新日本の再建だ」

こうつぶやいて、机のそばのメモ用にしていた黒板に「祖国再建」と白墨で大書して、じいっとこれを見詰めた。しかし、心の悲しみをどうすることもできなかった。死！　という大きな魅力が強引に私をひきずり込んでいったのも、このときであった。

それから、一時間もたってからであろうか、私の部屋のドアをノックする者があった。返事に答えて、菅昌少佐の姿が見えた。五尺八寸、いつも温容迫らざる堂々たる風貌の彼も、今日は、悲痛な面持ちであった。彼は私の部屋に入るなり、

「先任参謀！　残念です！」と、言いながら、椅子から立ち上がった私の右腕を、両手でしっかと握ったかと思うと、顔を私の右肩に当てて、男泣きに泣いてしまった。

私も、無意識のうちに彼の両腕を握り、ともに相擁して、泣きくずれたのである。幾年ぶりに泣いたことであろうか？　涙を出して泣いたのは——何十年ぶりかであったであろう。軍人としての無念の涙であろうか。はたまた祖国敗れたりという悲しみの涙であろうか。ただ涙がとめどもなく出て、仕方がなかったのである。

4　闘志なお衰えず

しばらくすると、

「工廠岸壁に繋留している潜水艦から、電話です」

と、従兵が知らせにきた。

菅昌艦長と別れ、涙をおし拭って、電話室に入り、受話器を耳に当てると、先任将校のかん高い声が聞こえてきた。

「先任参謀！　われわれ潜水艦の修理をやっている工員が、午後からドンドン帰っちまうんです……。まだ戦闘停止だけです。いつ出撃してもいいように、艦を整備しておくべきです。先任参謀の方で、すぐ工事にかかるように、工廠にかけ合って下さい。工廠の方で工事をやらんと言うなら、工廠本部に抜刀隊で斬り込む！　と、そう言って下さい」

「そうか。そりゃア、全く怪しからん。すぐ工廠にかけ合うから、安心しといてくれ給え」

私は、とっさに、そう答えたのだった。

この電話で、今までの虚脱状態は、どこかへ消し飛んでしまった。終戦の詔勅と同時に、工事を打ちきる工廠関係員の態度が、なんだか現金的に見えて気にくわなかった。私もまだ、戦争停止だけである。いつ出撃を命ぜられても、反撃できるだけの姿勢は、とっておくべきだと思った。そして、今までの闘志が、またむらむらっと腹の底から湧き上がってきたので

ある。工廠の総務部長に電話をかけ、

「いま潜水艦から連絡があったんですが、午後から潜水艦の整備を打ちきられたそうですね。われわれ戦闘部隊は、命令があれば、ただちに反撃に出るだけの姿勢は持っておくべきだと考えています。工員をさっそく呼び返して、工事を再開して下さい……。でないと、潜水艦の若い連中は、抜刀隊で斬り込むと息まいています」

　つい、私の声は大きくなった。

「よくわかりました。考慮しておきます」

「考慮だけでは駄目です。すぐ工員を呼び返してください。……でないと、抜刀隊でなぐり込むかも知れません」

「では、工廠長によく話しますから……」

「ぜひ工員を呼び返して、工事を再開して下さい」

　私は電話をきると、すぐ自動車で工廠本部に乗りつけた。総務部長に会うと、

「先の電話の件は、工廠長も承知されたので、いま工員を呼び返していますから……」

と、出合いがしらの挨拶だった。各潜水艦の整備が全部終わるまでは、工事を続けるようにお願いします」

「有り難うございました。各潜水艦の整備が全部終わるまでは、工事を続けるようにお願いします」

　私は、念をおした。

「潜水艦だけは、特別扱いにしますから、潜水艦の乗員にも、そう伝えて下さい」

と、総務部長はつけ加えた。

在泊潜水艦の整備工事は、その日から三日ばかりの間にできあがった。

私が工廠から帰ると、今度は軍需部の部員から、電話がかかってきた。

「今さき、潜水艦の士官がきて、雇い人などを強要して、燃料搭載を始めたんですが……私らの手におえないので、取りやめるように言ってもらえんですか」

と、言うのである。

私は、ここもまた「陸上勤めの意気地なし奴《め》が」という感じが、むらむらと胸に込みあげてきて、

「まだ戦闘停止だけですぞ！　当艦隊は、いついかなるときでも、出撃できるように、燃料も満載しとかなくちゃならんのです。そのまま搭載さしてやって下さい」

つい、どなるような口調になってしまった。

このように、呉在泊の潜水艦は、自らの発意で艦の整備に懸命の努力を続けたのである。

翌日になると、また電話がかかってきて、

「いま潜水艦の若い士官と下士官が十人ばかり武装してきて、拳銃、小銃それに機関銃をよこせと、談判にやってきて、弱っているところです。なんとか取りしずめて下さい」

と、歎願してきた。

若い人たちは、いざという場合を考え、興奮のあまり、この挙にでたのであろうが、余分の兵器は無用であると考えたので×セサヨ×（先任参謀より）として、

「軽機類の潜水艦搭載は取りやめられたし」

という信号を在泊の各潜水艦あてに発して、これをさし止めたのであった。

この日、佐世保軍港に在泊中の潜小型潜水艦艦長から長官にあてて、

「われ神州不滅をかたく信ず、祖国防衛のため、最後の一兵にいたるまで戦わざるべからず、われ今より佐世保を出撃、敵艦隊攻撃に向かわんとす」

という、慷慨悲憤の電報がとどいた。

単独的な行動は、軍の規律をみだすものである。なお陛下から終戦の詔勅がくだっている。軽挙妄動すべきときではない。

　時機を延ばしたならば、どんな事件が起こるかもわからない状況にあったので、すぐ電報を佐世保鎮守府に打って、善処かたを依頼した。そして、鳥巣参謀をすぐさま佐世保に派遣して、取りしずめられることになった。

　ところが、今度は東京から電話がかかってきて、

「舞鶴鎮守府からの至急電話で〝水中高速潜水艦が港内から姿を消したので、どうもその行動が怪しい〟と、言ってきているが、艦隊司令部の方で、なにか心当たりはないか？　この際、各潜水艦の軽はずみな行動は、つつしむように善処してもらいたい」

という連絡があった。

坂本参謀をさっそく舞鶴に急派して、その善処かたを講ぜられたのだった。

横須賀方面は、輸送潜水艦が主なもので、ほかに戦闘潜水艦は少なかったが、この方は、

東京の上級司令部に万事を托すことにして、大湊警備府に対しても、在泊潜水艦に自重するよう、依頼の電報が打たれた。

はや手回しに処置したので、各根拠地とも、出撃して、敵艦隊に突入していった潜水艦はなかったが、佐世保の潜小型の一潜水艦は、出撃できないのを残念がって、潜水艦長以下の全乗員は、軍需部の貨物自動車を黙って引き出して、それに分乗して佐世保を出発してしまった。そして、航空部隊と一緒になって、九州の山奥に立てこもるのだと張りきっていた。

佐世保鎮守府の方で、途中でさし止めたが、二十代の元気いっぱいの大尉艦長と乗員の切々たる闘志を想うとき、簡単に軽はずみな行動とばかりは、評し得ないものがある。

呉在泊の潜水艦は、十七日頃には整備を終わり、燃料、糧食も搭載し、魚雷も調査したばかりのものを積み込んで、いつでも出撃できる状態となった。

私は、陛下の戦争終止の詔勅は了解したが、潜水艦はいざという場合には、ただちに反撃し得る姿勢になっていなければならないと考えた。だが、この潜水艦をもって、出動して敵を攻撃するというような考えは持っていなかった。

終戦の日から三日間、懸命になって艦の整備に従事していた潜水艦乗員は、まだまだ闘志に燃えていた。その日の夕食がすんでから、菊地大尉を筆頭に、大尉中尉の青年士官連中が、私室に私をたずねてきた。そして、

「先任参謀！　もう一度戦争を再興するように、各部と連絡をとって下さい。わが祖国神州は不滅です。最後まで頑張るべきです。いま戦争をやめるとは何事ですか？　ほかの部隊が

いやというなら、潜水艦だけでも戦争をやりましょう。長官にそう取り次いで下さい」

こう言って、彼らは飽くまで死の最期まで、頑張るべきことを主張した。私は、

「君たちの満々たる闘志と、祖国愛に燃えた純情には感激する。だが……、今から戦争を続けてみたところで、大勢は既に決まっている。陛下は、これ以上国民が惨害に遭うのは、見るに忍びないとの思し召しで、戦争終止を命ぜられたものと思う。その辺、よく考えてみてくれ給え。しかし、敵のやりかたに不法なことがあったならば、断々乎として反撃に出るべきであると信じている。このことは、私一存では決しかねる問題だから、しばらく考えさせてくれ」

こういう意味のことを言って、応対したのだった。彼らは、

「われわれは、飽くまで神州不滅を信じます。敵の軍門にくだることは、どうしてもできません。先任参謀も、よく考えておいて下さい」

こんな会話をかわして、その夜は別れた。

そのあとで潜水艦長も訪ねてきて、せっかく出動準備もできたし、乗員一同張りきっているのだから、反撃に出ようじゃありませんかと、私をうながした。

5　醍醐長官の言葉

一応この状況を、醍醐長官と佐々木参謀長に報告した。

醍醐長官は、沈痛な面持ちのなかにも、はっきりした言葉で、軽はずみな

「潜水艦乗員の最後まで戦おうとする闘志には、敬意を表する。しかしながら、軽はずみな行動はつつしまねばならぬ。私は侍従武官として、直接陛下にお仕えしたこともあるし、陛下の大御心は、よく拝察できるように思う。陛下の大御心は、戦争を終了して、国民にこれ以上の苦しみをなめさせたくないとの思し召しと拝察している。一徹に、そんなことはよくないと、はねつけたのでは、血気にはやる若い連中のことだから、どんなことを仕でかすかも知れないし、君の方で、理をつくして、ようく、なだめすかしてくれ給え」

こう、依頼されたのだった。

私は、ベッドに入っても、寝つかれなかった。

私を訪ねてきた青年士官たちの態度、潜水艦長等の顔、その激越な語調！　が次々に脳裡に映じては去ってゆく……。

出撃すべきではない。長官もそう言われた。陛下の大御心もそうである。そうは思いながらも、決心の動揺をどうすることもできなかった。

いっそ、これらの潜水艦を引っ張って、出撃しようか。彼らは勇躍して、ついてくるであろう。二カ月以上の作戦行動は、ゆうにできる。米西岸へでも、オーストラリア方面の海域へも、縦横無尽に暴れ回れる。あとは自決するのみだ！

連合軍の軍門にくだる無念さに、私の心は血迷ったのである。

時計は、森閑とした夜の静けさを破って、午前二時の時鐘を打った。そして、三時の時鐘

も鳴った。

まだ、暗いうちである。私の部屋の前に、数人の靴音が響いた。ドアをノックして入ってきたのは、昨夜の青年士官たちであった。彼らもまた眠れなかったものとみえる。

「先任参謀！　決心がつきましたか？」

一人の士官が、こう詰め寄ってきた。

このとき、私の脳裡に、昨夜の醍醐長官の顔と、陛下の大御心という言葉が、すっと浮かんできた。迷ってはいけない。若い人たちを説得するのが、私の役目なのだ。そう直感したのだった。

私はやおら椅子にかけて、昨夜長官に御意見を伺ったこと、長官の意向はこれこれであることを話した。

しかし、青年士官達は、頑として自説を曲げなかった。あくまで戦うべしと主張した。

「先任参謀は、戦争中はやれやれと言っておきながら、そして工廠にかけ合って、戦備までさせておいて、今になって腰を抜かすとは、なに事ですか！」

こうまで、彼らは興奮していた。

いろいろとなだめて、一応は彼らを帰したが、その日の夕食がすむと、また「先任参謀！」と、言いながら、私の部屋に膝詰めの談判にやってきた。

「じゃあ……長官、参謀長にもきていただいて、ゆっくり話すことにしよう」

私はこう言って、彼らを作戦室に案内し、長官、参謀長にも、顔を出してもらって、彼らの意見を聞くことにした。

醍醐長官は、青年士官の激越な戦争継続論を聞いたあとで、

「君たちの意気は壮とする。ともに戦ってきた長官としてまことに感激に堪えない。しかし、戦争を終了することは、陛下の大御心である。先任参謀にもよく話しておいたが、その辺のところを、ようく了解して、戦争再興のことは思いとどまってくれ」

こういう意味のことを、じゅんじゅんに説いた。

しばし、室内は黙然としていたが、

「戦争をやめろと言われることは、わかりました。長官、参謀長、それから先任参謀に御迷惑をおかけしてもすみませんから、戦争再興のことは思いとどまります。そして、私らの行動もつつしみます。……が、祖国神州が不滅であるという信念は、今後とも変わりないことだけを申し上げておきます」

このように、戦争終了の詔勅があってからのちまでも、潜水艦乗員の意気はなお盛んであった。われわれ潜水艦部隊の各員が、祖国愛に燃えつつ、闘志満々として、終戦の最後まで戦い抜いてきた証左とも言えるのである。

昭和二十六年になって、巣鴨拘置所に、一米国海軍大尉が、潜水艦戦のことを聞きに、三戸元海軍中将を訪ねてきたことがあった。

その質問の初めに「日本の潜水艦は、一致団結してよく戦ったが……」と、言って、いろいろと状況を聞いたそうである。米国海軍においても、わが日本潜水艦の奮戦ぶりを認めて

いたことを嬉しく思った。

終戦直後において、航空部隊の一部には、意気なお盛んなものもあったが、その精鋭部隊である第五航空艦隊は、宇垣長官戦死のあと乱脈に陥り、また水上艦部隊はすでにその影もなく潰滅し去っていたし、ひとり潜水艦部隊のみが、整然たる陣容をもって、なお闘志満々たるものがあった。

祖国愛と同胞愛とに燃えつつ、身を鴻毛《こうもう》の軽きにおいて、最後まで戦い抜いた回天搭乗員および潜水艦乗員の意気を、敗れたとは言え、今更ながら悲壮なる感じのなかに、しみじみと追憶するのである。そして私は、今次の大戦において、海底深く散華していった回天および特殊潜航艇搭乗員、ならびに潜水艦乗員の英霊に対して、その冥福を祈ると同時に、その遺族の幸福を願ってやまないものである。

むすび

「むすび」の言葉として、巣鴨拘置所内で、この一篇の末尾に書きしるしていたものを引用して、稿を終わることにしたい。

昭和二十六年の二月六日、冬の寒い季節に、思いたって筆を起こした戦争中の私の思い出の記録も、その後、遅々として進まなかったが、今日ようやく稿を脱した。

今日は昭和二十六年十一月十四日、秋晴れのいい一日だった。高いコンクリート塀にかこまれた巣鴨拘置所の上空は、一点の雲もなく淡碧に澄みわたって、晩秋の日がさんさんと輝いている。

祖国日本の将来も、この大空のように、大らかにのびゆくことを願いつつ、戦没の英霊および断頭台上にいたましくも散って逝った人々の遺霊に、合掌を捧げて筆を置く。

潜水艦一覧表

（興洋社刊、「造艦技術の全貌」巻末付表10より著者の許可を得て抜すいの上、まとめたもの）

備砲 （含機銃）	発射管 （ ）内は魚雷数	その他の兵装	航続距離 （ノット—海里）	安全潜航深度 （メートル）	完成年
8cm-1	首-4、尾-2、(10)		10- 5,500	60	大12
14cm-1	首-4、 (12)	機雷-42	8-10,500	75	昭 2
14cm-2	首-4、尾-2、(20)		10-24,400	80	大15
12cm-1	首-6、尾-2、(16)		10-10,000	60	昭 2
〃	首-4、尾-2、(14)		10-10,800	〃	5
10cm高-1、12mm機銃-1	〃 (〃)		10-10,000	75	7
8cm-1、13mm機銃-1	首-4、 (10)		12- 8,000	〃	10
10cm高-1、13mm機銃-1	首-4、尾-2、(14)		10-14,000	70	9
12.7cm高-1、13mm機銃-1	〃 (17)	カタパルト-1 水偵-1	10-20,000	80	10
14cm-2(2連×1)、13mm機銃-2	首-6、 (20)	〃	16-14,000	100	12
14cm-1、25mm機銃-4(2連×2)	首-6、 (18)	カタパルト-1 水偵-1	16-16,000	100	16
〃	〃	〃	16-22,000	〃	19
14cm-1、25mm機銃-7(3連×2 単×1)	首-6、 (12)	カタパルト-1 水攻-2	16-21,000	〃	19
14cm-1、25mm機銃-2(2連×1)	首-6、 (17)	カタパルト-1 水偵-1	16-14,000	〃	15
〃	〃 (19)	〃	16-21,000	〃	19
14cm-2、25mm機銃-2(2連×1)	〃 (〃)		〃	〃	18
14cm-1、25mm機銃-2(2連×1)	首-8、 (20)		16-14,000	〃	15
12cm-1、25mm機銃-4(2連×2)	首-6、(53cm×2)		16- 8,000	80	17
8cm高-1、25mm機銃-2(2連×1)	首-4、 (10)		16- 5,000	〃	18
25mm機銃-2(2連×1)	首-4、 (5)		12- 3,500	75	17
8cm迫撃砲-4(2連×2) 25mm機銃-7(3連×1、2連×2)	〃 (4)		14-13,000	90	20
14cm-1、25mm機銃-10(3連×3 単×1)	首-8、 (20)	カタパルト-1 水攻-3	14-37,500	100	19
14cm-1、25mm機銃-2(単×2)			10-15,000	75	19
8cm迫-4(2連×2) 25mm機銃-7(3連×1、2連×2)			13- 5,000	100	20
25mm機銃-2(単×2)	首-4、 (10)		14- 5,800	110	20
25mm機銃-1			10- 3,000	100	19
7.7mm機銃-1	首-2、 (4)		〃	〃	20

太平洋戦争中の

艦　　型	艦名	同型艦隻数(　)内は未成	基準排水量(英トン)	主要寸法(メートル)			水上速力(ノット)	軸馬力(水上)
				全長	最大幅	吃水		
二等潜水艦(L_4　型)	呂 60	9	988	76.20	7.38	3.77	16.0	2,400
一等潜水艦(機雷潜)	伊121	4	1,142	85.20	7.52	4.42	14.5	〃
〃　(巡潜1型)	伊　1	5	1,970	97.50	9.22	5.00	18.0	6,000
〃　(海大3型)	伊153	8	1,635	100.58	7.98	4.83	20.0	6,800
〃　(〃 4型)	伊162	2	〃	97.70	7.80	4.83	〃	6,000
〃　(〃 5型)	伊165	2	1,575	〃	8.20	4.70	20.5	〃
二等潜水艦(海中6型)	呂 33	2	700	73.00	6.70	3.25	19.0	2,900
一等潜水艦(海大6型)	伊168	8	1,400	104.70	8.20	4.58	23.0	9,000
〃　(巡潜2型)	伊　6	1	1,900	98.50	9.06	5.31	20.0	8,000
〃　(巡潜3型)	伊　7	2	2,231	109.30	9.10	5.26	23.0	11,200
〃　(甲　型)	伊　9	3	2,434	113.70	9.55	5.36	23.5	12,400
〃　(　〃　)	伊 12	1	2,390	〃	〃	5.39	17.7	4,700
〃　(　〃　)	伊 13	2+(2)	2,620	〃	11.70	5.89	16.7	4,400
〃　(乙　型)	伊 15	26	2,198	108.70	9.30	5.14	23.6	12,400
〃　(　〃　)	伊 54	3	2,140	〃	〃	5.19	17.7	4,700
〃　(丙　型)	伊 52	3	2,095	〃	〃	5.12	〃	〃
〃　(　〃　)	伊 16	8	2,184	109.30	9.10	5.34	23.6	12,400
一等潜水艦(海大型)	伊176	10	1,630	105.50	8.25	4.60	23.1	8,000
二等潜水艦(中　型)	呂 35	18	960	80.50	7.05	4.07	19.8	4,200
〃　(小　型)	呂100	18	525	60.90	6.00	3.51	14.2	1,000
一等潜水艦(潜　補)	伊351	1+(1)	2,650	111.00	10.15	6.14	15.8	3,700
〃　(潜　特)	伊400	3+(2)	3,530	122.00	12.00	7.02	18.7	7,700
〃　(丁　型)	伊361	12	1,440	73.50	8.90	4.76	13.0	1,850
〃　(潜丁改)	伊373	1+(1)	1,660	74.00	〃	5.05	〃	1,750
〃　(潜　高)	伊201	3+(5)	1,070	79.00	5.80	5.46	15.8	2,750
二等潜水艦(潜輸小)	波101	10+(2)	370	44.50	6.10	4.04	10.0	400
〃　(潜高小)	波201	10+(29)	320	53.00	4.00	3.44	10.5	〃

伊15型（乙型）潜水艦大体図

基準排水量　2,198トン
水中排水量　3,654トン
全　　長　108.7メートル
最大幅　9.30メートル
平均吃水　5.14メートル
速力（水上　23.6ノット
　　（水中　8.0ノット

兵　　装　14センチ砲　1門
　　　　　25ミリ機銃　2門
　　　　　53センチ発射管　6門
　　　　　魚　　雷　17本
　　　　　偵察機　1機
　　　　　射出機　1基
航続距離（水上）16ノットにて14,000海里
安全潜航深度　100メートル
乗　　員　97名
同型艦隻数　29隻

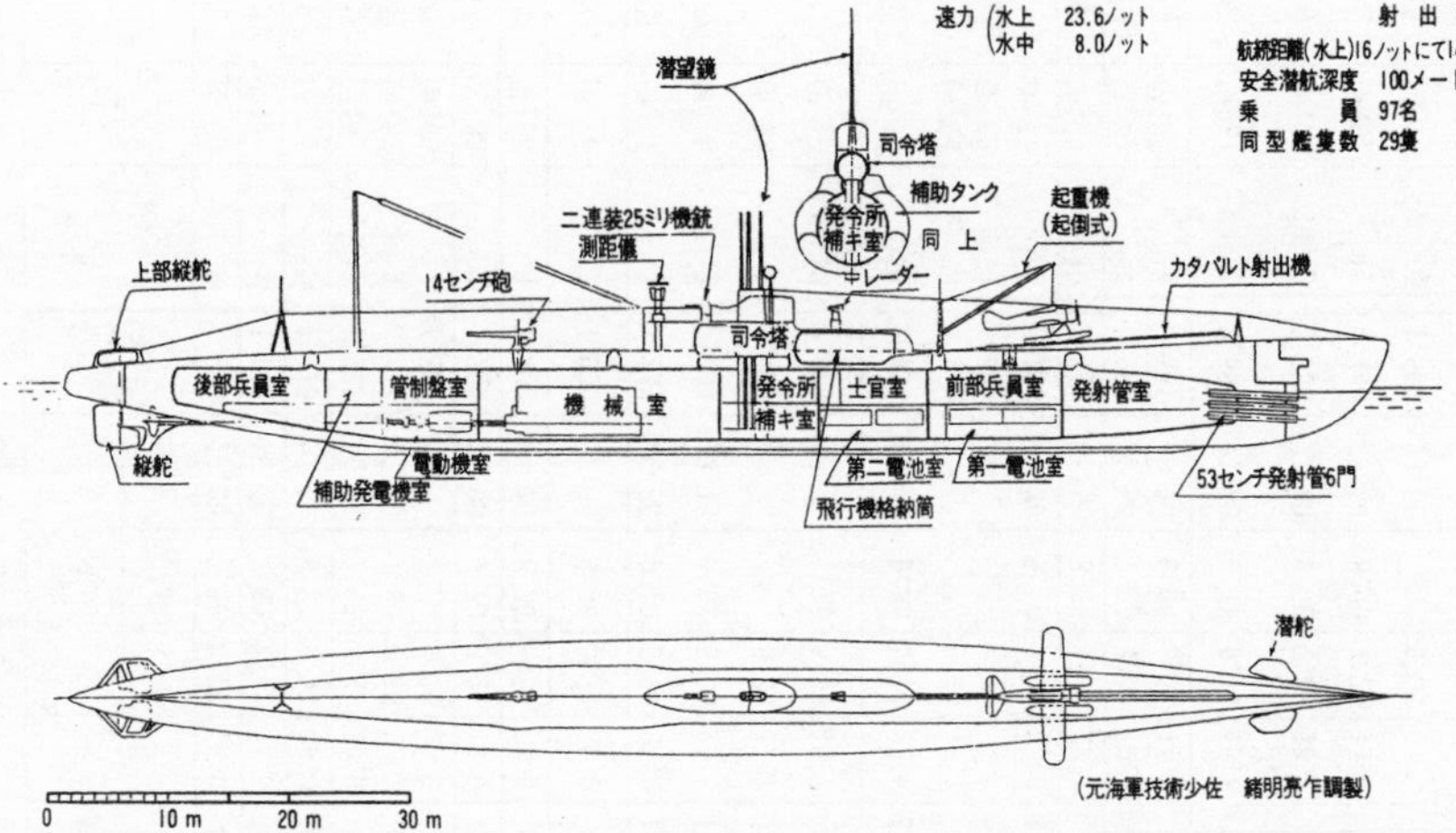

（元海軍技術少佐　緒明亮乍調製）

甲標的甲型（俗称、特殊潜航艇）大体図

排水量(全没)	46トン	兵　　装	45センチ発射管2門
全　　長	23.9メートル		魚雷 2本
幅（直 径）	1.85メートル	速力(水中)	19ノット
安全潜航深度	100メートル	乗　　員	2名

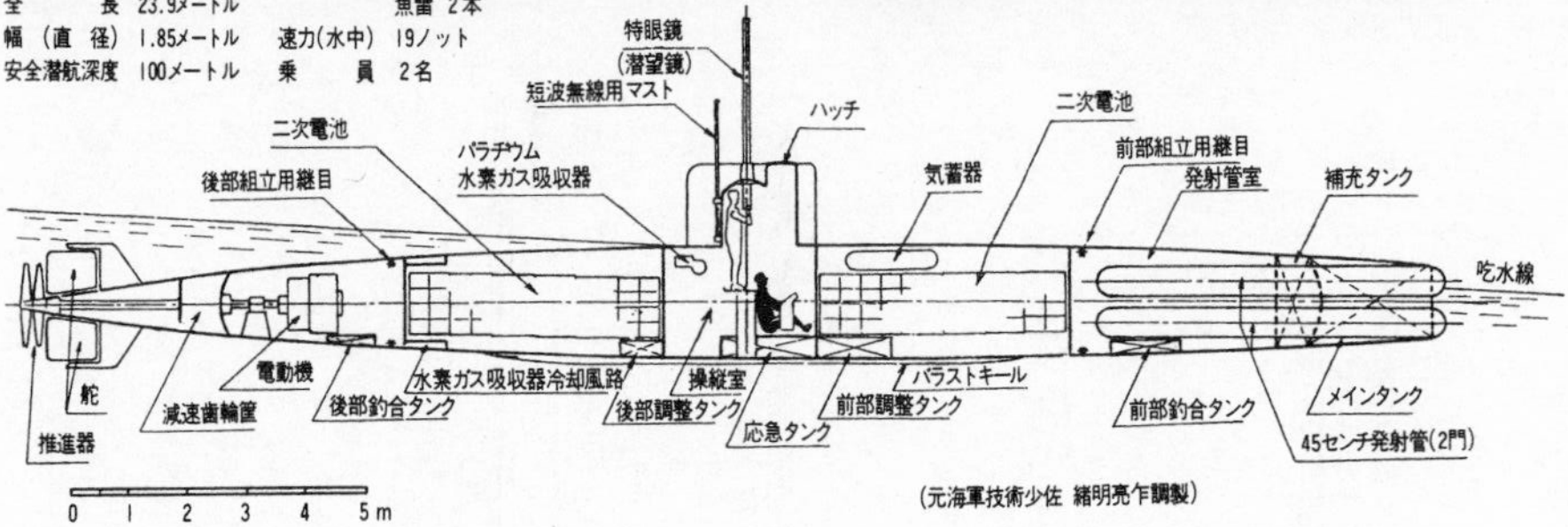

(元海軍技術少佐 緒明亮乍調製)

回天一型（俗称、人間魚雷）大体図

排水量(全没)	8.3トン	射　　程	30ノットにて23キロ
全　　長	14.75メートル		20ノットにて43キロ
直　　径	1.0メートル		12ノットにて78キロ
最大速力	30ノット	装薬重量	1,550キログラム
		乗　　員	1名

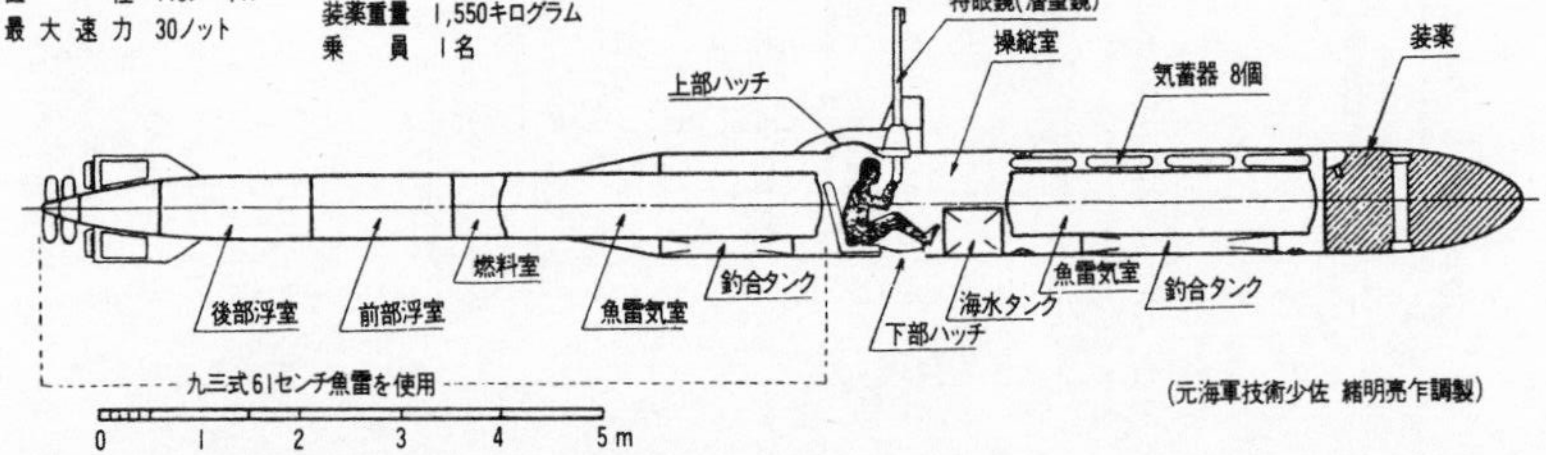

(元海軍技術少佐 緒明亮乍調製)

日本潜水艦の艦型比較図

（同率縮尺）

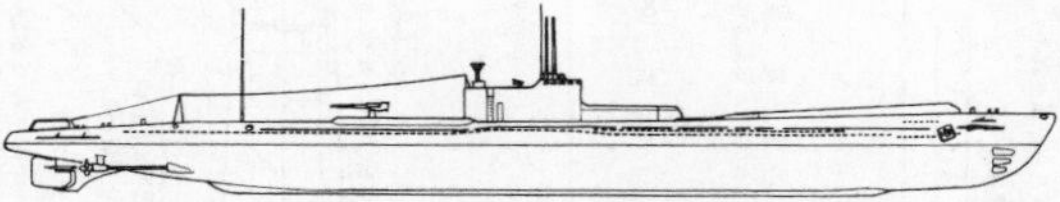

乙型（伊15，伊17，伊19，伊21，伊23，伊25～伊45）

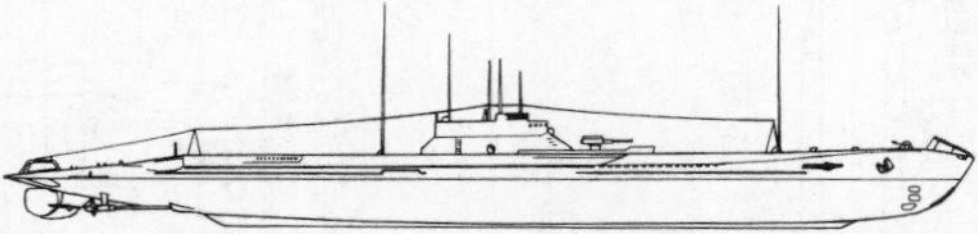

海大３型a（伊153～伊155，伊158）

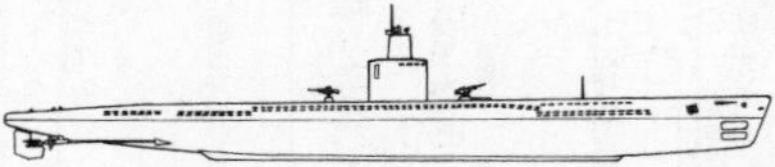

潜高大（伊201～伊203）

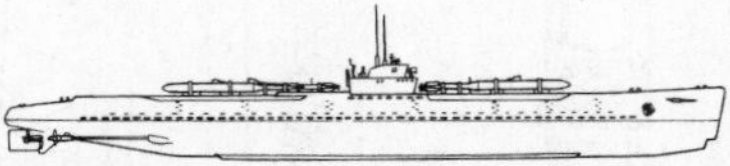

「回天」搭載の丁型（伊361，伊363，伊366～伊368，伊370）

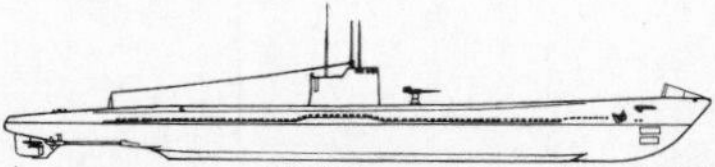

中型（呂35～呂50，呂55，呂56）

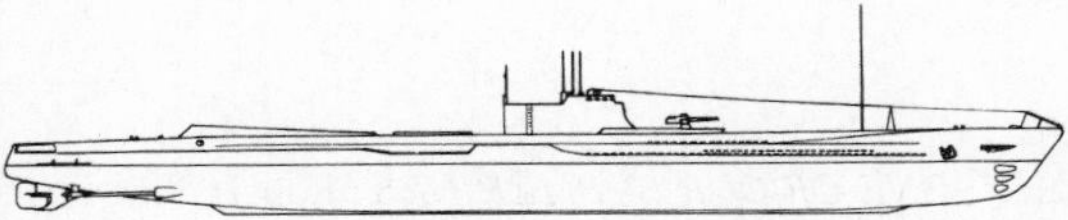

巡潜3型(伊7，伊8)

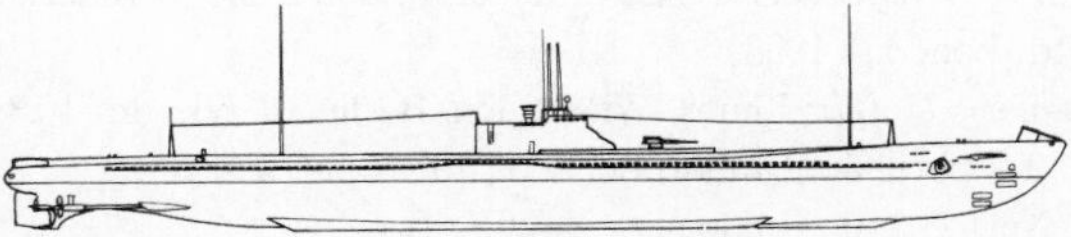

丙型(伊16，伊18，伊20，伊22，伊24)

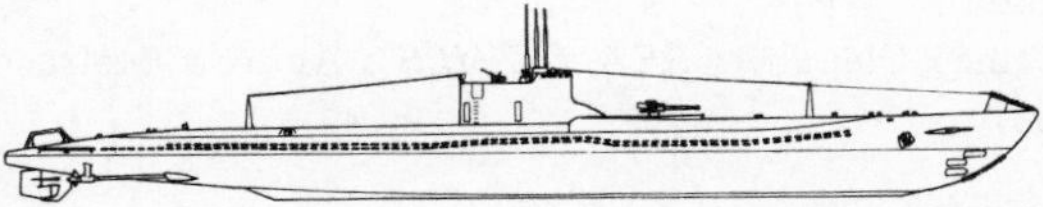

海大7型(新海大。伊176～伊185)

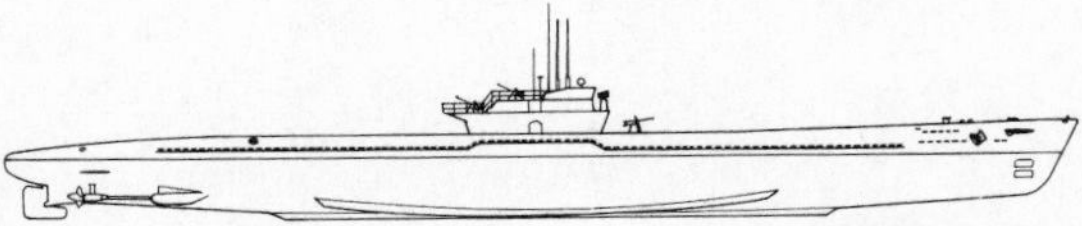

潜補(伊351，伊352)

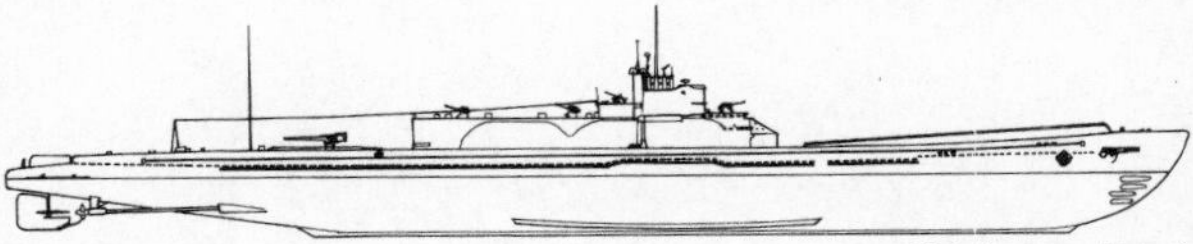

潜特(伊400～伊402)

甲標的甲型(特殊潜航艇)

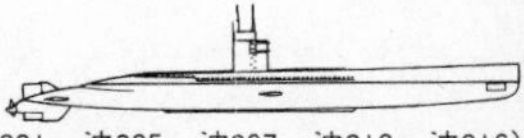

潜高小(波201～波205，波207～波210，波216)

York ; 1952
Edward Young ; *ONE OF OUR SUBMARINES* ; Rupert Hart-Davis, London; 1952
Alastair Mars ; *UNBROKEN*, The Story of a Submarine ; Frederick Muller Ltd., London ; 1953
Heinz Schaeffer ; *U* 977 ; Limes, Wiesbaden, Berlin ; 1950 ; dm 10.8 ; *U-BOAT* 977 ; Willian Kimber, London ; 1952
or W. W. Norton and ; Company ; New York
Junio Valerio Borghese ; *DECIMA FLOTTIGLIA MAS* ; Garzanti, Milano ; 1952
（訳者 James Cleugh）; *SEA DEVILS* ; Andrew Melrose, London ; 1952

参考文献

Dr. Samuel Eliot Morison :
HISTORY OF UNITED STATES NAVAL OPERATIONS IN WORLD WAR II.
Published by the Little Brown Company, Boston ;

Vol. Ⅰ.	The Battle of the Atlantic	1947
Ⅱ.	Operations in North African Waters	1947
Ⅲ.	The Rising Sun in the Pacific	1948
Ⅳ.	Coral Sea, Midway and Submarine Actions	1949
Ⅴ.	The Struggle for Guadalcanal	1949
Ⅵ.	Breaking the Bismarks Barrier	1950
Ⅶ.	Aleutians, Gilberts, and Marshalls	1951
Ⅷ.	New Guinea and the Marianas	1953
Ⅸ.	Sicily, Salerno, Anzio	not yet published (初版刊行時点)
Ⅹ.	The Atlantic Battle Won	
Ⅺ.	The Invasion of France	
Ⅻ.	Leyte	
XIII.	The Liberation of the Philippines	
XIV.	The Liquidation of the Japanese Empire	

（注） 全14巻のうち８巻まで既刊。【1962年までに全巻刊行された】

Books on the Submarine warfare in the WW Ⅱ.

(Auther ; Name of the Book ; Pubished ; Price)

Harley F. Cope and Walter Karig ; *BATTLE SUBMERGED* ; Norton, New York ; 1951

Charles A. Lockwood ; *SINK'EM ALL, SUBMARINE WARFARE IN THE PACIFIC*; Dutton, New York ; 1951

Theodore Roscoe ; *UNITED STATES SUBMARINE OPERATIONS IN WORLD WAR II* ; United States Naval Institute, Annapolis, Md. ; 1949

Edward L. Beach ; *SUBMARINE!* ; Henry Holt and Company, New

解説　「潜水艦隊」に見る日本海軍の失敗

戸髙一成

本書原本は昭和二八（一九五三）年に日本出版協同株式会社から発行された。その後二度ほど文庫化されたが、今回改めて中公文庫に入ることとなった。潜水艦乗組員の書いた潜水艦戦記はいくつかあるが、潜水戦隊参謀として実際に潜水艦に乗り組んで戦った経験を持つ参謀が書き残した潜水艦戦の現場の記録は少ない。参謀という立場から、海底での戦いを第三者的な冷静な目で見た側面も貴重な記録と言える。今回新たに文庫化されるにあたり、日本海軍の潜水艦がどのような環境の中で戦ったかを、簡単に紹介して、本書を理解する上での参考にしたい。

終戦後しばらくは太平洋戦争に関わる情報は、ＧＨＱ（連合軍総司令部）による厳密な検閲下にあったために、日本側の著作については自由な発表は出来なかった。有名な吉田満の『戦艦大和の最期』も初稿の漢字カタカナ混じりの文体が軍国主義的であるというような、今から見れば単なる難癖のような理由で公表が許可されなかったこともある。

しかし、昭和二六（一九五一）年のサンフランシスコ講和条約によって、ようやくＧＨＱの管理を離れることになった。条約自体は翌二七年四月二八日に発効したのだが、実際には講和条約会議の開始とほぼ同時にいわゆる占領政策としての検閲は終了し、太平洋戦争を扱った図書、雑誌などが次々に発行されるようになった。中でも上記の日本出版協同株式会社は、社長の福林正之が、戦後の日本人は敗戦史を書く権利と義務を有する、という考えをもっていたために、海軍省の後身となる第二復員省などのつてをたどり、第二復員省で編纂中であった太平洋海戦史を元にした書籍の出版に力を入れることになった。今もミッドウエー海戦史のスタンダートとなっている『ミッドウェー』(淵田美津雄・奥宮正武共著)などである。

さて、本書の背景の説明が長くなったが、太平洋海戦史において、日本海軍の潜水艦戦ほど開戦前の期待に反して残念な結果に終わった戦いは無い。日本海軍における潜水艦は外国海軍とは異なり、独特の戦術構想の下で発達を遂げて、昭和期にはいり、日米海軍衝突の際は戦艦部隊の決戦を支援する強力な戦力として大きく期待されていたのである。

当時の日本海軍の基本的な対米決戦作戦は、おおよそ次のようなものであった。

日本海軍は、日米開戦となった際、米太平洋艦隊はハワイ真珠湾から出撃し一旦フィリピンに向かい、ここで準備の後北上して日本に向かう、と予想していた。これは米海軍の対日進攻作戦、いわゆるオレンジ作戦に対応したものであり、日本海軍はこの決戦を求めて来攻する米艦隊に対して、ハワイ出撃から終始潜水艦による追跡と接触を試み、偵察と同時に機を見て攻撃し、徐々に米艦隊の戦力を弱体化させ、決戦の際に日本側に有利になるようにすることを大きな目標としていた。

つまり、日本海軍の潜水艦は、徹底的に米海軍艦艇を目標としていて、欧米海軍のような一般船舶を対象とした通商破壊戦などの思想は希薄であった。

一方、水上艦隊の決戦構想は、決戦前夜に巡洋艦戦隊による夜戦が実施され、翌朝からの決戦前には砲戦に入る時期を見計らい、理想的には水雷戦隊が全力で射程四万メートルに及ぶ酸素魚雷五〇〇本から一〇〇〇本近い数を半数ずつ二方向から一斉に発射し、巨大な魚雷の網で米艦隊を包み込み、大きな打撃を与えた上で最後の主力艦の砲戦に入る、という考えであった。

これら決戦構想で中核となっているのは九三式酸素魚雷及び潜水艦用の九五式酸素魚雷であり、この高性能魚雷を装備した潜水艦隊、水雷戦隊の関係者は、決戦の主力は戦艦の主砲ではなく、自分たちの魚雷なのだ、との気概をもっていた。

この作戦行動を可能にするために、日本の潜水艦は太平洋を単独で往復できるほどの長大な航続力、夜間など、敵艦隊に発見されないように水上走行で艦隊を追い抜き、理想的な攻撃位置に着くだけの高速力をもち、更に一部の艦には偵察機を搭載するという、極めて盛りだくさんな要求がされていた。

そして、潜水艦こそ艦隊決戦の重要な戦力である、として、大きな期待を掛けられていたのが、日本海軍の潜水艦だったのである。

さて、では日本海軍の潜水艦は、海軍という組織の中で本当に期待されていたほど重視されていたのかと言えば、実態は大きく異なっていた。実のところ海軍、そして潜水艦隊、潜水艦を使う連合艦隊は、潜水艦をほとんど重視していなかったと言ってよい。

その一番の現われが、連合艦隊には驚くべきことに潜水艦戦の参謀が居なかったのである。連合艦隊には、参謀長以下、各専門分野に関して多くの参謀配置があり作戦の指導を行っていた、そして、庶務参謀、連絡参謀、補給参謀などまでありながら、対米決戦の重要な要素である潜水艦作戦についての潜水参謀が、最後まで存在しなかったのである。同じような新顔の兵器に属する航空機の作戦に関しては、航空参謀が存在したのに、である。では、だれが潜水艦戦を指導したのかと言えば、多くは水雷参謀が言わば片手間に潜水艦作戦を計画し、指導していた。水雷参謀は本来水上魚雷戦の専門家ではあったが、潜水艦そのものの専門家ではない。日本海軍は、これを不思議としないままに、重要な潜水艦作戦を、極言すれば素人が立案指導していたのである。これを見れば、日本海軍の潜水艦隊の悲劇は、潜水艦の歴史の最初から運命付けられていたと言って良い。

本書266頁でも南西方面艦隊司令部所属の潜水艦長に著者が「なにも潜水艦のことを知らない司令部に直接使われるのは、心もとないから、先任参謀（著者・第八潜水戦隊参謀）に一度スラバヤまできてほしい」と乞われて出張して南西方面艦隊司令部の打ち合わせに出向いている。これなどは、言葉は激しくはないが、本心は命がけの要望なのである。この何も知らない司令部が出していた命令で、最も多くの犠牲を出した命令に、作戦ごとの潜水艦の哨戒ラインの展開の形があった。作戦では敵艦隊を発見、攻撃のために、敵の予想進撃コースに対して潜水艦を配置するのだが、ほとんどの場合深く考えることもなく何本かの直線上に潜水艦を配置していた、これは図上演習での定番なのである。アメリカ海軍はこれを察知し、二隻の潜水艦を発見すれば、その二隻を繋いだ線の延長線上に他の日本の潜水艦がいることを知り、苦も無く日本の潜水艦を発見、撃沈していったのである。このような杜撰な作戦を命じられても、抵抗も出来ずに黙々と出撃していったのが潜水艦部隊だったのである。

もう一つは、日本海軍の形式主義である。艦隊編制を担当する軍令部は、艦隊、戦隊、隊、それぞれに司令部を置き、司令長官、司令官、司令と幕僚を配置した。これは戦闘単位に合わせた戦いが可能である場合には有効な措置であったが、編隊行動を行わない個々の潜水艦を戦闘単位とする潜水戦隊、潜水隊の司令部を潜水艦の中に置くという不合理に誰も気が付かなかったのかと、不思議でさえある。第一に極めて狭い潜水艦内に少数とは言いながら司令部関係者が乗り込むことによって、ただでさえ苦しい生活環境を圧迫することになる。一部の潜水艦には司令部施設を追加した場合もあるが、充分ではない。

第二に、潜水艦は作戦中には基本的に単独行動であるので、指揮下の潜水艦との連絡が重要になるが、潜水艦は水中では通信不能であり、水上にあっても通信能力は低く、およそ有効な指揮は出来なかったと言って良い。結局潜水艦内の司令部は単なる便乗者に終わっていた。

ところがこの便乗者は指揮権を持つことから、艦内では艦長に命令ができるために、艦の状況を一番把握している艦長と摩擦を起こす例も少なくなかった。

最後に最も重要な問題は、人事に関わる問題である。日本海軍における潜水艦の歴史は、戦果に関わる歴史ではなく、事故と殉職の歴史である。佐久間勉艇長の第六号艇の事故に始まり、潜水艦乗員の犠牲的精神のみが称揚されてきたために、潜在的に潜水艦は危険である、という認識が海軍に定着していた。このために、海軍兵学校では成績優秀で将来出世を望む生徒は、砲術、水雷と言った表舞台を希望し、潜水艦、航空機といった、事故殉職の可能性の高い方面には進まなかった。時折兵学校でトップクラスの生徒が、卒業後の進路に潜水艦や航空方面を選ぶと、教官がそっと呼んで、砲術や水雷などに進むように指導したと聞いている。

これなど、日本海軍を完膚なきまでに撃破した、米太平洋艦隊司令長官のチェスター・ニミッツ元帥が潜水艦乗りであったことと、まさに対照的であった。アメリカ海軍の潜水艦がどれほどの戦果を挙げたか、思い半ばに過ぎるものがある。

このような結果、海軍上層部には発言力のある潜水艦専門家がほとんど居ないという状態になり、潜水艦隊の意見、希望は、なかなか上層部に通らないという状況だった。潜水艦専門家は、将官クラスでも、上の言うことに逆らわず大人しい人物が出世する、と言われていたほどで、明らかに潜水艦は出世コースではなかったのである。現実に、連合艦隊司令部や軍令部の参謀などは、大きな成果を上げた潜水艦長などにさえ敬意を持ったまともな対応をしようともしなかった、と潜水艦長や潜水艦隊参謀を務めた鳥巣建之助氏などは憤懣やる方ない口調で筆者に話してくれたものである。

本書はこのような苦しい環境での戦闘と、負わされる任務のみ重く、充分に報われること の無かった日本海軍潜水艦部隊の苦痛に満ちた戦いが記されている。戦時中ほとんどの時期を潜水戦隊参謀、潜水艦隊参謀として過ごした著者が、戦犯として巣鴨拘置所収監中に戦死した戦友を思い、抑えきれない気持ちで書いた原稿を元に、出所後に関係資料を集めて纏めた貴重な日本海軍潜水艦戦史なのである。

＊著者井浦祥二郎の戦時中の経歴
海兵51期　終戦時大佐
昭和15年12月15日　第三潜水戦隊参謀
17年3月12日　軍令部部員（潜水艦主務）
18年11月16日　第八潜水戦隊参謀
19年6月25日　兼第11潜水艦基地隊司令
19年8月7日　第六艦隊首席参謀

[呉市海事歴史科学館（大和ミュージアム）館長]

編集付記

一、本作品は一九五三年、日本出版協同株式会社から刊行され、一九八三年、朝日ソノラマから航空戦史シリーズ25として、二〇〇一年、学習研究社から学研M文庫として刊行された。

一、底本は学研M文庫版に拠る。明らかな誤字脱字は修正した。

一、文庫化にあたり戸高一成氏による解説を付した。

一、本文中に今日では不適切と思われる表現もあるが、著者が故人であること、刊行当時の時代背景と作品の文化的価値に鑑みて、底本のままとした。

中公文庫

潜水艦隊《せんすいかんたい》

2023年12月25日　初版発行

著　者　井《い》浦《うら》祥《しょう》二《じ》郎《ろう》

発行者　安 部 順 一

発行所　中央公論新社
〒100-8152　東京都千代田区大手町1-7-1
電話　販売 03-5299-1730　編集 03-5299-1890
URL https://www.chuko.co.jp/

DTP　嵐下英治
印　刷　三晃印刷
製　本　小泉製本

Published by CHUOKORON-SHINSHA, INC.
Printed in Japan　ISBN978-4-12-207449-1 C1120

各書目の下段の数字はISBNコードです。978－4－12が省略してあります。

中公文庫既刊より

い-131-1
真珠湾までの経緯 海軍軍務局大佐が語る開戦の真相　石川信吾
太平洋戦争へのシナリオを描いたとされる海軍軍人が語る日米開戦秘話。日独伊三国同盟を支持し対米強硬を貫いた背景を検証。初文庫化。〈解説〉戸高一成
206795-0

い-130-1
幽囚回顧録　今村均
部下と命運を共にしたいと南方の刑務所に戻った「聖将」が、理不尽な裁判に抵抗しながら、太平洋戦争を顧みる。巻末に伊藤正徳によるエッセイを収録。
206690-8

と-32-1
最後の帝国海軍 軍令部総長の証言　豊田副武《そえむ》
山本五十六戦死後に連合艦隊司令長官をつとめ、最後の軍令部総長として沖縄作戦を命令した海軍大将が残した手記、67年ぶりの復刊。〈解説〉戸高一成
206436-2

と-35-1
開戦と終戦 帝国海軍作戦部長の手記　富岡定俊
作戦課長として対米開戦に立ち会い、作戦部長として戦艦大和水上特攻に関わった軍人が、日本海軍の作戦立案や組織の有り様を語る。〈解説〉戸高一成
206613-7

く-30-1
ラバウル戦線異状なし 現地司令長官の回想　草鹿任一
激戦下の南太平洋において落日無援の孤城を守り抜き、自給自足で武器と食糧を調達、最後まで航空戦を指揮した名将の回顧録。初文庫化。〈解説〉戸高一成
207126-1

く-31-1
連合艦隊 参謀長の回想　草鹿龍之介
航空戦の時代を予見、参謀長として真珠湾、ミッドウェー、南太平洋海戦、あ号作戦を指導。艦橋内の確執を入り混ぜ奮戦と壊滅の真相を描く。〈解説〉戸高一成
207137-7

あ-89-1
海軍基本戦術　秋山真之　戸高一成編
丁字戦法、乙字戦法の全容が明らかに！　日本海海戦を勝利に導いた名参謀による幻の戦術論が甦る。本巻は同海戦の戦例を引いた最も名高い戦術論を収録。
206764-6

あ-89-2
海軍応用戦術／海軍戦務
秋山真之
戸高一成 編
海軍の近代化の基礎を築いた名参謀による組織論。巨大組織を効率的に運用するためのマニュアルが明らかに。前巻に続き「応用戦術」の他「海軍戦務」を収録。
206776-9

は-68-1
大東亜戦争肯定論
林 房雄
戦争を賛美する暴論か？ 敗戦恐怖症を克服する叡智の書か？「中央公論」誌上発表から半世紀、当時の論壇を震撼させた禁断の論考の真価を問う。〈解説〉保阪正康
206040-1

か-80-1
兵器と戦術の世界史
金子常規
古今東西の陸上戦の勝敗を決めた「兵器と戦術」の役割と発展を、豊富な図解・注解と詳細なデータにより検証する名著を初文庫化。〈解説〉惠谷 治
205857-6

か-80-2
兵器と戦術の日本史
金子常規
古代から現代までの戦争を、殺傷力・移動力・防護力の三要素に分類して捉えた兵器の戦闘力と運用する戦術の観点から豊富な図解で分析。〈解説〉惠谷 治
205927-6

か-80-3
図解詳説 幕末・戊辰戦争
金子常規
外国船との戦闘から長州征伐、鳥羽・伏見、奥羽・会津、五稜郭までの攻略陣形図を総覧、兵員・装備・軍制の観点から史上最大級の内乱を軍事学的に分析。
206388-4

い-61-2
最終戦争論
石原莞爾
戦争術発達の極点に絶対平和が到来する。戦史研究と日蓮信仰を背景にした石原莞爾の特異な予見は、日本を満州事変へと駆り立てた。〈解説〉松本健一
203898-1

い-61-3
戦争史大観
石原莞爾
使命感過多なナショナリストの魂と冷徹なリアリストの眼をもつ石原莞爾。真骨頂を示す軍事学論・戦争史観・思索史的自叙伝を収録。〈解説〉佐高 信
204013-7

あ-97-1
馬鹿八と人はいう ―外交官の回想
有田八郎
外相を四度歴任、日独同盟に異議、戦後は再軍備反対、都知事選に二度挑む。三島由紀夫の「宴のあと」のモデルとして知られる波瀾万丈の自伝。〈解説〉竹内 洋
207163-6

各書目の下段の数字はISBNコードです。978－4－12が省略してあります。

い-10-2
外交官の一生
石射猪太郎
日中戦争勃発時、東亜局長として軍部の専横に抗し、戦争終結への道を求め続けた著者が自らの日記をもとに綴った第一級の外交記録。〈解説〉加藤陽子
206160-6

し-45-1
外交回想録
重光　葵
駐ソ・駐英大使等として第二次大戦への日本参戦を阻止するべく心血を注ぐが果たせず。日米開戦直前まで約三十年の貴重な日本外交の記録。〈解説〉筒井清忠
205515-5

し-45-2
昭和の動乱（上）
重光　葵
重光葵元外相が巣鴨獄中で書いた、貴重な昭和の外交記録である。上巻は満州事変から宇垣内閣が流産するまでの経緯を世界的視野に立って描く。
203918-6

し-45-3
昭和の動乱（下）
重光　葵
重光葵元外相は巣鴨に於いて新たに取材をし、この記録を書いた。下巻は終戦工作からポツダム宣言受諾、降伏文書調印に至るまでを描く。〈解説〉牛村　圭
203919-3

し-5-2
外交五十年
幣原喜重郎
戦前、「幣原外交」とよばれる国際協調政策を推進した外交官であり、戦後、新憲法に軍備放棄を盛り込むことを進言した総理が綴る外交秘史。〈解説〉筒井清忠
206109-5

と-2-2
時代の一面　東郷茂徳 大戦外交の手記
東郷茂徳
開戦・終戦時に外務大臣を二度務め、開戦阻止や戦争終結に尽力。両大戦にわたり直接見聞、関与した事件・諸問題等について克明に綴る第一級の外交記録。〈解説〉東郷茂彦
207090-5

カ-8-1
文明と戦争（上）　人類二百万年の興亡
アザー・ガット　石津朋之 永末聡／山本文史 監訳 歴史と戦争研究会 訳
人間はなぜ戦うのか？　人類共通の自然現象？　文化が発明したものか？　上巻は、戦う動機を進化論の観点から探り、部族間から国家間へと進化した戦争を分析。
207275-6

カ-8-2
文明と戦争（下）　人類二百万年の興亡
アザー・ガット　石津朋之 永末聡／山本文史 監訳 歴史と戦争研究会 訳
国家の勃興、火薬の発明によって戦争はいかに変化したのか？　下巻は軍事革命による戦いの規模と形態の変化を分析、総力戦に至った近代の戦争を検証する。
207276-3

ク-6-1
戦争論（上）
クラウゼヴィッツ
清水多吉訳
プロイセンの名参謀としてナポレオンを撃破した比類なき戦略家クラウゼヴィッツ。その思想の精華たる本書は、戦略・組織論の永遠のバイブルである。
203939-1

ク-6-2
戦争論（下）
クラウゼヴィッツ
清水多吉訳
フリードリッヒ大王とナポレオンという二人の名将の戦史研究から戦争の本質を解明し体系的な理論化をなしとげた近代戦略思想の聖典。〈解説〉是本信義
203954-4

マ-10-5
戦争の世界史（上）技術と軍隊と社会
W・H・マクニール
高橋均訳
軍事技術は人間社会にどのような影響を及ぼしてきたのか。大家が長年あたためてきた野心作。上巻は古代文明から仏革命と英産業革命が及ぼした影響まで。
205897-2

マ-10-6
戦争の世界史（下）技術と軍隊と社会
W・H・マクニール
高橋均訳
軍事技術の発展はやがて制御しきれない破壊力を生み、人類は怯えながら軍備を競う。下巻は戦争の産業化から冷戦時代、現代の難局と未来を予測する結論まで。
205898-9

ハ-12-1
改訂版 ヨーロッパ史における戦争
マイケル・ハワード
奥村房夫
奥村大作訳
中世から現代にいたるまでのヨーロッパの戦争を、社会・経済・技術の発展との相関関係においても概観した名著の増補改訂版。〈解説〉石津朋之
205318-2

シ-10-1
戦争概論
ジョミニ
佐藤徳太郎訳
19世紀を代表する戦略家として、クラウゼヴィッツと並び称されるフランスのジョミニ。ナポレオンに絶賛された名参謀による軍事戦略論のエッセンス。
203955-1

サ-8-1
人民の戦争・人民の軍隊 ヴェトナム人民軍の戦略・戦術
グエン・ザップ
眞保潤一郎
三宅蕗子訳
対仏インドシナ戦争勝利を決定づけたディエン・ビエン・フーの戦い。なぜベトナム人民軍は勝利できたのか。名指揮官が回顧する。〈解説〉古田元夫
206026-5

モ-10-1
抗日遊撃戦争論
毛沢東
小野信爾／藤田敬一
吉田富夫訳
中国共産党を勝利へと導いた「言葉の力」とは？毛沢東が民衆暴動、抗日戦争、そしてプロレタリア文学について語った論文三編を収録。〈解説〉吉田富夫
206032-6

各書目の下段の数字はISBNコードです。978-4-12が省略してあります。

タ-10-1
諜報の技術　CIA長官回顧録
アレン・ダレス
鹿島守之助 訳
兄の国務長官ジョンと冷戦外交を主導、スエズ動乱、朝鮮戦争、キューバ危機、U2事件から対KGB諜略戦の実態と情報機関の在り方を問う。〈解説〉有馬哲夫
207195-7

タ-11-1
戦争か平和か　国務長官回想録
ジョン・ダレス
大場正史 訳
対日講和に奔走しアイゼンハワー大統領下で冷戦外交を主導、ソ連・中国の脅威、安保理の機能不全のなか平和への策を提言。〈解説〉土田　宏
207252-7

チ-2-1
第二次大戦回顧録 抄
チャーチル
毎日新聞社 編訳
ノーベル文学賞に輝くチャーチル畢生の大著のエッセンスをこの一冊に凝縮。連合国最高首脳が自ら綴った、第二次世界大戦の真実。〈解説〉田原総一朗
203864-6

ハ-16-1
ハル回顧録
コーデル・ハル
宮地健次郎 訳
日本に対米開戦を決意させたハル・ノートで知られ、「国際連合の父」としてノーベル平和賞を受賞した外交官が綴る国際政治の舞台裏。〈解説〉須藤眞志
206045-6

フ-18-1
制限戦争指導論
J・F・C・フラー
中村好寿 訳
第一次大戦下で陸軍の機甲化を初めて提唱したイギリスの軍事史家が、戦争の目的は勝利でなく早期決着・和平にあるとした異色の戦略論。〈解説〉石津朋之
207372-2

マ-13-1
マッカーサー大戦回顧録
マッカーサー
津島一夫 訳
日米開戦、屈辱的なフィリピン撤退、反攻、そして日本占領へ。「青い目の将軍」として君臨した一軍人が回想する「日本」と戦った十年間。〈解説〉増田　弘
205977-1

の-20-1
潜艦U-511号の運命　秘録・日独伊協同作戦
野村直邦
戦時中ベルリンで三国同盟の軍事委員を務め、Uボートの日本回航を担った著者が枢軸国側から描く迫真の戦争秘史。私家版の自叙伝を増補。〈解説〉大木　毅
207326-5

い-134-1
リデルハート　戦略家の生涯とリベラルな戦争観
石津朋之
平和を欲するなら戦争を理解せよ。「間接アプローチ戦略」「西側流の戦争方法」など戦略論の礎を築いた二十世紀最大の戦略家、初の評伝。
206867-4